Technische Universität Dresden

Modulare Mehrpunktstromrichtersysteme (M2C) am Gleichspannungszwischenkreis

Hans Bärnklau

von der Fakultät Elektrotechnik und Informationstechnik der Technischen Universität Dresden

zur Erlangung des akademischen Grades eines

Doktoringenieurs
(Dr.-Ing.)

genehmigte Dissertation

Tag der Einreichung: 26.11.2014
Tag der Verteidigung: 17.04.2015

Vorsitzender: Prof. Dr.-Ing. Peter Schegner
Gutachter: Prof. Dr.-Ing. Steffen Bernet
Prof. Dr.-Ing. habil. Joachim Rudolph
(Universität des Saarlandes)

Berichte aus der Elektrotechnik

Hans Bärnklau

Modulare Mehrpunktstromrichtersysteme (M2C) am Gleichspannungszwischenkreis

Shaker Verlag
Aachen 2015

Bibliografische Information der Deutschen Nationalbibliothek
Die Deutsche Nationalbibliothek verzeichnet diese Publikation in der Deutschen Nationalbibliografie; detaillierte bibliografische Daten sind im Internet über http://dnb.d-nb.de abrufbar.

Zugl.: Dresden, Techn. Univ., Diss., 2015

Printed in Germany.

ISBN 978-3-8440-3716-6
ISSN 0945-0718

Shaker Verlag GmbH • Postfach 101818 • 52018 Aachen
Telefon: 02407 / 95 96 - 0 • Telefax: 02407 / 95 96 - 9
Internet: www.shaker.de • E-Mail: info@shaker.de

Vorwort

Diese Arbeit entstand während meiner Tätigkeit als wissenschaftlicher Mitarbeiter an der Professur Leistungselektronik der TU Dresden.

Es gibt viele Personen, bei denen ich mich bedanken möchte. Ohne diese und deren Unterstützung wäre die Arbeit in dieser Form nicht möglich gewesen. Alle zu nennen würde jedoch den Umfang der Darstellung sprengen. Bei Prof. Dr.-Ing. Steffen Bernet bedanke ich mich für das Vertrauen, den offenen Umgang und die weiten Freiräume, die ich genießen durfte. So macht Forschung Spaß. Angenehm waren auch der „kurze Dienstweg" und die rasche, oft unkomplizierte Unterstützung bei auftretenden Problemen. Diese Arbeit ist auch das Ergebnis unzähliger langer Diskussionen mit Dr.-Ing. Albrecht Gensior. Exemplarisch seien das kritische Hinterfragen der Vorgehensweise und die vielen wertvollen Hinweise zu mathematisch präzisen Formulierungen genannt. Danken möchte ich auch für die Geduld in Gesprächen und Diskussionen – insbesondere, da meine Lernkurve im Bereich nichtlinearer Regelungen einen sehr steilen Anstieg hatte.

Ein besonderer Dank geht an Prof. Dr.-Ing. habil. Joachim Rudolph von der Universität des Saarlandes. Durch seine Unterstützung konnte für den M2C eine neuartige nichtlineare Koordinatentransformation gefunden werden. Diese ist nicht nur wesentlicher Inhalt des Abschitts 3.2; auf ihr basiert auch das in der Arbeit neu entwickelte Regelungsverfahren. Weiter möchte ich mich bei Dr.-Ing. Rainer Sommer und Dr.-Ing. Marc Hiller von der Siemens AG, Nürnberg für die Diskussionen zu praxisrelevanten Lösungen und technischen Problemstellungen bedanken.

Last but not least möchte ich mich bei meiner Familie – insbesondere meiner Frau – und meinem Kollegen und guten Freund Frank Schröder für die moralische Unterstützung, Motivation und vor allem die enorme Geduld bedanken. Die Zeit des Forschens und Schreibens war sicherlich nicht immer leicht für alle Beteiligten. Allen nicht genannten Freunden, Kollegen und Sekretärinnen sei gesagt: Ein aufmunterndes Wort zur richtigen Zeit ist unbezahlbar. Danke!

Noch ein Wort zum Schluss: Seit der „Plagiatsaffäre Guttenberg" werden wissenschaftliche Arbeiten verstärkt auf korrekte Quellenangaben; seit Kurzem auch auf „Selbstplagiate" untersucht. Um dem potentiellen Vorwurf von Selbstplagiaten vorzubeugen weise ich darauf hin, dass in [10, 11, 12] veröffentlichte Ergebnisse und Formulierungen auch in dieser Arbeit verwendet wurden. Insbesonderes stimmen weite Teile des Abschnitts 3.1 mit [10] überein. Wesentliche Teile aus [12] sind im Abschnitt 3.2, zu Beginn des Kapitels 4 und in den Abschnitten 4.1 und 4.2 enthalten.

Kurzfassung

Der „modulare Mehrpunktstromrichter“ (M2C) wurde von Prof. Dr.-Ing. Rainer Marquardt, Universität der Bundeswehr München erfunden und in [59, 60, 63] veröffentlicht. Bei diesem handelt es sich um einen modular aufgebauten Mehrpunktstromrichter ohne zentralen Zwischenkreiskondensator. Die wesentlichen Elemente sowie die prinzipielle Funktionsweise eines M2Cs werden in Kapitel 1 beschrieben. Das Kapitel 2 enthält eine Literaturübersicht zur Modellierung von M2Cs, zu deren Leistungsteil und Schutz sowie zu ausgewählten Regelungs- und Steuerungsverfahren.

Ein gemitteltes Modell eines M2Cs zum Betrieb einer dreiphasigen Wechselspannungslast, bzw. an einem dreiphasigen Netz, wird in Kapitel 3 hergeleitet. Dabei werden die Submodule eines Stromrichterzweiges durch einen Ersatzzweipol ersetzt, um die Ordnung der beschreibenden Differentialgleichungen zu verringern. Durch lineare, bzw. nichtlineare Koordinatentransformation der Systemgleichungen ist ein tieferes Verständnis des Systems „M2C“ möglich. Anhand dieser Transformationen können beispielsweise interessante Ausgangskandidaten für eine Regelung identifiziert werden; eine Auswahl wird am Ende des Kapitels 3 betrachtet. Einer dieser Kandidaten wird als besonders geeignet empfunden, da bei diesem die Ordnung der internen Dynamik gering ist und drei der sechs Ausgangskomponenten starke Praxisrelevanz haben. Auf diesem Kandidaten basieren die Betrachtungen in den weiteren Kapiteln.

Kapitel 4 behandelt allgemeine Fragen zu diesem Ausgang, so z. B. ob das betrachtete System bezüglich des Ausgangs eingangs-ausgangslinearisierbar ist. Am Ende des Kapitels werden zwei Sonderfälle zulässiger Trajektorien für den stationären Betrieb beschrieben. Deren Gegenüberstellung erfolgt anhand charakteristischer Kenngrößen, welche bedeutend für den Hardwareaufwand des Stromrichters sind.

Im Kapitel 5 werden zwei wichtige Themen – die Beeinflussung der internen Größe $\boldsymbol{\eta}$ durch Planung der Solltrajektorie des Ausgangs $\mathbf{y}_\mathrm{d}$ und Planung von Überführungen behandelt. Die Beeinflussung von $\boldsymbol{\eta}$ ist Gegenstand des Abschnitts 5.1. Im Abschnitt 5.2 wird gezeigt, wie durch Planung von Überführungen zwischen stationären Arbeitsregimes[1] auch bei Transitionen der zulässige Bereich des Stromrichters ausgenutzt werden kann, ohne dass große Reserven berücksichtigt werden müssen. Bei praktischen Realisierungen kann das skizzierte Verfahren zu einem geringeren Hardwareaufwand von Stromrichtern führen. Eine kurze Zusammenfassung der wesentlichen Ergebnisse der Arbeit sowie ein Ausblick ist in Kapitel 6 gegeben.

[1] Mit den Begriffen „stationäres Arbeitsregime“, bzw. „stationärer Betrieb“ werden in dieser Arbeit Betriebsarten von Stromrichtern bezeichnet, an denen deren Systemgrößen zeitlich periodisch sind.

Abstract

The “Modular Multilevel Converter” (M2C)—invented by Prof. Dr.-Ing. Rainer Marquardt, Universität der Bundeswehr München, Germany, published in [59, 60, 63]—is a modular multilevel converter without central DC-link capacitors. The basic assembly and the functional principle of M2Cs are presented in Chapter 1. A literature review about the modelling of M2Cs, their power electronic circuits, protection, and about selected control procedures is given in Chapter 2.

In Chapter 3 an averaged model of an M2C intended for operating together with three-phase AC loads and grids is derived. The submodules of each converter arm are replaced by an equivalent two-terminal circuit to reduce the order of the differential equations. Linear and nonlinear coordinate transformations of the system equations enable a deeper understanding of the “M2C” system. With these coordinate transformations, interesting output candidates can be identified. A selection is presented at the end of Chapter 3. The output candidates discussed differ in physical quantities and in the order of the internal dynamics, which is greater than zero for all cases. Due to the relatively low order of its internal dynamics and due to the property that three out of the six components of the output are relevant for practical applications, one of these output candidates is considered as especially suitable. Therefore, the considerations in the following chapters are based solely on this output. General topics related to this output, e. g. whether the system is input-output linearizable with regard to this output or not, are given in Chapter 4. Conditions which have to be fulfilled by the reference trajectories of the output such that the values related to the internal dynamics are restricted are also considered. On this basis, two interesting special cases for admissible trajectories are given. Their comparison is based on quantities which determine the hardware expenditure of the converter.

In Chapter 5, two relevant topics are dealt with: the influencing of the internal value η by proper planning of the reference trajectory of the output $\mathbf{y}_\mathrm{d}$, and the planning of transitions between stationary operating regimes. The influencing of η is the subject of Section 5.1. In Section 5.2 it is shown that the physical limits of the converter can be exploited even for transitions by proper planning of the reference trajectories. The implementation of this procedure can lead to reduced hardware expenditure in practical assemblies. A short summary and prospects for future work are given in Chapter 6.

Inhaltsverzeichnis

Abbildungsverzeichnis

Tabellenverzeichnis

Symbol- und Abkürzungsverzeichnis

Besondere Kennzeichnungen von Größen

x	Zeitabhängige Größe
$x(t)$	Wert der Größe x zum Zeitpunkt t
$\|x\|$	Betrag der Größe x
$\dot{x}$, $\ddot{x}$	Zeitableitungen der Größe x; $\dot{x} = \frac{\mathrm{d}x}{\mathrm{d}t}$, $\ddot{x} = \frac{\mathrm{d}^2x}{\mathrm{d}t^2}$
$x^{(k)}$	Zeitableitung k-ter Ordnung der Größe x, $k \in \mathbb{N}$; $x^{(k)} = \frac{\mathrm{d}^k x}{\mathrm{d}t^k}$
Δx	Änderung der Größe x; Differenz zwischen Maximal- und Minimalwert
δx	Relative Änderung der Größe x
$\max\{x\}$	Maximalwert der Größe x
$\min\{x\}$	Minimalwert der Größe x
$\bar{x}$	Mittelwert der periodischen Größe x; gleitender Mittelwert der Größe x
$\tilde{x}$	mittelwertfreier Anteil der periodischen Größe x; $\tilde{x} = x - \bar{x}$
j	imaginäre Einheit; $\mathrm{j} = \sqrt{-1}$
$\underline{x}$	komplexe Größe
$\underline{x}^*$	konjungiert Komplexes zu $\underline{x}$
$\arg(\underline{x})$	Argument der komplexen Größe $\underline{x}$
$\mathrm{Re}\{\underline{x}\}$	Realteil der komplexen Größe $\underline{x}$
$\mathrm{Im}\{\underline{x}\}$	Imaginärteil der komplexen Größe $\underline{x}$
X	Effektivwert
$\hat{X}$	Amplitude, bzw. Betragsmaximum
$\hat{x}$	bezogene Amplitude; $\hat{x} = \frac{\hat{X}}{U_\mathrm{d}}$
$\mathbf{x}$, $\vec{X}$	(Spalten-)Vektor, bzw. Tupel
$\mathbf{x}^\mathrm{T}$	Transponierte des Zeilenvektors $\mathbf{x}$
$\dim \mathbf{x}$	Dimension des Vektors bzw. des Tupels $\mathbf{x}$
$\mathbf{X}$	Matrix
$\mathbf{X}^{-1}$	Inverse der Matrix $\mathbf{X}$
$\langle f, g\rangle\|_{t_1}^{t_2}$	Mittelwert des Produkts zweier Funktionen $t \mapsto f(t)$, $t \mapsto g(t)$ im Intervall $[t_1, t_2]$, mit $t_1 \geq t_2$
$\langle f, g\rangle$	Mittelwert des Produkts zweier periodischer Funktionen $t \mapsto f(t) = f(t + T_\mathrm{P})$, $t \mapsto g(t) = g(t + T_\mathrm{P})$ über eine Periode T_P

Symbole

C	Kapazität, allgemein; Kapazität eines Ersatzmoduls, $nC = C_{\mathrm{SM}}$
C_{SM}	Kapazität eines Submoduls
$\hat{I}_{\mathrm{L}}$	Amplitude der Lastströme
L	Induktivität, allgemein
L_{L}	Induktivität (Rechengröße); $L_{\mathrm{L}} = 2(L_{\mathrm{g}} - k_{12}L_{\mathrm{z}})$
L_{d}	Induktivität einer Drossel im DC-Zwischenkreis
L_{dc}	wirksame Induktivität für skalierten Strom im DC-Zwischenkreis
L_{g}	Induktivität eines Laststranges
L_{z}	Induktivität einer Zweigdrossel
L_1	wirksame Induktivität für Kreisströme
L_2	wirksame Induktivität für transformierte Lastströme
L_{12}	Gegeninduktivität der Zweigdrosseln einer Stromrichterphase
R	ohmscher Widerstand, allgemein
R_{d}	ohmscher Widerstand einer Verbindung im DC-Zwischenkreis
R_{dc}	wirksamer Widerstand für skalierten Strom im DC-Zwischenkreis
R_{g}	ohmscher Widerstand eines Laststranges
R_{z}	ohmscher Widerstand eines Zweiges
R_1	wirksamer Widerstand für Kreisströme
R_2	wirksamer Widerstand für transformierte Lastströme
$\mathbf{T}_{\mathrm{N}}$	Transformationsmatrix; Definition in (3.2.2), S. 22
T	Periodendauer, allgemein; $T = \frac{1}{f}$
T_0	Periodendauer der Grundschwingung; $T_0 = \frac{1}{f_0}$
T_η	Periodendauer von $\boldsymbol{\eta} = (z_3, z_4, z_5)^{\mathrm{T}}$
U_{d}	Gesamtspannung im DC-Zwischenkreis; $U_{\mathrm{d}} = U_{\mathrm{d1}} + U_{\mathrm{d2}}$
U_{d1}, U_{d2}	Spannung einer Spannungsquelle im DC-Zwischenkreis
U_{u}, U_{o}	untere bzw. obere Spannungsgrenze für die Kondensatorauslegung
ΔU_{d}	Differenz der Spannungen im DC-Zwischenkreis; $\Delta U_{\mathrm{d}} = U_{\mathrm{d1}} - U_{\mathrm{d2}}$
$\hat{U}_{\mathrm{LN}}$	Amplitude der Leiter-Sternpunktspannungen
$\hat{U}_{\mathrm{X}}$	Amplitude der Spannung u_{X}
$\hat{U}_{\mathrm{g}}$	Amplitude der Gegenspannungen der Last
d	Dimension der internen Dynamik
e	Fehlergröße

f	Frequenz, allgemein; $f = \frac{1}{T}$
f_0	Frequenz der Grundschwingung; $f_0 = \frac{1}{T_0}$
i	Strom, allgemein
i_d	Strom im DC-Zwischenkreis
$i_{\mathrm{g}1}$, $i_{\mathrm{g}2}$, $i_{\mathrm{g}3}$	Lastströme
$i_{\mathrm{z}i}$	Zweigstrom, $i \in \{1, 2, \ldots, 6\}$
i_0	skalierter Strom im DC-Zwischenkreis; $i_0 = \frac{1}{3} i_\mathrm{d}$
i_1, i_2	stromrichterinterne Ströme („Kreisströme“)
i_3, i_4	transformierte Lastströme in einem ruhenden Koordinatensystem
i_5	skalierter Strom im Neutralleiter
k_{12}	Koppelfaktor der Zweigdrosseln einer Stromrichterphase, $k_{12} \in [-1, 1]$
m	Anzahl der Stromrichterphasen, $m \in \mathbb{N} \setminus \{0\}$
n	Anzahl der Submodule pro Zweig, $n \in \mathbb{N} \setminus \{0\}$
p	Leistung, allgemein
q	Schalterstellung, $q \in \{0, 1\}$
r_i	relativer Grad bezüglich der i-ten Ausgangskomponente, $i \in \{1, 2, \ldots, 6\}$
s	Schaltfunktion, $s \in [0, 1]$
$s_{\mathrm{z}i}$	Schaltfunktion des Ersatzmoduls im Zweig i, $i \in \{1, 2, \ldots, 6\}$
s_i	Transformierte Schaltfunktion, $i \in \{0, 1, \ldots, 5\}$
t	Zeit, allgemein
u	Spannung, allgemein
$u_{\mathrm{dc,z}}$	Spannungsgröße; Definition in (3.2.26a), S. 30
$u_{\mathrm{z}i}$	Kondensatorspannung des Ersatzmoduls im Zweig i, $i \in \{1, 2, \ldots, 6\}$
u_i	Transformierte Kondensatorspannung, $i \in \{0, 1, \ldots, 5\}$
u_{Klz}	Spannung an den Klemmen eines Submoduls („Klemmenspannung“)
u_{Ld}	Spannungsabfall über eine Drossel und einen Widerstand im DC-Zwischenkreis
u_{Lz}	Spannungsabfall über eine Zweigdrossel
u_{NM}	Sternpunktverlagerungsspannung der Last bzgl. des Schaltungspunktes M
$u_{\mathrm{g}1}$, $u_{\mathrm{g}2}$, $u_{\mathrm{g}3}$	Gegenspannungen der Last
$u_{\mathrm{g}\alpha}$, $u_{\mathrm{g}\beta}$, $u_{\mathrm{g}0}$	Transformierte Spannungen $u_{\mathrm{g}1}$, $u_{\mathrm{g}2}$, $u_{\mathrm{g}3}$ in einem ruhenden Koordinatensystem
$u_{\mathrm{g}\alpha}^{\circ}$, $u_{\mathrm{g}\beta}^{\circ}$	Spannungsgrößen; Definition in (3.2.26b), bzw. (3.2.26c), S. 30

u_X	Spannungsgröße; Definition in (3.2.27), S. 30
$u_{1\mathrm{N}}$, $u_{2\mathrm{N}}$, $u_{3\mathrm{N}}$	Leiter-Sternpunktspannungen
v_i	Komponente des künstlichen Eingangs, $i \in \{0, 1, \ldots, 5\}$
v_3^r, v_4^r	vierte, bzw. fünfte Komponente des künstlichen Eingangs in einem rotierenden Koordinatensystem
w	Energie, allgemein
w_C	Kondensatorenergie
y_i	Ausgangskomponente, $i \in \{0, 1, \ldots, 5\}$
z_i	Energiegröße, $i \in \{0, 1, \ldots, 5\}$; Definition in (3.2.29), S. 31
z_i^+	Energiegröße, $i \in \{0, 1, \ldots, 5\}$; Definition in (3.2.23), S. 29
$\dot{\eta}_l$	Komponente der internen Dynamik, $l \in \{1, 2, 3\}$
φ	Phasenwinkel, allgemein
φ_g	Phasenwinkel der Gegenspannungen der Last
φ_iL	Phasenwinkel der Lastströme
φ_L	Phasenwinkel der Last (Lastwinkel)
φ_U	Phasenwinkel der Leiter-Sternpunktspannungen
φ_X	Phasenwinkel der Spannung u_X
ω	Kreisfrequenz, allgemein; $\omega = 2\pi f$
ω_X	Kreisfrequenz der Spannung u_X
ω_0	Kreisfrequenz der Grundschwingung; $\omega_0 = 2\pi f_0$

Indizes

AR	Kennzeichnung einer Größe während eines stationären Arbeitsregimes
Max	Maximalwert
Min	Minimalwert
Tr	Kennzeichnung einer Größe während einer Überführung
d	Solltrajektorie; Größe des DC-Zwischenkreises, z. B. U_d, i_d, u_d
dI	Ideal geplanter Anteil der Solltrajektorie
dS	Anteil der Solltrajektorie zur gezielten Beeinflussung der Größe $\boldsymbol{\eta}$
g	Lastgröße, z. B. $i_{\mathrm{g}k}$, $u_{\mathrm{g}k}$, $k \in \{1, 2, 3\}$
gd, gq, g0	Transformierte Lastgrößen in einem rotierenden Koordinatensystem
gα, gβ, g0	Transformierte Lastgrößen in einem ruhenden Koordinatensystem
r	Größe in einem rotierenden Koordinatensystem (hochgestellter Index)
z	Zweiggröße, z. B. u_z, i_z, s_z
zi	Größe im Zweig i, $i \in \{1, 2, \ldots, 6\}$, z. B. $u_{\mathrm{z}i}$, $i_{\mathrm{z}i}$, $s_{\mathrm{z}i}$

zij	Positionsangabe bei Submodulgrößen: Zweig i, $i \in \{1, 2, \ldots, 6\}$, Position j, $j \in \{1, 2, \ldots, n\}$
i	Transformierte Zweiggröße, z. B. u_i, i_i, s_i, $i \in \{0, 1, \ldots, 5\}$

Abkürzungen

AC	Wechselstrom / Wechselspannung
AR	(stationäres) Arbeitsregime
DC	Gleichstrom / Gleichspannung
HGÜ	Hochspannungs-Gleichstrom-Übertragung
IGBT	*Insulated-Gate Bipolar Transistor*
IGCT	*Integrated Gate-Commutated Thyristor*
M2C	Modularer Mehrpunktstromrichter (*Modular Multilevel Converter*)
PWM	Pulsweitenmodulation
SCHB	*Series Connected H-Bridge*
SM	Submodul
Tr	Transition (Überführung zwischen zwei stationären Arbeitsregimes)
I	Betriebsart des M2Cs „Kreisstromfreier Betrieb“
II	Betriebsart des M2Cs „Betrieb mit $y_1 = y_2 = 0$“

1. Einleitung

Mehrpunktstromrichter können an ihren Wechselspannungsklemmen Spannungen mit geringem Oberschwingungsgehalt realisieren. Eine relativ neue und vielversprechende Topologie ist der „modulare Mehrpunktstromrichter" (M2C) [59, 60, 63]. Das Schaltbild eines dreiphasigen M2Cs ist in Abb. 1.1 zu sehen. Die Stromrichterkonfiguration wurde in [59, 60] ohne Namen eingeführt und in [63] noch allgemein als „modularer Stromrichter" bezeichnet. Mittlerweile hat sich für diese in der deutschsprachigen Fachwelt die Typbezeichnung „modularer Mehrpunktstromrichter" als Name der Schaltung eingebürgert. In der englischsprachigen Fachwelt wird diese meist als „*Modular Multilevel Converter*" (MMC, M2C, M2LC), teilweise auch als „*Modular Multilevel Cascade Converter*" (MMCC) bezeichnet.

Wesentliches Element von M2Cs ist die Reihenschaltung von $2n$, $n \in \mathbb{N}\backslash\{0\}$ Zweipolen – auch „Zellen", bzw. „Submodule" genannt – pro Stromrichterphase. Die Zellen können an ihren Klemmen verschiedene Spannungsstufen realisieren und beinhalten eigene Energiespeicher. Zwei mögliche Realisierungsformen für Submodule sind in Abb. 1.2 gegeben. Diese bestehen aus der Kombination eines (Gleichspannungs-) Kondensators mit einer Halbbrücke bzw. einer Vollbrücke. Werden Vollbrücken eingesetzt, so kann mit der Stromrichterschaltung nach Abb. 1.1 neben einer Gleichspannungs- / Wechselspannungswandlung auch eine einphasige Wechselspannung in eine dreiphasige Wechselspannung gewandelt werden [29, 30, 60, 90]. Als mögliches Anwendungsfeld seien Netzkupplungen zwischen einem dreiphasigen Netz und einem einphasigen Bahnnetz genannt.

Stromrichter nach [29, 30, 60, 90] zur Wandlung von Wechselspannungen werden häufig als „AC-AC M2Cs" bezeichnet, während Stromrichter zur Gleichspannungs- / Wechselspannungswandlung meist nur als „M2Cs" bezeichnet werden. Diese Begriffe werden auch hier für die genannten Stromrichterkonfigurationen verwendet.

Jede Stromrichterphase des modularen Mehrpunktstromrichters hat drei Klemmen – einen „Wechselspannungs-" bzw. „Lastanschluss" und zwei Klemmen zur Anbindung an den Gleichspannungs- (DC) bzw. Wechselspannungs- (AC) Zwischenkreis. Symmetrisch zum Lastanschluss befinden sich jeweils n Submodule. Der Zweipol zwischen dem Lastanschluss und der Klemme zur Anbindung an den DC- bzw. AC-Zwischenkreis wird im Folgenden als „Zweig" bezeichnet. Damit beim Schalten der Submodule keine hohen Ausgleichsströme entstehen, enthalten die Stromrichterzweige neben den Submo-

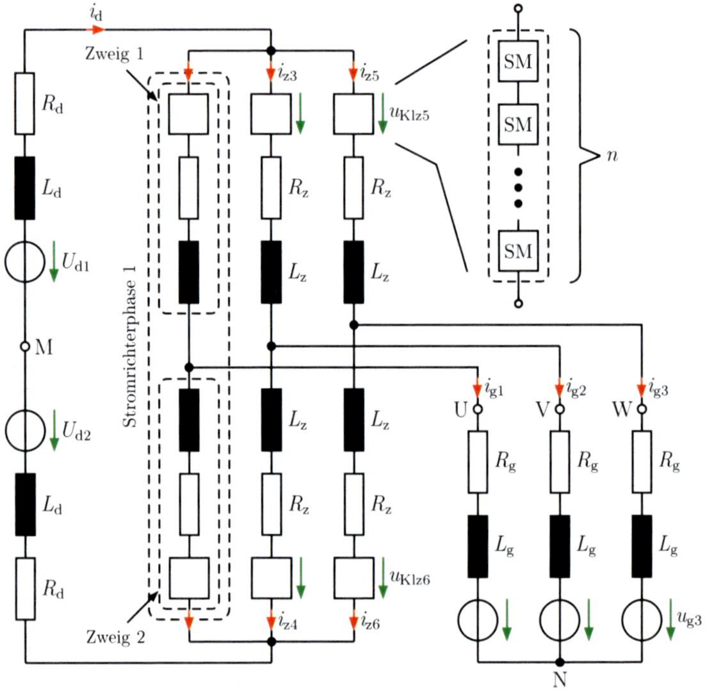

Abb. 1.1.: Modell eines M2Cs mit $n \in \mathbb{N} \setminus \{0\}$ Submodulen pro Zweig für den Betrieb einer dreiphasigen Last in Sternschaltung: Die Drosseln der Stromrichterphasen $k \in \{1, 2, 3\}$ können magnetisch gekoppelt sein. Um die Lesbarkeit zu erhöhen sind nicht alle Bezeichnungen angegeben.

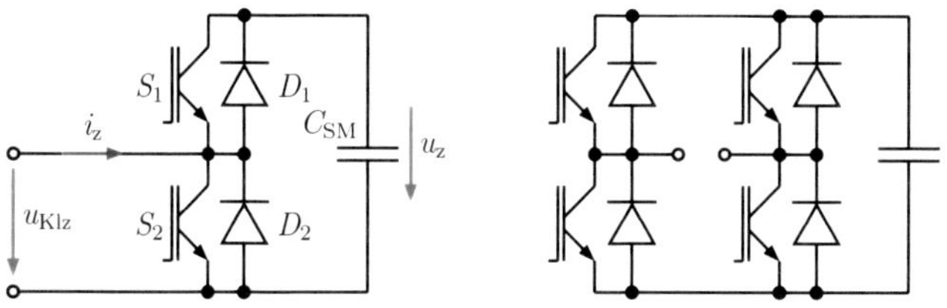

(a) Halbbrückenkonfiguration (b) Vollbrückenkonfiguration

Abb. 1.2.: Möglicher Aufbau der Submodule: Da die Halbbrückenkonfiguration weiter betrachet wird, sind nur bei dieser Bezeichner angegeben.

Tabelle 1.1.: Klemmenspannung u_{Klz} und Änderung der Kondensatorspannung u_z eines Submoduls nach Abb. 1.2(a) in Abhängigkeit der Schaltzustände und des Klemmenstromes i_z: Die Spannungsabfälle an den Halbleitern werden vernachlässigt.

Nr.	S_1	S_2	i_z	u_{Klz}	$C_{SM}\dot{u}_z$
1	aus	aus	> 0	u_z	i_z
			< 0	0	0
2	aus	ein	$\neq 0$	0	0
3	ein	aus	$\neq 0$	u_z	i_z
4	ein	ein	Kurzschluss des Kondensators		

dulen zusätzliche Drosseln. Diese können innerhalb einer Stromrichterphase magnetisch gekoppelt sein.

Bei M2Cs mit Gleichspannungszwischenkreis werden häufig Submodule mit Halbbrücken, bzw. Abwandlungen davon eingesetzt. Aus diesem Grund wird die Submodulkonfiguration nach Abb. 1.2(a) näher betrachtet. Die möglichen Schaltzustände der Halbbrücke sind in Tabelle 1.1 angegeben. Diese bestimmen in Kombination mit der Stromrichtung des Stromes i_z die Klemmenspannung u_{Klz} und die Änderung der Kondensatorspannung u_z. Für den „Normalbetrieb“ von M2Cs mit idealen Schaltern sind nur die Schaltzustände 2 und 3 der Tabelle 1.1 relevant [55]. Bei diesen ist die Klemmenspannung von der Stromrichtung unabhängig. Jedoch hängt die Kondensatorspannungsänderung $\dot{u}_z$ im Schaltzustand 3 von i_z ab. Im Gegensatz dazu tritt im Schaltzustand 2 keine Änderung der Kondensatorspannung auf, da der Kondensator nicht vom Strom i_z durchflossen wird. Der Schaltzustand 1 tritt bei realen M2Cs im Normalbetrieb während der Verriegelungszeit auf und kann z. B. nach [44] zur Beherrschung von Kurzschlüssen auf der Wechselspannungsseite verwendet werden. Der Schaltzustand 4 würde zu einer Entladung des Kondensators über die beiden Schalter führen. Bei Verwendung idealer Schalter ist dieser Schaltzustand weder zulässig noch sinnvoll.

Durch die Reihenschaltung von n Submodulen pro Zweig können bei einem gegebenen Ladezustand der Submodulkondensatoren mit einer Submodulkonfiguration nach Abb. 1.2(a) an den Klemmen der Reihenschaltung zwischen $n+1$ und 2^n verschiedene Spannungen realisiert werden. Stimmen die Kondensatorspannungen der Submodule exakt überein, so sind $n+1$ verschiedene Spannungen möglich. Diese Aussagen gelten unter der Voraussetzung, dass alle Kondensatorspannungen größer als Null sind. Da die Kondensatoren nicht über externe Beschaltungsnetzwerke geladen, bzw. entladen werden, müssen deren Spannungen durch Steuerung oder Regelung des Stromrichters geeignet beeinflusst werden. Die Umsetzung dieser Anforderung erschwert den Betrieb von M2Cs im Vergleich zu anderen Mehrpunkt-Topologien, wie z. B. dem *Flying-Capacitor Converter*, dem *Neutral-Point-Clamped Converter*, dem *Active-Neutral-Point-Clamped Converter* oder dem *Series Connected H-Bridge Converter* [91].

Erste kommerzielle Anwendungen von M2Cs gibt es nach [45] im Bereich der Hochspannungs-Gleichstromübertragung (HGÜ, *HVDC*) und bei flexiblen Drehstromübertragungssystemen (*FACTs*). Im Bereich der Mittelspannungstechnik ist dem Autor die Speisung eines Schiffsbordnetzes als Pilotanwendung bekannt [87].

2. Stand der Technik

Dieser Abschnitt gibt einen Überblick über den Stand der Technik und geht auf Besonderheiten beim Betrieb von M2Cs ein. Eine ähnliche Übersicht ist in [23, 73] gegeben, wobei sich die betrachteten Schwerpunkte zum Teil unterscheiden.

M2Cs werden durch Serien- und Parallelschaltung der in Abschnitt 1 genannten Zweigstrukturen – den Serienschaltungen bestehend aus n Submodulen, Drosseln und evtl. Widerständen – gebildet. Durch Änderung deren Verschaltung lassen sich auch andere modulare Mehrpunktstromrichter mit verteilten Energiespeichern ableiten. Eine Nomenklatur für ausgewählte Stromrichterkonfigurationen ist in [1] zu finden. Zwei weitere Stromrichtertopologien sind in [13, 26, 70] beschrieben. Mit diesen Stromrichtern ist der Betrieb an zwei dreiphasigen Wechselspannungssystemen möglich. Unterschiede gibt es z. B. bezüglich der Anzahl der benötigten Zweigstrukturen: So besteht die Schaltung in [13] aus lediglich sechs der genannten Zweigstrukturen; sie wird dort auch als „*Hexverter*“ bezeichnet. Die in [26, 70] beschriebenen Mehrpunkt-Matrixumrichter werden durch neun der genannten Zweigstrukturen gebildet.

2.1. Modellierung

Voraussetzung für regelungstechnische Betrachtungen zu M2Cs, Simulationen oder aber auch eine Dimensionierung der Bauelemente sind geeignete Modelle. Sofern die Betrachtungen zum M2C nicht auf Halbleiterebene basieren, ist es bei der Modellbildung üblich, die Halbleiter durch ideale Schalter zu ersetzen. Ein solches Modell wird im Folgenden als „geschaltetes Modell“ bezeichnet. Mit jeder Änderung des Schaltzustandes der $m \cdot n$ Submodule ist auch eine Änderung der beschreibenden Differentialgleichungen des M2Cs verbunden. Dabei bezeichnet $m \in \mathbb{N} \setminus \{0\}$ die Anzahl der Stromrichterzweige. In Folge der im Allgemeinen hohen Schalteranzahl ist ein solches geschaltetes Modell für eine Reglerauslegung, eine (Grob-)Dimensionierung der Bauelemente oder für Simulationen mit geringem Rechenaufwand meist nicht geeignet. Für diese Aufgaben, sowie zur regelungstechnischen Analyse des Systems M2C ist die Verwendung einfacherer Modelle sinnvoll. Diese können gemittelte Modelle mit Schaltfunktionen aus dem Intervall $[0, 1]$ sein oder aber Modelle, bei denen die n Submodule eines jeden Zweiges durch einen geeigneten Ersatzzweipol ersetzt sind. Auch können die beiden genannten Vereinfachungen in einem Modell realisiert werden.

Gemittelte Modelle des M2Cs werden z. B. in [8, 10, 58, 69, 77, 79] verwendet bzw. hergeleitet. In all den genannten Veröffentlichungen werden die n Submodule eines Zweiges zu einem resultierenden Submodul zusammengefasst. Zu beachten ist jedoch, dass die Herleitung in [8] auf Grund der Vernachlässigung einer entstehenden zeitabhängigen Kapazität nicht präzise ist und in [58, 77, 79] auf der Annahme identischer Schaltfunktionen aller Submodule eines Zweiges basiert. Diese Annahme ist z. B. bei einigen Multiträger-Sinus-Pulsweitenmodulationsverfahren gerechtfertigt. Wie in [10] dargestellt, ist die Reduktion auf ein Submodul auch bei Verwendung eines Sortieralgorithmus zulässig. In [77, 79] werden Simulationsergebnisse basierend auf einem gemittelten Modell mit einem resultierenden Submodul pro Zweig mit Messwerten eines realen Umrichters verglichen. Zusätzlich werden in [77] Simulationsergebnisse eines gemittelten Modells mit den Simulationsergebnissen eines geschalteten Modells mit n Submodulen pro Stromrichterzweig verglichen. Für beide Modelle wird eine bemerkenswerte Übereinstimmung der Ströme und Spannungen berichtet. Diese Ergebnisse unterstreichen die Bedeutung des gemittelten Modells mit einem resultierenden Submodul pro Zweig für die Systemanalyse und Betrachtungen zur Regelung.

Für die Untersuchung des Systemverhaltens in besonderen Arbeitsregimes wie Kurzschlüssen oder Anfahren des Stromrichters sind stark vereinfachte Modelle nicht geeignet. In [83, 84] werden Modelle unterschiedlicher Abstraktionsgrade beschrieben. Deren Rechenaufwand und die Qualität ihrer Ergebnisse wird anhand ausgewählter Simulationsbeispiele gegenübergestellt.

2.2. Leistungsteil und Schutz

Der Normalbetrieb von M2Cs setzt voraus, dass die Kondensatorspannungen der Submodule eine von der Konfiguration des Stromrichters abhängige Minimalspannung nicht unterschreiten. Für das Anfahren des Stromrichters ist daher eine Vorladung der Kondensatoren erforderlich. Eine Möglichkeit zur Vorladung der Submodulkondensatoren aus einer gegenüber der Nennspannung im DC-Zwischenkreis deutlich reduzierten Hilfsspannung ist in [54, 55] beschrieben. In [21, 28] werden die Submodulkondensatoren des Stromrichters direkt aus dem Wechselspannungsnetz geladen. Für die Begrenzung der Ladeströme sind Vorladewiderstände nötig, welche im Betrieb überbrückt werden.

Eine Dimensionierungsvorschrift für die Zweigdrosseln ist in [89] gegeben. Für Betrachtungen zum Kondensatoraufwand sowie Dimensionierungsgleichungen wird exemplarisch auf [11, 25, 42, 54, 63, 77] verwiesen. Bei manchen

Regelungs- und Steuerungsverfahren können die Zweigdrosseln und Submodulkondensatoren nicht unabhängig voneinander gewählt werden; exemplarisch für diese Thematik seien [41, 76] genannt. Aus [25, 77] ist bekannt, dass der Kondensatoraufwand durch Stromkomponenten in den Zweigen, welche nicht über den DC-Zwischenkreis oder die Last fließen, beeinflusst – und insbesondere reduziert – werden kann. Diese Stromkomponenten werden im Folgenden als „Kreisströme“ bezeichnet. Der Halbleiteraufwand des M2Cs wird unter anderem in [3, 54, 77, 78] behandelt. Aus [78] ist bekannt, dass die in den Submodulen eingesetzten Halbleiter unterschiedlich beansprucht werden und die Aufteilung der Verluste zwischen den Halbleitern stark vom Phasenwinkel der Last abhängt. Bei M2Cs für Mittelspannungs- und Hochspannungsanwendungen werden meist IGBTs eingesetzt. In [20, 67] werden die rechnerischen Halbleiterverluste bei Verwendung von IGCTs den Verlusten bei Verwendung von IGBTs gegenübergestellt. Submodule mit SiC-JFETs werden in [71] behandelt.

Bei vielen Industrieanwendungen aber insbesondere im Bereich der Energieversorgung werden hohe Anforderungen an die Zuverlässigkeit der Systemkomponenten gestellt. Neben einer Überdimensionierung der Bauelemente ist eine weitere Möglichkeit zur Erhöhung der Zuverlässigkeit von M2Cs der Einbau zusätzlicher, redundanter Submodule. Damit ein Betrieb auch beim Ausfall einzelner Submodule möglich ist, müssen diese im Fehlerfall sicher kurzgeschlossen werden. Dies kann beispielsweise wie in [22, 28] über (mechanische) Schalter erfolgen. Weiterhin müssen die Submodule so gestaltet sein, dass Fehler innerhalb eines Modules nicht zum Ausfall benachbarter Module führen. Maßnahmen dazu sind z. B. in [17] beschrieben. Für simulative Untersuchungen zum Einfluss der zusätzlichen Submodule auf wichtige Systemparameter bei „heißer“ Redundanz wird auf [52] verwiesen.

Das Beherrschen von Kurzschlüssen auf der Wechselspannungsseite ist mit M2Cs in der Regel unkritisch. Bei Submodulen nach Abb. 1.2(a) werden bei einfachen Schutzkonzepten im Kurzschlussfall alle Halbleiterschalter gesperrt [44]. Da es hierbei zu Überspannungen an den Zweigdrosseln oder den Anschlussklemmen des DC-Zwischenkreises kommen kann, wird in [31] vorgeschlagen, dass die Pulssperre für jeden Zweig separat beim Nulldurchgang des jeweiligen Zweigstromes erfolgt. Werden die Ströme auf der Wechselspannungsseite geregelt, so können bei geeigneter Parametrierung der Regler hohe Kurzschlussströme vermieden werden. Kurzschlüsse auf der Gleichspannungsseite sind beim Einsatz von Submodulen mit Halbbrücken kritischer, da bei diesen die Inversdioden der unteren IGBTs zu leiten beginnen. Da diese in der Regel keine hohen Kurzschlussströme führen können, sind zur Beherrschung dieser Fehler Zusatzmaßnahmen erforderlich. Im einfachsten Fall werden dazu den unteren Inversdioden Halbleiter mit entsprechender Stromtragfähigkeit (z. B. Thyristoren) parallelgeschaltet [22, 44]. Für Anwendungen, bei denen häufig mit kurzzeitigen Fehlern auf der Gleichspannungsseite zu rechnen ist – so z. B. bei HGÜ mittels Freileitungen – wird in [57] die Verwendung zweier antiparalleler Thyristoren vorgeschlagen. Für Anwendungen, in denen mehrere M2C an einem gemeinsamen DC-Zwischenkreis arbeiten, sind in [22, 44, 61, 62] verschiedene Lösungsansätze zur Beherrschung von Kurzschlüssen auf der Gleichspannungsseite skizziert. Während in [22, 44] alle den Kurzschlussstrom speisenden M2Cs auf der Wechselspannungsseite vom Netz getrennt werden, wird der Kurzschlussstrom in [61, 62] durch den Einsatz spezieller Submodulkonfigurationen aktiv beeinflusst. Auf Grund von Neuentwicklungen auf dem Gebiet der Leistungsschalter für die HGÜ [38] kann in Zukunft auch bei Hochspannungsanwendungen ein Trennen auf der Gleichspannungsseite praktibel sein.

2.3. Besonderheiten bei Motoranwendungen, bzw. „niedrigen“ Ausgangsfrequenzen

In stationären Arbeitsregimes ist der periodische Energieeintrag in die Submodulkondensatoren eines M2Cs stark von der Grundschwingungsfrequenz f_0 des Laststromes abhängig. Bei sinusförmigen Lastströmen und kreisstromfreiem Betrieb ist dieser nach [63] direkt proportional zur Amplitude des Laststromes und indirekt proportional zur Grundschwingungsfrequenz. Daraus folgt, dass ein (stationärer) kreisstromfreier Betrieb von M2Cs bei $f_0 = 0$ Hz nicht möglich ist. Das Gleiche gilt auch für den stationären Betrieb bei $f_0 \ll f_N$ mit Nennstrom, falls der betrachtete Stromrichter für den Betrieb bei Nennfrequenz f_N ausgelegt ist.

Wie dieses Problem prinzipiell gelöst werden kann, ist in [53] beschrieben. Demnach kann der periodische Energieeintrag in die Submodulkondensatoren bei geeigneter Aussteuerung der Gleichtaktspannung in Kombination mit zugehörigen Kreisstromanteilen begrenzt und insbesondere geeignet beeinflusst werden. Für die Implementierung des Verfahrens werden exemplarisch [9, 33, 46, 47] genannt. Der Vollständigkeit halber wird auch auf [35] verwiesen. In dieser Veröffentlichung wird das Problem durch „hartes“ Anfahren einer Asynchronmaschine aus dem Stillstand durch Einprägen einer gegenüber der Nennspannung reduzierten sinusförmigen Klemmenspannung der Grundschwingungsfrequenz $f_0 = 0{,}6 f_N$ umgangen. Dieses einfache Verfahren kann jedoch nicht für alle Antriebsanwendungen verwendet werden.

Ein weiteres zum Themenkomplex des „frequenzvariablen Betriebs“ gehörendes Verfahren wird in [11] beschrieben. Bei diesem steigt die Spannung im DC-Zwischenkreis innerhalb eines bestimmten Intervalls der Ausgangsfrequenz monoton mit der Grundschwingungsfrequenz der Last an. Eine Anwendung dieses Verfahrens kann zu einer deutlichen Reduktion des Kondensatoraufwands führen. Zu beachten ist jedoch, dass allein mit dieser Methode kein stationärer Betrieb bei $f_0 = 0$ möglich ist. Aus diesem Grund ist eine Kombination der Verfahren aus [11, 53] denkbar.

2.4. Auswahl bekannter Verfahren zum Betrieb von M2Cs

Bei M2Cs werden die Kondensatoren der Submodule nicht durch externe Beschaltungsnetzwerke geladen, bzw. gegebenenfalls entladen. Somit muss durch geeignete Steuerungs- bzw. Regelungsverfahren sichergestellt werden, dass die geforderten Größen an den Klemmen des Stromrichters realisiert, bzw. nährungsweise realisiert werden und die „internen Größen" – Kondensatorspannungen und Ströme in den Stromrichterzweigen – innerhalb gewünschter Grenzen gehalten werden. Wegen der modularen Struktur des Stromrichters kann die Beeinflussung dieser „internen Größen" auf

- Submodulebene oder auf
- Basis resultierender „Zweiggrößen", wie der Summe der Kondensatorspannungen oder der kapazitiv gespeicherten Energie erfolgen.

Darüber hinaus werden in der Literatur Verfahren genannt, mit denen ein Betrieb von M2Cs möglich sein soll, ohne dass die Pulsmuster an die Kondensatorspannungen angepasst werden müssen. Exemplarisch wird auf [40, 49] verwiesen. Obwohl für diese Verfahren Stabilitätsanalysen fehlen, werden sie aus Gründen der Vollständigkeit genannt.

Während die Schaltsignale bei einer Beeinflussung auf Submodulebene unmittelbar vorliegen, müssen diese bei einer Beeinflussung auf Basis resultierender Zweiggrößen aus den vom Regler, bzw. der Steuerung geforderten (Submodul-) Summenklemmenspannungen bzw. der geforderten Anzahl der einzuschaltenden Submodule ermittelt werden. Neben dem Regler bzw. der Steuerung ist daher ein zusätzlicher Algorithmus notwendig. Dieser muss für jeden Stromrichterzweig sicherstellen, dass die Ausgangsgrößen des Reglers bzw. der Steuerung realisiert werden und die Kondensatorspannungen innerhalb ihrer zulässigen Grenzen bleiben.

Ein einfacher Algorithmus für Submodule mit Halbbrücke ist in [54, 56, 63] genannt. In Abhängigkeit der Stromflussrichtung im Zweig $i \in \{1, 2, \ldots, 6\}$ werden zur Realisierung der Ausgangsgrößen des Reglers bzw. der Steuerung die Submodule mit der geringsten, bzw. der höchsten Kondensatorspannung eingeschaltet. Dadurch wird erreicht, dass die Kondensatorspannungen innerhalb eines Stromrichterzweiges nicht wesentlich voneinander abweichen. Dieser Vorgang wird häufig auch als „Symmetrierung der Kondensatoren", bzw. nur als „Symmetrierung" bezeichnet. Ein Nachteil des genannten „Sortieralgorithmus" ist das häufige Schalten der Submodule, welches zu hohen

Schaltverlusten führen kann. Maßnahmen, welche zu einer Reduzierung der mittleren Schaltfrequenz der Submodule führen, sind in [54] genannt.

2.4.1. Verfahren ohne Sortieralgorithmus

2.4.1.1. Gesteuerte Pulsmustergenerierung (ohne Rückkopplung der Kondensatorspannungen)

In [49] werden die Schaltsignale der Submodulkondensatoren mit verschiedenen Multiträger-Pulsweitenmodulationsverfahren (*multicarrier PWM*) bestimmt. Demnach haben die verwendeten Trägersignale starken Einfluss auf den Oberschwingungsgehalt der Ausgangsspannung und auf Unsymmetrien in den Kondensatorspannungen. Ein wichtiges Ergebnis ist, dass durch bestimmte Trägersignale Unsymmetrien in den Kondensatorspannungen innerhalb der Zweige reduziert werden können. In [40] wird ein Verfahren vorgestellt, bei dem die Pulsmuster zur Elimination Harmonischer in der Ausgangsspannung im Voraus berechnet werden. Die Eignung des Verfahrens wird durch Simulationen und Experimente bei stationärem Betrieb und bei sprunghafter Änderung der Last verifiziert. Eine Besonderheit des Experiments ist, dass jedes Submodul lediglich einmal pro Grundschwingungsperiode ein- und ausgeschaltet wird.

In den Veröffentlichungen [40, 49] sind keine Stabilitätsbetrachtungen enthalten. Ob die dort genannten Verfahren für den Betrieb realer Umrichter geeignet sind, ist demnach aus Sicht des Autors zur Zeit noch nicht abschließend geklärt.

2.4.1.2. Pulsmustergenerierung unter Rückkopplung der Kondensatorspannungen

Ein Verfahren, bei dem die Schaltsignale der Submodule getrennt voneinander erzeugt werden, ist in [32, 34] beschrieben. Bei diesem ist jedem Submodul eine eigene Referenzspannung zugeordnet. Aus dieser werden die Schaltsignale mittels Sinus-Dreieck-Vergleich erzeugt. Im Gegensatz zu anderen Veröffentlichungen der Autoren ist in [34] auch eine Stabilitätsanalyse enthalten.

Bei dem Verfahren nach [34] setzen sich die geforderten Klemmenspannungen der Submodule aus anteiligen Komponenten zur Realisierung der Sollspannungen an den Klemmen des DC-Zwischenkreises und an der AC-Klemme der zugeordneten Stromrichterphase zusammen. Darüber hinaus enthalten sie eine Spannungskomponente zur Regelung der Kondensatorspannungen. Diese besteht ihrerseits aus drei Anteilen: Jeweils einer Komponente zur Regelung

- des arithmetischen Mittelwerts der Kondensatorspannung in der zugeordneten Stromrichterphase (*averaging control*), zur Regelung
- der Kondensatorspannung des zugehörigen Submoduls (*individual balancing control*), sowie zur Regelung
- der Differenz der arithmetischen Mittelwerte der Kondensatorspannungen in den zugehörigen Stromrichterzweigen (*arm-balancing-control*).

Um die Zuordnung zu erleichtern, sind in dieser Auflistung die in [34] verwendeten Bezeichnungen in Klammern aufgeführt. Das „*arm balancing*" ist nach [34] erforderlich, damit für alle Phasenverschiebungswinkel der Last ein stabiler Betrieb des M2Cs möglich ist. Dessen Implementierung in [34] stellt auch eine der wesentlichen Änderungen gegenüber der früheren Veröffentlichung [32] dar. Ein zu [32] ähnliches Verfahren wird in [33] für den Betrieb einer Asynchronmaschine an einem M2C verwendet.

2.4.2. Verfahren basierend auf einem Sortieralgorithmus

2.4.2.1. Anwendung „klassischer" Modulationsverfahren für Mehrpunkt-Stromrichter mit Spannungszwischenkreis

Bei einfachen Modulationsverfahren für den Betrieb von M2Cs werden die „internen Größen" – Kondensatorspannungen und Kreisströme – nicht geregelt. So auch bei der Anwendung bekannter Modulationsverfahren für Mehrpunktstromrichter wie

- (Multiträger) Sinus-Pulsweitenmodulation (*Multicarrier SPWM, Multicarrier Sinusoidal PWM*) [50, 85, 86] – in [86] „*direct modulation*" genannt,
- vorausberechnete Pulsmuster zur Elimination von Harmonischen in der Ausgangsspannung (*Selective Harmonic Elimination PWM, SHE-PWM*) [51], bzw. zur Reduktion des Oberschwingungsgehalts bei geringer Schaltfrequenz in [39]
- und Raumzeigermodulation (*Spacc Vcctor PWM, SVM, SPWM*) [54, 55, 56].

Damit die Kondensatorspannungen innerhalb der Zweige nicht wesentlich voneinander abweichen, ist neben der Bestimmung der Anzahl der einzuschaltenden Submodule pro Stromrichterzweig durch das Modulationsverfahren auch das Festlegen der zu schaltenden Submodule („Symmetrierung") durch einen geeigneten Algorithmus notwendig. Abgesehen von [39], ist in den oben genannten Quellen dem eigentlichen „Modulator“ ein Symmetrierungsalgorithmus nach [54, 56, 63] nachgeordnet.

Da bei den hier genannten Verfahren die Kreisströme und Kondensatorspannungen nicht geregelt werden, hängt deren Verlauf vom implementierten Verfahren und von der Konfiguration des M2Cs ab. In [41] wird für *SPWM* abgeleitet, welchen Wert das Produkt aus Submodulkapazität und Induktivität der Zweigdrosseln annehmen muss, um Resonanzen bei Kreisstromkomponenten zu vermeiden. Der Autor merkt an, dass ihm für keine der hier aufgeführten Verfahren abschließende Stabilitätsanalysen bekannt sind. Für *SPWM* sind in [41] Bedingungen genannt, unter denen die Systemgrößen des M2Cs beschränkt sind. Jedoch fehlen Aussagen dazu, unter welchen Bedingungen diese erfüllt sind.

2.4.2.2. Pulsmustergenerierung ohne Messung der Kondensatorspannung

In [6, 7] wird für einen einphasigen M2C ein Steuerungsverfahren vorgeschlagen, bei dem die Anzahl der in einem Zweig einzuschaltenden Submodule auf Basis der Solltrajektorie der Kondensatorspannungssumme – und nicht auf Basis gemessener Kondensatorspannungen – bestimmt wird. Erste Betrachtungen zur Stabilität sind in [37] enthalten. Als Weiterentwicklung des Verfahrens können [9, 36] gesehen werden. Bei dem Verfahren aus [36] für mehrphasige M2Cs mit Zwischenkreiskondensator werden die Ströme der Stromrichterphasen des M2Cs (anteilige „DC-Bus-Ströme“) und die Lastströme geregelt, nicht aber die Kondensatorspannungen. Die Anzahl der einzuschaltenden Module wird analog zu [6] auf Basis der Solltrajektorie der Kondensatorspannungssumme bestimmt. Der Artikel enthält auch erste Betrachtungen zur Stabilität. In [9] wird der stationäre Betrieb eines Motors mit Nenndrehmoment für Drehzahlen im Bereich von Null bis Nenndrehzahl behandelt. Die Ergebnisse werden experimentell verifiziert.

2.4.2.3. Verfahren mit Filterung

Ein einfaches, übersichtliches Verfahren zur Regelung der mittleren Kondensatorenergie in den Zweigen des M2Cs ist in [8, 37] beschrieben. In [37] sind auch Betrachtungen zur Stabilität des geregelten Systems angegeben; diese fehlen in [8]. Ein wesentlicher Unterschied zwischen den Verfahren in [8, 37] besteht in der Regelung der notwendigen Stromkomponente zur gewünschten Beeinflussung der mittleren Kondensatorenergie in [37], bzw. deren Steuerung in [8]. Da es sich bei [8] um eine der ersten Veröffentlichungen zur Regelung von M2Cs handelt und der dort präsentierte Ansatz nach Ansicht des Autors weitere Regelungsverfahren beeinflusst hat, so z. B. [37, 46, 47, 48], wird das Verfahren näher beschrieben. Weitere Verfahren werden nur kurz skizziert.

2.4.2.3.1. Regelung der mittleren Kondensatorenergie Das Verfahren nach [8] basiert auf der Regelung der kapazitiv gespeicherten Energie in den Stromrichterphasen. Jeder Phase ist dazu ein eigener Regler zugeordnet. Eine Änderung der kapazitiven Energie in den Zweigen erfordert zusätzliche Leistungskomponenten an den Submodulen. Diese werden durch Änderung der Zweigstromkomponenten, welche nicht über die Lastklemmen fließen, realisiert. Diese Stromkomponenten können auch als „anteilige“ DC-Bus-Ströme aufgefasst werden. Mit diesen wird die kapazitive Energie der Stromrichterphasen und deren Aufteilung in den zugeordneten Zweigen beeinflusst. Da die Energiedifferenz zwischen den Zweigen in stationären Arbeitsregimes einen zeitlich periodischen Anteil aufweist, wird diese mittels Tiefpass gefiltert. Die Ausgangsgröße des „Energiedifferenz-Reglers“ wird mit einem grundschwingungsfrequenten Sinusterm multipliziert – im Gegensatz zur Ausgangsgröße des „Energie-Reglers“ der Stromrichterphase. Erste Stabilitätsbetrachtungen für das Verfahren sind in [37] enthalten. Eine kurze Zusammenfassung der Verfahren nach Abschnitt 2.4.1.2, Abschnitt 2.4.2.1 (*direct modulation*), nach Abschnitt 2.4.2.2 und des Verfahrens nach [8] ist in [86] zu finden.

In [15, 16] werden die Mittelwerte der Kondensatorenergien kaskadiert beeinflusst, wobei jeder Stromrichterphase ein eigener Regler zugeordnet ist. Die genannten Energien werden in den äußeren Regelschleifen mit PI-Reglern geregelt. In den unterlagerten Regelschleifen werden anteilige DC-Bus-Ströme geregelt. Deren Sollwerte werden mit Hilfe des Lagrange-Formalismus bestimmt. Während die Mittelwerte der Kondensatorenergien in der Simulation in [15] über Tiefpassfilter bestimmt werden[1], werden in [16] zur Verbesserung des dynamischen Verhaltens adaptive Filter verwendet.

2.4.2.3.2. Regelung der mittleren Kondensatorspannung Ein im Vergleich zu [8, 37] abgewandeltes Verfahren ist in [46, 47] beschrieben. Durch Umschalten der Reglerstruktur ist mit diesen Verfahren auch ein Betrieb bei $f_0 \ll f_N$ möglich. In beiden Veröffentlichungen ist das Verfahren zur Beeinflussung der Kondensatorspannungen kaskadiert ausgeführt. In der äußeren Regelschleife werden die Mittelwerte der Kondensatorspannungen – und nicht der Kondensatorenergien – durch einen zugeordneten Regler geregelt; die Mittelwertbildung erfolgt durch Tiefpassfilterung. In den unterlagerten Regelschleifen werden die zugehörigen Zweigstromkomponenten geregelt. Ein wesentlicher Unterschied zwischen [46] und [47] ist, dass in [46] jeder Stromrichterphase ein Regler zugeordnet ist, während in [47] transformierte Zweiggrößen geregelt werden.

[1] Dies ergaben Nachfragen beim Autor und ist auch in [16] erwähnt.

2.4.2.4. Kaskadierte Regelung ohne Filterung

Ein Regelungsverfahren mit unterlagerter Stromregelung ist in [48] beschrieben. In der inneren Schleife werden (transformierte) Zweigströme geregelt; in der äußeren Schleife erfolgt die Regelung von (transformierten) Kondensatorenergien. Durch Hinzufügen von Filtern bzw. die Verwendung zeitabhängiger Referenzwerte ergeben sich daraus verschiedene Varianten. In der Dissertation werden

- Tiefpassfilterung der Kondensatorgrößen bei Vorgabe konstanter Referenzwerte,
- Vorgabe konstanter Referenzwerte für die transformierten Kondensatorenergien (ohne Filter) und
- Vorgabe von Näherungslösungen für die Solltrajektorien der transformierten Kondensatorenergien in stationären Arbeitsregimes (ohne Filter)

betrachtet. Anhand von Simulationen und experimentellen Ergebnissen wird in [48] gezeigt, dass für die transformierten Kondensatorenergien auch ohne die Verwendung von Filtern konstante Referenzwerte vorgegeben werden können. Günstigere Ergebnisse können durch Vorgabe zeitabhängiger Referenzwerte erzielt werden.

2.4.2.4.1. Optimale Regelung – *Linear Quadratic Regulator, LQR* Ein völlig anderes Regelverfahren wird in [64, 69] beschrieben. Aufbauend auf der Modellierung eines M2Cs als bilineares System werden optimale Mehrgrößenregelungen entworfen. Als Zustände werden transformierte Zweigströme und transformierte (Kondensator-)Energiegrößen betrachtet. Letztere beschreiben die in den Zweigen des Stromrichters kapazitiv gespeicherten Energien. Für dieses Modell werden lineare Regler auf Basis von quadratischen Gütekriterien entworfen.

Dabei wird in [64, 69] ausgenutzt, dass die zeitvarianten Differentialgleichungen zeitlich periodisch sind. Bei zeitdiskreter Regelung kann das zeitvariante periodische lineare quadratische Minimierungsproblem durch Anwendung eines sog. „*lifting*“-Verfahrens in ein zeitinvariantes umgewandelt werden [18]. Zum Vergleich ist in [69] ein auf einem Gütekriterium basierender Reglerentwurf für einen kontinuierlichen Regler angegeben.

2.4.2.4.2. Prädiktive Regelung Prädiktive Regelungsverfahren sind in [74] für eine dreiphasige HGÜ-Kurzkupplung (*Back-to-Back HVDC System*) und in [75] für einen dreiphasigen M2C zur DC-AC-Wandlung beschrieben. In beiden genannten Veröffentlichungen gelten die Betrachtungen für M2Cs, bei denen die Wechselspannungsklemmen an Transformatoren in Dreieck-Stern-Schaltung mit geerdetem Sternpunkt angeschlossen sind. Weitere Einschränkungen beim M2C zur DC-AC-Wandlung sind, dass der DC-Zwischenkreis durch Serienschaltung zweier Kondensatoren geteilt ausgeführt ist und deren gemeinsame Verbindung geerdet ist. Eine Alternative zu dem in [75] beschriebenen Verfahren mit stark verringertem Rechenaufwand wird in [68] vorgestellt.

Der Vollständigkeit halber wird noch auf [72] verwiesen. In dieser Veröffentlichung wird ein modellbasiertes prädiktives Regelungsverfahren für einen M2C zur einphasigen AC-AC Wandlung (Stromrichterkonfiguration mit Vollbrücken) beschrieben.

2.4.2.4.3. Stromregelung Aus Vollständigkeitsgründen wird an dieser Stelle auch auf [65, 66, 69, 77] verwiesen. In diesen Veröffentlichungen werden die Ströme der M2Cs geregelt. Die Veröffentlichungen [65, 66] zeichnen sich durch das Berücksichtigen von Systemtotzeiten bzw. Störungen aus. Mittels exakter Eingangs-Ausgangslinearisierung werden in [77] für fünf der sechs Zweigströme Folgeregler entworfen; die Sternpunktverlagerungsspannung der Last wird gesteuert. Werden die Ströme geregelt, so müssen die Kondensatorspannungen geeignet beeinflusst werden. Die dazu notwendigen Regelungs- bzw. Steuerungsstrukturen sind in den Veröffentlichungen [65, 66, 77] jedoch nicht enthalten.

2.4.2.5. Modellbasierte Verfahren

Modellbasierte Regelungsverfahren für M2Cs werden in [12, 27] vorgestellt. Bei diesen wird das gewünschte Systemverhalten vorab durch eine Trajektorienplanung spezifiziert. Werden die zulässigen Systemgrößen mit in die Trajektorienplanung einbezogen, so können die Stromrichtergrenzen besser ausgenutzt werden.

Bei den in [12, 27] betrachteten Ausgangskandidaten existiert jeweils eine interne Dynamik. In beiden Fällen ist diese nicht asymptotisch stabil. Die Komponenten des Ausgangs können durch (einfache) Trajektorienfolgeregler entlang ihrer Solltrajektorien stabilisiert werden, wohingegen Abweichungen der der internen Dynamik zugeordneten Größen eine Neuplanung erfordern.

3. Modellbildung und Systemanalyse

Alle nachfolgenden Untersuchungen beziehen sich auf einen Stromrichter nach Abb. 1.1 mit einer Submodulkonfiguration nach Abb. 1.2(a). Die Modellierung der Last als Reihenschaltung von Spannungsquelle und passiven Elementen ist durch den Betrieb als aktiver Netzstromrichter (*active-front-end* (AFE)), bzw. für den Betrieb eines Wechselrichters an einer elektrischen Maschine in einem stationären Arbeitsregime motiviert. Um die Übersichtlichkeit der Darstellung zu erhöhen, wird ein symmetrischer Aufbau vorausgesetzt. Aus dem gleichen Grund sind im Gleichspannungszwischenkreis zwei ideale Spannungsquellen angeordnet.

3.1. Modellierung

Die Modellgleichungen eines M2Cs nach Abb. 1.1 werden nachfolgend angegeben, wobei die Spulen einer Stromrichterphase magnetisch gekoppelt sind. Bei der Herleitung der Modellgleichungen beziehen sich die Indizes $j \in \{1, 2, \dots, n\}$ auf die Position innerhalb eines Zweiges, mit $i \in \{1, 2, \dots, 6\}$ werden die Zweige adressiert. Um die Übersichtlichkeit der Darstellung zu erhöhen, ist die Submodulkonfiguration aus Abb. 1.2(a) in Abb. 3.1(a) mit den entsprechenden Bezeichnern angegeben.

Für die Modellbildung werden an Stelle der IGBTs und Dioden ideale Schalter angenommen. Zusätzlich wird berücksichtigt, dass von den vier möglichen Schaltzuständen der IGBTs nur zwei für den Normalbetrieb des M2Cs

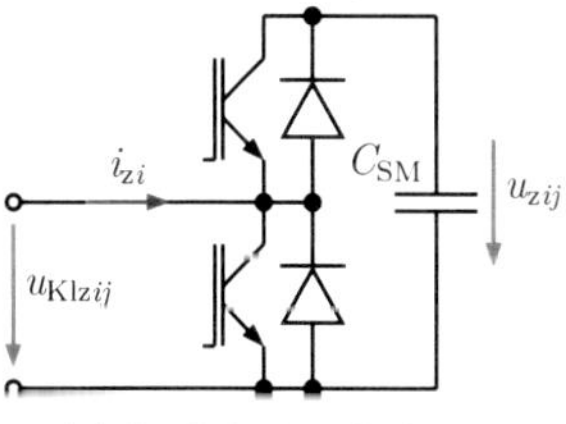

(a) Praktischer Aufbau

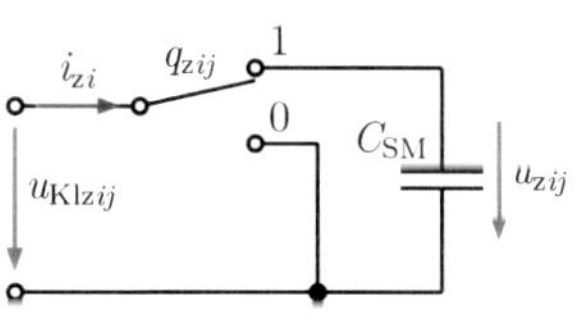

(b) idealisiertes Modell; Schalterstellung $q_{zij} \in \{0, 1\}$

Abb. 3.1.: Skizze eines Submodules in Halbbrückenkonfiguration im Zweig $i \in \{1, 2, \dots, 6\}$ an der Position $j \in \{1, 2, \dots, n\}$

relevant sind [55]. Aus diesem Grund können die Halbleiter in Abb. 3.1(a) durch einen Wechselschalter ersetzt werden. Das so vereinfachte Modell ist in Abb. 3.1(b) dargestellt; die Schalterstellungen werden mit $q_{zij} \in \{0, 1\}$ bezeichnet. Mit diesen folgen die Änderungen der Kondensatorspannungen zu

$$\dot{u}_{zij} = \frac{1}{C_{SM}} q_{zij} i_{zi}. \tag{3.1.1}$$

Die magnetische Kopplung der Spulen einer Umrichterphase wird durch deren Gegeninduktivität L_{12} beschrieben, wobei $L_{12} = k_{12} L_z$ für $k_{12} \in [-1, 1]$ gilt. Unter Berücksichtigung des Wicklungswiderstandes folgt für den Spannungsabfall über der i-ten Zweigspule für $i \in \{1, 2, \ldots, 6\}$ und $k = i + (-1)^{i+1}$

$$u_{Lzi} = R_z i_{zi} + L_z \dot{i}_{zi} + L_{12} \dot{i}_{zk}. \tag{3.1.2}$$

Dabei ist zu beachten, dass von den sechs Zweigströmen des M2Cs auf Grund der Schaltung der Last mit offenem Sternpunkt lediglich fünf Zweigströme unabhängig sind

$$i_d = i_{z1} + i_{z3} + i_{z5} = i_{z2} + i_{z4} + i_{z6}. \tag{3.1.3}$$

Zur vollständigen Systembeschreibung sind neben (3.1.1) und (3.1.3) fünf unabhängige Maschengleichungen nötig. Darüber hinaus erweist es sich als sinnvoll, die Spannung u_{NM}, welche die Verlagerung des Sternpunktes der Last gegenüber dem – unter Umständen fiktiven – Mittelpunkt des DC-Zwischenkreises beschreibt, mit zu berücksichtigen. Um diese sechs Gleichungen übersichtlich darzustellen, werden der Spannungsabfall u_{Ld} an der DC-Zwischenkreis-Spule, die Klemmenspannungen u_{Klzi} der n Submodule eines Zweiges, sowie die Strangspannungen u_{kN} der Last, $k \in \{1, 2, 3\}$ gesondert angegeben

$$u_{Ld} = R_d i_d + L_d \dot{i}_d \tag{3.1.4a}$$

$$u_{Klzi} = \sum_{j=1}^{n} u_{zij} q_{zij} \tag{3.1.4b}$$

$$\begin{aligned} u_{kN} &= R_g i_{gk} + L_g \dot{i}_{gk} + u_{gk} \\ &= R_g \big(i_{z(2k-1)} - i_{z(2k)}\big) + L_g \left(\dot{i}_{z(2k-1)} - \dot{i}_{z(2k)}\right) + u_{gk}. \end{aligned} \tag{3.1.4c}$$

Mit (3.1.4) und den Indizes $p \in \{1, 3, 5\}$ und $q = p + 1$ folgen die Maschengleichungen zu

$$U_{d1} + U_{d2} = 2u_{Ld} + u_{Klzp} + u_{Lzp} + u_{Lzq} + u_{Klzq} \tag{3.1.5a}$$

$$0 = u_{Klz1} + u_{Lz1} + u_{1N} - u_{Klz3} - u_{Lz3} - u_{2N} \tag{3.1.5b}$$

$$0 = u_{Klz3} + u_{Lz3} + u_{2N} - u_{Klz5} - u_{Lz5} - u_{3N} \tag{3.1.5c}$$

$$U_{d1} = u_{Ld} + u_{Klz1} + u_{Lz1} + u_{1N} + u_{NM}. \tag{3.1.5d}$$

Für eine Reglerauslegung, bzw. Simulationen mit geringem Rechenaufwand ist das geschaltete Modell (3.1.1), (3.1.5) auf Grund der im Allgemeinen hohen Schalteranzahl $n_{\text{ges}} = 6 \cdot n$ nicht geeignet. Für diese Aufgaben sowie zur regelungstechnischen Analyse des Systems ist die Verwendung eines gemittelten Modells sinnvoll. Eine typische Vorgehensweise zur Herleitung eines gemittelten Modells ist, jeden Schaltzustand der hier $n_{\text{ges}} = 6 \cdot n$ Schalter separat zu betrachten und die korrespondierenden Differentialgleichungen mit den jeweiligen Einschaltzeiten zu wichten. Auf Grund der beim M2C im Allgemeinen hohen Schalteranzahl – $n_{\text{ges}} = 6 \cdot n$ – wird an dieser Stelle ein anderer Ansatz verfolgt: Ausgangspunkt der Herleitung ist, dass die n Submodule eines Zweiges in Reihe geschaltet sind. Mit jeder Änderung des Schaltzustandes eines Schalters findet eine Strukturumschaltung statt, wobei diese Strukturumschaltungen lediglich auf Submodulebene stattfinden. Darüber hinaus weichen die Kondensatorspannungen innerhalb eines Zweiges im Normalbetrieb kaum voneinander ab. Dies kann durch einen Regler, wie z. B. in [2] vorgestellt, oder aber durch einen unterlagerten Sortieralgorithmus – wie z. B. in [63] beschrieben – erreicht werden. Diese beiden Eigenschaften motivieren den Ersatz der n Submodule eines Zweiges durch einen geeigneten Zweipol. Darauf aufbauend kann ein gemitteltes Modell eines M2Cs hergeleitet werden. Die hierzu notwendigen Schritte sind in [10] ausführlich dargestellt. Um die Übersichtlichkeit der Darstellung zu erhöhen, werden die wesentlichen Überlegungen nachfolgend angegeben.

3.1.1. Definition eines Ersatzmoduls pro Zweig

Die Herleitung eines Ersatzmoduls für den Zweig i, $i \in \{1, 2, \ldots, 6\}$ erfolgt auf Basis eines Ersatzzweipoles. Dieser soll die nachfolgenden Anforderungen erfüllen:

- er soll die gleiche Klemmenspannung wie (3.1.4b) liefern,
- mit ihm sollen die Anzahl der Zustände, welche zur Beschreibung der Submodule je Zweig erforderlich sind, reduziert werden,
- auch sollen mit ihm die Kondensatorspannungen oder die in den Kondensatoren gespeicherte Energie abgeschätzt werden können.

Allein durch die genannten Anforderungen kann jedoch nicht auf die interne Struktur des Ersatzzweipols geschlossen werden. Für diese wird hier der Ansatz

$$\dot{u}_{zi} = \frac{1}{C} q_{zi} i_{zi} \tag{3.1.6}$$

gewählt, mit $q_{zi} \in \mathbb{R}$ und

$$u_{zi} q_{zi} := u_{\mathrm{Klz}i}. \tag{3.1.7}$$

Motivation für diese Wahl ist der Sonderfall $u_{zij} = u_{zik}$, $q_{zij} = q_{zik}$, $j, k \in \{1, 2, \ldots, n\}$. In diesem verhält sich die Reihenschaltung der n Submodule in jedem Zweig wie ein Submodul mit der Kapazität $C = \frac{1}{n} C_{\mathrm{SM}}$, der Kondensatorspannung $u_{zi} = n u_{zij}$ und der Schalterstellung $q_{zi} = q_{zij}$.

Einsetzen von (3.1.7) in (3.1.4b) und Multiplikation mit i_{zi} führt auf

$$u_{zi} q_{zi} i_{zi} = u_{\mathrm{Klz}i} i_{zi} = \sum_{j=1}^{n} u_{zij} q_{zij} i_{zi}. \tag{3.1.8}$$

Integration von (3.1.8) nach der Zeit im Intervall $[t_0, t]$ liefert mit (3.1.1), (3.1.6) und der Energiedifferenz $W_{\mathrm{Cz}i}(t_0) = \frac{1}{2} C_{\mathrm{SM}} \sum_{j=1}^{n} u_{zij}^2(t_0) - \frac{1}{2} C u_{zi}^2(t_0)$

$$\frac{1}{2} C u_{zi}^2 + W_{\mathrm{Cz}i}(t_0) = \frac{1}{2} C_{\mathrm{SM}} \sum_{j=1}^{n} u_{zij}^2. \tag{3.1.9}$$

Damit der Parameter C des Ersatzzweipols und die Energiedifferenz $W_{\mathrm{Cz}i}(t_0)$ eindeutig festgelegt sind, sind neben (3.1.7), (3.1.9) zwei weitere Bedingungen erforderlich. Die Festlegungen

$$W_{\mathrm{Cz}i}(t_0) = 0 \tag{3.1.10a}$$

$$nC = C_{\mathrm{SM}} \tag{3.1.10b}$$

führen mit (3.1.6), (3.1.7), (3.1.9) auf

$$u_{zi} = \sqrt{n} \sqrt{\sum_{j=1}^{n} u_{zij}^2} \tag{3.1.11a}$$

$$q_{zi} = \frac{1}{\sqrt{n}} \frac{\sum_{j=1}^{n} u_{zij} q_{zij}}{\sqrt{\sum_{j=1}^{n} u_{zij}^2}}. \tag{3.1.11b}$$

Die Gleichungen (3.1.11a), (3.1.11b) stellen surjektive Abbildungen $\mathbb{R}_0^n \ni (u_{zi1}, u_{zi2}, \ldots, u_{zin}) \mapsto u_{zi} \in \mathbb{R}_0^+$, bzw. $\mathbb{I}^n \ni (q_{zi1}, q_{zi2}, \ldots, q_{zin}) \mapsto q_{zi} \in [0, 1]$, mit $\mathbb{I} = \{0, 1\}$ dar. Sind die Spannungen $(u_{zi1}, u_{zi2}, \ldots, u_{zin})$ und Schalterstellungen $(q_{zi1}, q_{zi2}, \ldots, q_{zin})$ bekannt, so können mit diesen die Größen des Ersatzzweipols u_{zi} und q_{zi} berechnet werden.

Da das Radizieren und Quadrieren in (3.1.11) für praktische Implementierungen nachteilig ist, wird eine weitere Abbildung betrachtet, welche näherungsweise mit (3.1.11) übereinstimmt. Dazu werden die Variablen $u_{zi,\mathrm{MW}} =$

$\frac{1}{n}\sum_{j=1}^{n} u_{\mathrm{z}ij}$ und $\delta u_{\mathrm{z}ij} = \frac{u_{\mathrm{z}ij}-u_{\mathrm{z}i,\mathrm{MW}}}{u_{\mathrm{z}i,\mathrm{MW}}}$ eingeführt. Einsetzen von $u_{\mathrm{z}i,\mathrm{MW}}$ in (3.1.11a) führt unter Beachtung von $\sum_{i=1}^{n} \delta u_{\mathrm{z}ij} = 0$ auf

$$u_{\mathrm{z}i} = n u_{\mathrm{z}i,\mathrm{MW}} \sqrt{1 + \frac{1}{n}\sum_{j=1}^{n} (\delta u_{\mathrm{z}ij})^2}. \tag{3.1.12}$$

Ist $|\delta u_{\mathrm{z}ij}|$ hinreichend klein, gilt also

$$u_{\mathrm{z}ij} \approx u_{\mathrm{z}ik}, \qquad j, k \in \{1, 2, \dots, n\}, \tag{3.1.13}$$

so stimmt

$$u_{\mathrm{z}i,\mathrm{app}} = n u_{\mathrm{z}i,\mathrm{MW}} = \sum_{j=1}^{n} u_{\mathrm{z}ij} \tag{3.1.14a}$$

$$q_{\mathrm{z}i} = \frac{\sum_{j=1}^{n} u_{\mathrm{z}ij} q_{\mathrm{z}ij}}{\sum_{j=1}^{n} u_{\mathrm{z}ij}} \tag{3.1.14b}$$

näherungsweise mit (3.1.11) überein. Es wird angemerkt, dass die Forderung (3.1.13) keine starke Einschränkung für die Anwendbarkeit des Ersatzzweipols auf reale Systeme darstellt. Beispielsweise kann diese Anforderung durch einen unterlagerten Sortieralgorithmus nach [63] sichergestellt werden.

Wird die Spannung des Ersatzzweipols mit (3.1.14a) berechnet, so ist (3.1.9) nicht erfüllt. Dies ist z. B. bei einer Regelung der Kondensatorenergie nach [8, 37] zu beachten. Ist der Sortieralgorithmus bekannt, so kann der Fehler in den Kondensatorenergien abgeschätzt werden. Um den Umfang der Darstellung zu begrenzen, wird bzgl. der erforderlichen Gleichungen auf [10] verwiesen.

3.1.2. Herleitung des gemittelten Modells

Da eine Modellierung des M2Cs auf Basis eines diskreten Schaltermodells für eine Reglerauslegung nicht praktikabel ist, wird auf den Betrachtungen im vorhergehenden Abschnitt aufbauend ein gemitteltes Modell hergeleitet. Mittelung von (3.1.5), (3.1.6) über eine Mittelungsperiode T führt unter Vernachlässigung der Terme höherer Ordnung mit (3.1.7),

$$\bar{i}_{\mathrm{z1}} = \frac{1}{T}\int_{t-T}^{t} i_{\mathrm{z1}}(\tau)\,\mathrm{d}\tau, \tag{3.1.15}$$

– und ähnlich für die anderen Systemvariablen – zu den gemittelten Differentialgleichungen der resultierenden Submodule

$$\dot{\bar{u}}_{\mathrm{z}i} = \frac{1}{C} s_{\mathrm{z}i} \bar{i}_{\mathrm{z}i}, \qquad s_{\mathrm{z}i} \in [0, 1] \tag{3.1.16}$$

mit $s_{zi} := \bar{q}_{zi} = \frac{1}{T}\int_{t-T}^{t} q_{zi}\,\mathrm{d}\tau$, $\bar{u}_{\mathrm{Kl}zi} = \bar{u}_{zi}s_{zi}$ sowie den gemittelten Maschengleichungen des M2Cs

$$U_{\mathrm{d}1} + U_{\mathrm{d}2} = 2\bar{u}_{\mathrm{Ld}} + s_{zp}\bar{u}_{zp} + \bar{u}_{\mathrm{L}zp} + \bar{u}_{\mathrm{L}zq} + s_{zq}\bar{u}_{zq} \tag{3.1.17a}$$

$$0 = s_{\mathrm{z}1}\bar{u}_{\mathrm{z}1} + \bar{u}_{\mathrm{Lz}1} + \bar{u}_{1\mathrm{N}} - s_{\mathrm{z}3}\bar{u}_{\mathrm{z}3} + \bar{u}_{\mathrm{Lz}3} + \bar{u}_{2\mathrm{N}} \tag{3.1.17b}$$

$$0 = s_{\mathrm{z}3}\bar{u}_{\mathrm{z}3} + \bar{u}_{\mathrm{Lz}3} + \bar{u}_{2\mathrm{N}} - s_{\mathrm{z}5}\bar{u}_{\mathrm{z}5} + \bar{u}_{\mathrm{Lz}5} + \bar{u}_{3\mathrm{N}} \tag{3.1.17c}$$

$$U_{\mathrm{d}1} = \bar{u}_{\mathrm{Ld}} + s_{\mathrm{z}1}\bar{u}_{\mathrm{z}1} + \bar{u}_{\mathrm{Lz}1} + \bar{u}_{1\mathrm{N}} + \bar{u}_{\mathrm{NM}}. \tag{3.1.17d}$$

Im Sonderfall $\lim T \to 0$ gelten die Gleichungen (3.1.16), (3.1.17) sogar exakt.

Alle nachfolgenden Betrachtungen beziehen sich auf das gemittelte Modell (3.1.16), (3.1.17). Da alle nachfolgenden Betrachtungen ausschließlich für gemittelte Größen gelten, wird der Mittelungsstrich nicht weiter angegeben.

3.2. Koordinatentransformation

Der symmetrische Aufbau des M2Cs aus Phasenbausteinen motiviert zur Transformation der Koordinaten. Dabei werden in diesem Abschnitt sowohl eine lineare Koordinatentransformation als auch, auf dieser aufbauend, eine nichtlineare Koordinatentransformation betrachtet.

3.2.1. Lineare Koordinatentransformation

Im Folgenden werden die in Abb. 1.1 bzw. Abschnitt 3.1.2 definierten Zweiggrößen $x_{zi} \in \{u_{zi}, i_{zi}, s_{zi}\}$, $i \in \{1, 2, \ldots, 6\}$ nach der Abbildungsvorschrift

$$\mathbf{x} = \mathbf{T}_{\mathrm{N}}\mathbf{x}_{\mathrm{z}} \tag{3.2.1}$$

$\mathbf{x}_{\mathrm{z}} = (x_{\mathrm{z}1}, x_{\mathrm{z}2}, x_{\mathrm{z}3}, x_{\mathrm{z}4}, x_{\mathrm{z}5}, x_{\mathrm{z}6})^{\mathrm{T}}$, $\mathbf{x} = (x_0, x_1, x_2, x_3, x_4, x_5)^{\mathrm{T}}$ in die Bildgrößen $x_i \in \{u_i, i_i, s_i\}$, $i \in \{0, 1, \ldots, 5\}$ überführt. Im Verlauf der Arbeit wurden mehrere Kandidaten für die Transformationsmatrix $\mathbf{T}_{\mathrm{N}}$ untersucht. Dabei stellte sich die Transformationsmatrix

$$\mathbf{T}_{\mathrm{N}} = \frac{1}{6}\begin{pmatrix} 1 & 1 & 1 & 1 & 1 & 1 \\ \sin(0) & \sin(0) & \sin(-\gamma_{\curlywedge}) & \sin(-\gamma_{\curlywedge}) & \sin(\gamma_{\curlywedge}) & \sin(\gamma_{\curlywedge}) \\ \cos(0) & \cos(0) & \cos(-\gamma_{\curlywedge}) & \cos(-\gamma_{\curlywedge}) & \cos(\gamma_{\curlywedge}) & \cos(\gamma_{\curlywedge}) \\ \sin(0) & -\sin(0) & \sin(-\gamma_{\curlywedge}) & -\sin(-\gamma_{\curlywedge}) & \sin(\gamma_{\curlywedge}) & -\sin(\gamma_{\curlywedge}) \\ \cos(0) & -\cos(0) & \cos(-\gamma_{\curlywedge}) & -\cos(-\gamma_{\curlywedge}) & \cos(\gamma_{\curlywedge}) & -\cos(\gamma_{\curlywedge}) \\ 1 & -1 & 1 & -1 & 1 & -1 \end{pmatrix} \tag{3.2.2}$$

als besonders günstig heraus. Mit dieser werden die Lastströme von den übrigen Strömen entkoppelt, wie an dem transformierten Gleichungssystem zu sehen sein wird. Darüber hinaus lassen die darauf basierenden nichtlinearen Koordinatentransformationen in Abschnitt 3.2.2 eine einfache Interpretation der transformierten Koordinaten zu. Ferner wird die kompakte Notation der auf diese Art transformierten Differentialgleichungen als positiv bewertet. Die Koordinatentransformation ist in Abbildung 3.2 visualisiert. Aus Platzgründen wurde in (3.2.2) der Bezeichner $\gamma_\curlywedge = \frac{2}{3}\pi$ verwendet, welcher auch bei nachfolgenden Transformationsmatrizen benutzt wird.

Die Transformation der Spannungsquellen des DC-Busses sowie der Last in die entsprechenden Bildgrößen erfolgt mit

$$\begin{pmatrix} U_\mathrm{d} \\ \Delta U_\mathrm{d} \end{pmatrix} = \begin{pmatrix} 1 & 1 \\ 1 & -1 \end{pmatrix} \begin{pmatrix} U_\mathrm{d1} \\ U_\mathrm{d2} \end{pmatrix} \tag{3.2.3}$$

und

$$\begin{pmatrix} u_{\mathrm{g}\alpha} \\ u_{\mathrm{g}\beta} \\ u_{\mathrm{g}0} \end{pmatrix} = \frac{1}{3} \begin{pmatrix} \cos(0) & \cos(-\gamma_\curlywedge) & \cos(\gamma_\curlywedge) \\ \sin(0) & \sin(-\gamma_\curlywedge) & \sin(\gamma_\curlywedge) \\ 1 & 1 & 1 \end{pmatrix} \begin{pmatrix} u_\mathrm{g1} \\ u_\mathrm{g2} \\ u_\mathrm{g3} \end{pmatrix}. \tag{3.2.4}$$

Die Anwendung von (3.2.1) bis (3.2.4) auf (3.1.16), (3.1.17) liefert

$$i_5 = 0 \tag{3.2.5}$$

sowie

$$\mathbf{L}\dot{\mathbf{i}} + \mathbf{R}\mathbf{i} + \mathbf{u}_\mathrm{q} = \mathbf{U}\mathbf{s} \tag{3.2.6a}$$

$$C\dot{\mathbf{u}} = \mathbf{I}\mathbf{s}, \tag{3.2.6b}$$

mit den Vektoren

$$\mathbf{u} = (u_0, u_1, u_2, u_3, u_4, u_5)^\mathrm{T} \tag{3.2.7a}$$

$$\mathbf{i} = (i_0, i_1, i_2, i_3, i_4, i_5)^\mathrm{T} \tag{3.2.7b}$$

$$\mathbf{s} = (s_0, s_1, s_2, s_3, s_4, s_5)^\mathrm{T} \tag{3.2.7c}$$

$$\mathbf{u}_\mathrm{q} = \left(-\frac{1}{2}U_\mathrm{d}, 0, 0, u_{\mathrm{g}\beta}, u_{\mathrm{g}\alpha}, u_\mathrm{NM} - \frac{1}{2}\Delta U_\mathrm{d} + u_{\mathrm{g}0}\right)^\mathrm{T} \tag{3.2.7d}$$

und den Matrizen

$$\mathbf{U} = \begin{pmatrix} -u_0 & -2u_1 & -2u_2 & -2u_3 & -2u_4 & -u_5 \\ -u_1 & -u_0 + u_2 & u_1 & u_4 - u_5 & u_3 & -u_3 \\ -u_2 & u_1 & -u_0 - u_2 & u_3 & -u_4 - u_5 & -u_4 \\ -u_3 & u_4 - u_5 & u_3 & -u_0 + u_2 & u_1 & -u_1 \\ -u_4 & u_3 & -u_4 - u_5 & u_1 & -u_0 - u_2 & -u_2 \\ -u_5 & -2u_3 & -2u_4 & -2u_1 & -2u_2 & -u_0 \end{pmatrix} \tag{3.2.8a}$$

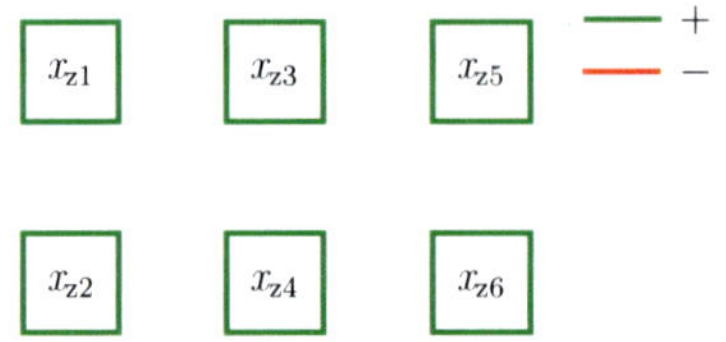

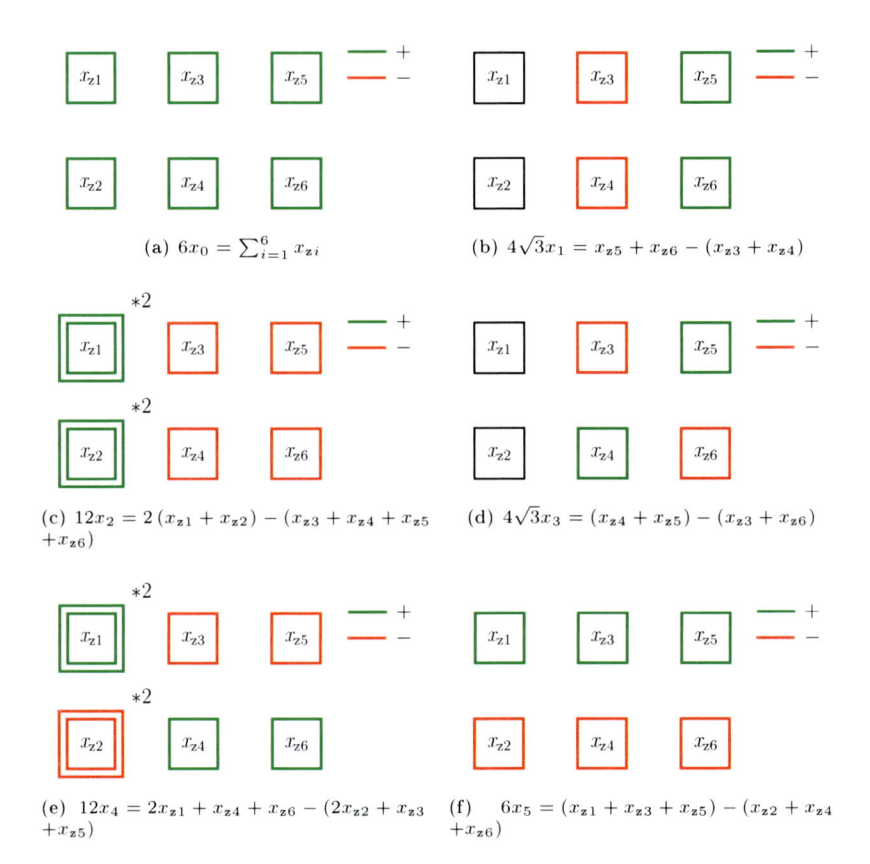

(a) $6x_0 = \sum_{i=1}^{6} x_{zi}$

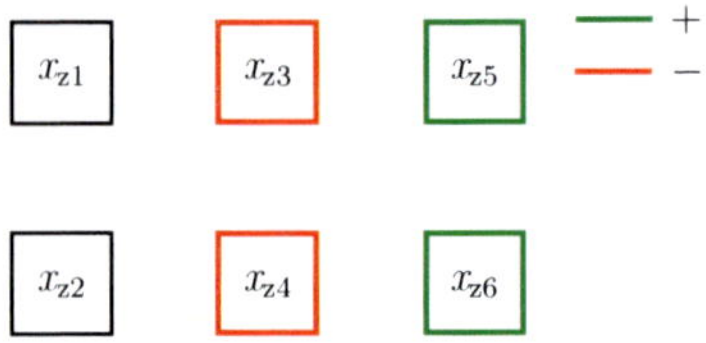

(b) $4\sqrt{3}x_1 = x_{z5} + x_{z6} - (x_{z3} + x_{z4})$

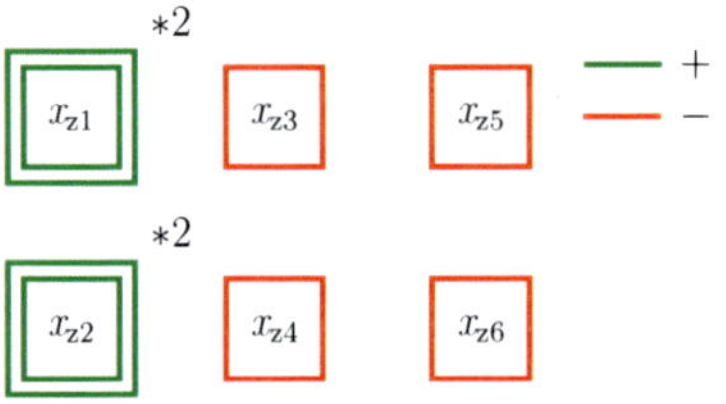

(c) $12x_2 = 2\,(x_{z1} + x_{z2}) - (x_{z3} + x_{z4} + x_{z5} + x_{z6})$

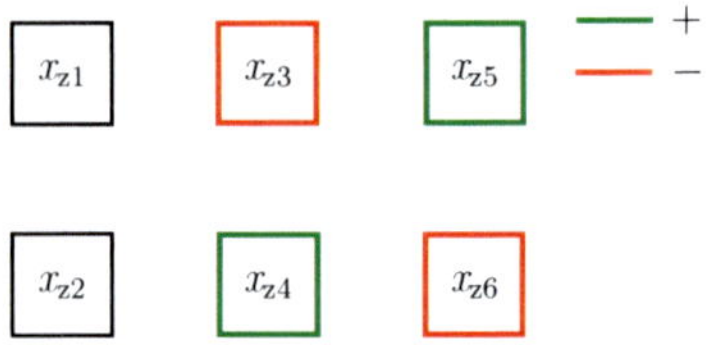

(d) $4\sqrt{3}x_3 = (x_{z4} + x_{z5}) - (x_{z3} + x_{z6})$

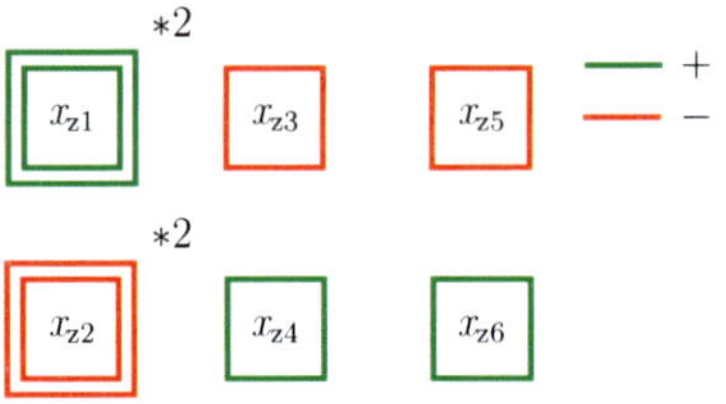

(e) $12x_4 = 2x_{z1} + x_{z4} + x_{z6} - (2x_{z2} + x_{z3} + x_{z5})$

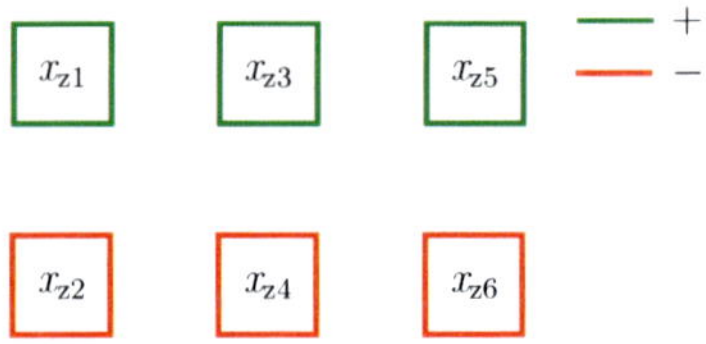

(f) $6x_5 = (x_{z1} + x_{z3} + x_{z5}) - (x_{z2} + x_{z4} + x_{z6})$

Abb. 3.2.: Visualisierung der linearen Koordinatentransformation (3.2.1), $\mathbf{x} = \mathbf{T}_{\mathrm{N}}\mathbf{x}_{\mathrm{z}}$, mit $\mathbf{x}_{\mathrm{z}} = (x_{z1}, x_{z2}, x_{z3}, x_{z4}, x_{z5}, x_{z6})^{\mathrm{T}}$, $\mathbf{x} = (x_0, x_1, x_2, x_3, x_4, x_5)^{\mathrm{T}}$ und der Transformationsmatrix (3.2.2). Die Anordnung der Kästchen entspricht der Position der Zweiggrößen x_{zi}, $i \in \{1, 2, \ldots, 6\}$ im Schaltbild des M2Cs.

$$\mathbf{I} = \begin{pmatrix} i_0 & 2i_1 & 2i_2 & 2i_3 & 2i_4 & 0 \\ i_1 & i_0 - i_2 & -i_1 & -i_4 & -i_3 & i_3 \\ i_2 & -i_1 & i_0 + i_2 & -i_3 & i_4 & i_4 \\ i_3 & -i_4 & -i_3 & i_0 - i_2 & -i_1 & i_1 \\ i_4 & -i_3 & i_4 & -i_1 & i_0 + i_2 & i_2 \\ 0 & 2i_3 & 2i_4 & 2i_1 & 2i_2 & i_0 \end{pmatrix} \tag{3.2.8b}$$

$$\mathbf{L} = \operatorname{diag}\left(L_{\mathrm{dc}}, L_1, L_1, L_2, L_2, 0\right) \tag{3.2.8c}$$

$$\mathbf{R} = \operatorname{diag}\left(R_{\mathrm{dc}}, R_1, R_1, R_2, R_2, 0\right), \tag{3.2.8d}$$

mit

$$L_{\mathrm{dc}} = (1 + k_{12})\, L_{\mathrm{z}} + 3L_{\mathrm{d}}, \qquad R_{\mathrm{dc}} = R_{\mathrm{z}} + 3R_{\mathrm{d}},$$
$$L_1 = (1 + k_{12})\, L_{\mathrm{z}}, \qquad R_1 = R_{\mathrm{z}},$$
$$L_2 = (1 - k_{12})\, L_{\mathrm{z}} + 2L_{\mathrm{g}}, \qquad R_2 = R_{\mathrm{z}} + 2R_{\mathrm{g}}.$$

Anhand von $\mathbf{u}_{\mathrm{Klz}} = \left(u_{\mathrm{Klz1}}, u_{\mathrm{Klz2}}, u_{\mathrm{Klz3}}, u_{\mathrm{Klz4}}, u_{\mathrm{Klz5}}, u_{\mathrm{Klz6}}\right)^{\mathrm{T}}$, $u_{\mathrm{Klz}i} = u_{\mathrm{z}i} s_{\mathrm{z}i}$, $i \in \{1, 2, \ldots, 6\}$, (3.2.1), (3.2.2) und (3.2.7c), (3.2.8a) kann gezeigt werden, dass $\mathbf{Us} = -\mathbf{T}_{\mathrm{N}} \mathbf{u}_{\mathrm{Klz}}$ gilt. Demnach entspricht der Term auf der rechten Seite von (3.2.6a) dem negativen Bild der mit (3.2.1), (3.2.2) transformierten Klemmenspannungen der Submodule.

Auf Grund der Diagonalstruktur von $\mathbf{L}$ und $\mathbf{R}$ sind die Differentialgleichungen (3.2.6a) in $\mathbf{i}$ entkoppelt. Die Struktur der ersten fünf Gleichungen in (3.2.6a) ist ähnlich, während die Struktur der sechsten Gleichung auf Grund des fehlenden Neutralleiters sich von diesen unterscheidet. Es kann gezeigt werden, dass die Struktur dieser Gleichung bei Verbindung der Punkte N und M durch einen Widerstand R_{NM} identisch ist. Somit kann (3.2.6a) als Sonderfall für $R_{\mathrm{NM}} \to \infty$ aufgefasst werden.

Obwohl die Struktur der Differentialgleichungen der Ströme ähnlich ist, unterscheiden sich diese in den beteiligten Spannungsquellen. Die Differentialgleichung für i_0 ist von U_{d}, die für i_3 und i_4 sind von $u_{\mathrm{g}\beta}$ bzw. $u_{\mathrm{g}\alpha}$ abhängig, wohingegen bei den Differentialgleichungen für i_1 und i_2 keine Abhängigkeit von Spannungsquellen gegeben ist. Dies motiviert die Bezeichnung von i_0 als (skalierter) „DC-Bus-Strom“, der Ströme i_1 und i_2 als (interne) „Kreisströme“ sowie der Ströme i_3 und i_4 als (transformierte) „Lastströme“. Diese Bezeichnungen werden für die weiteren Betrachtungen verwendet.

Abhängig vom Anwendungsfall sind die Spannungen u_{g1} bis u_{g3}, z. B. bei Netzanwendungen, oder die Strangspannungen u_{1N} bis u_{3N}, z. B. bei Maschinenanwendungen, bekannt. Aus diesem Grund werden die transformierten Spannungen $u_{\mathrm{g}\alpha}$, $u_{\mathrm{g}\beta}$ und u_{g0} in Abhängigkeit der Strangspannungen u_{1N} bis u_{3N} und der Ströme i_3, i_4 angegeben

$$u_{\mathrm{g}\alpha} = -2L_{\mathrm{g}}\dot{i}_4 - 2R_{\mathrm{g}} i_4 + \frac{1}{6}\left(2u_{\mathrm{1N}} - u_{\mathrm{2N}} - u_{\mathrm{3N}}\right) \tag{3.2.9a}$$

$$u_{\mathrm{g}\beta} = -2L_{\mathrm{g}}\dot{i}_3 - 2R_{\mathrm{g}}i_3 - \frac{\sqrt{3}}{6}\left(u_{2\mathrm{N}} - u_{3\mathrm{N}}\right) \tag{3.2.9b}$$

$$u_{\mathrm{g}0} = \frac{1}{3}\left(u_{1\mathrm{N}} + u_{2\mathrm{N}} + u_{3\mathrm{N}}\right). \tag{3.2.9c}$$

Diese Zusammenhänge folgen aus (3.1.4c).

Bei Stromrichtern mit Spannungszwischenkreis kann die Gleichtaktspannung mit dem Dreifachen der Grundschwingungsfrequenz sinusförmig ausgesteuert werden, um die Spannungsausnutzung zu erhöhen. In stationären Arbeitsregimes der Last entspricht die Amplitude häufig einem Sechstel der Amplitude der (symmetrischen) Leiter-Sternpunktspannung und die Phasenlage dem Dreifachen des Phasenwinkels der Leiter-Sternpunktspannung eines beliebigen Stranges. Für M2Cs ist es sinnvoll, dieses Vorgehen geringfügig zu modifizieren, da die vierte und fünfte Komponente des Vektors $\mathbf{Us}$ neben den Klemmenspannungen der Last auch Spannungsabfälle an den Drosseln und ohmschen Widerständen in den Zweigen aufbringen müssen. Dies folgt aus (3.2.6a), $L_2 = (1 - k_{12})\,L_{\mathrm{z}} + 2L_{\mathrm{g}}$, $R_2 = R_{\mathrm{z}} + 2R_{\mathrm{g}}$, $\mathbf{Us} = -\mathbf{T}_{\mathrm{N}}\mathbf{u}_{\mathrm{Klz}}$. Es ist also naheliegend, die Parameter der sechsten Komponente des Vektors $\mathbf{Us}$ auf Basis der vierten und fünften Komponente von $\mathbf{Us}$ zu bestimmen. An dieser Stelle wird angemerkt, dass eine solche Modifikation nicht notwendig ist, falls die Spannungsabfälle an $(1 - k_{12})\,L_{\mathrm{z}}$ und R_{z} vernachlässigt werden können. Dies trifft z. B. im theoretischen Sonderfall $k_{12} = 1$ und $R_{\mathrm{z}} = 0$ zu.

3.2.2. Nichtlineare Koordinatentransformation

Durch Elimination der Schaltfunktion $\mathbf{s}$ in (3.2.6) kann eine nichtlineare Koordinatentransformation abgeleitet werden. Bei der hier dargestellten Vorgehensweise wird (3.2.6a) nicht mit $\mathbf{U}^{-1}$ multipliziert und in (3.2.6b) eingesetzt. Statt dessen werden (3.2.6a) und (3.2.6b) mit den Matrizen $\mathbf{P}$, $\mathbf{Q} \in \mathbb{R}^{6\times6}$ multipliziert, wobei diese Matrizen die Forderung

$$\mathbf{QU} \stackrel{!}{=} \mathbf{PI} \tag{3.2.10}$$

erfüllen. Dieses Vorgehen führt zu

$$\mathbf{QL\dot{i}} + \mathbf{QRi} + \mathbf{Qu}_{\mathrm{q}} = C\mathbf{P\dot{u}}. \tag{3.2.11}$$

Die Matrizen $\mathbf{P}$ und $\mathbf{Q}$ sind nicht eindeutig festgelegt. Für die Matrix $\mathbf{P}$ wird $\mathbf{P} = -\mathbf{U}$ gewählt, damit folgt $\mathbf{Q} = -\mathbf{I}$. Die Produkte aus $\mathbf{QL\dot{i}}$ und $C\mathbf{P\dot{u}}$ entsprechen somit Änderungen von in den Kondensatoren und Spulen gespeicherten Energien.

Die zeitlichen Änderungen der in den Kondensatoren gespeicherten Energien werden durch

$$C\mathbf{P\dot{u}} = \mathbf{\dot{w}}_{\mathrm{C}}, \tag{3.2.12}$$

mit

$$\mathbf{w}_\mathrm{C} = C \begin{pmatrix} \frac{1}{2}u_0^2 + u_1^2 + u_2^2 + u_3^2 + u_4^2 + \frac{1}{2}u_5^2 \\ (u_0 - u_2)u_1 - (u_4 - u_5)u_3 \\ -\frac{1}{2}u_1^2 + (u_0 + \frac{1}{2}u_2)u_2 - \frac{1}{2}u_3^2 + (\frac{1}{2}u_4 + u_5)u_4 \\ (u_0 - u_2)u_3 - (u_4 - u_5)u_1 \\ u_0u_4 - u_1u_3 + (u_4 + u_5)u_2 \\ u_0u_5 + 2u_1u_3 + 2u_2u_4 \end{pmatrix} \tag{3.2.13}$$

beschrieben. Im Gegensatz zu $\mathbf{w}_\mathrm{C}$ ist der Vektor

$$\dot{\mathbf{w}}_\mathrm{L} = -\mathbf{Q}\mathbf{L}\dot{\mathbf{i}} \tag{3.2.14}$$

ohne Kenntnis von $\mathbf{i}(t)$ nicht vollständig integrierbar und kann als Summe eines „integrierbaren“ und eines „nicht integrierbaren“ Teils (Index „I“ bzw. „NI“) dargestellt werden

$$\dot{\mathbf{w}}_\mathrm{L} = \dot{\mathbf{w}}_\mathrm{L,I} + \dot{\mathbf{w}}_\mathrm{L,NI}, \tag{3.2.15}$$

mit

$$\mathbf{w}_\mathrm{L,I} = \begin{pmatrix} \frac{1}{2}i_0^2 L_\mathrm{dc} + L_1(i_1^2 + i_2^2) + L_2(i_3^2 + i_4^2) \\ L_1(i_0 - i_2)i_1 - L_2 i_3 i_4 \\ \frac{1}{2}L_1(2i_0i_2 + i_2^2 - i_1^2) - \frac{1}{2}L_2(i_3^2 - i_4^2) \\ L_1\Big((i_0 - i_2)i_3 - i_1i_4\Big) \\ L_1\Big((i_0 + i_2)i_4 - i_1i_3\Big) \\ 2L_1\Big(i_1i_3 + i_2i_4\Big) \end{pmatrix} \tag{3.2.16a}$$

$$\dot{\mathbf{w}}_\mathrm{L,NI} = \begin{pmatrix} 0 \\ 3L_\mathrm{d}\dot{i}_0 i_1 \\ 3L_\mathrm{d}\dot{i}_0 i_2 \\ 3L_\mathrm{d}\dot{i}_0 i_3 + L_\mathrm{L}\Big((i_0 - i_2)\dot{i}_3 - i_1\dot{i}_4\Big) \\ 3L_\mathrm{d}\dot{i}_0 i_4 + L_\mathrm{L}\Big((i_0 + i_2)\dot{i}_4 - i_1 i_3\Big) \\ 2L_\mathrm{L}(i_1\dot{i}_3 + i_2\dot{i}_4) \end{pmatrix} \tag{3.2.16b}$$

und den Abkürzungen

$$L_\mathrm{L} = 2(L_\mathrm{g} - k_{12}L_\mathrm{z}), \qquad L_\mathrm{dc} = (1 + k_{12})L_\mathrm{z} + 3L_\mathrm{d},$$
$$L_1 = (1 + k_{12})L_\mathrm{z}, \qquad L_2 = (1 - k_{12})L_\mathrm{z} + 2L_\mathrm{g} = L_\mathrm{L} + L_1.$$

Auf der Basis von (3.2.12), (3.2.14) sowie (3.2.16) werden nachfolgend zwei nichtlineare Koordinatentransformationen eingeführt. Der Vollständigkeit halber werden an dieser Stelle noch die Vektoren $\mathbf{QRi}$, $\mathbf{Qu}_\mathrm{q}$ angegeben

$$\mathbf{QRi} = \begin{pmatrix} -i_0^2 R_\mathrm{dc} - 2R_1\left(i_1^2 + i_2^2\right) - 2R_2\left(i_3^2 + i_4^2\right) \\ -\left(R_\mathrm{dc} + R_1\right) i_1 i_0 + 2R_1 i_1 i_2 + 2R_2 i_3 i_4 \\ -\left(R_\mathrm{dc} + R_1\right) i_2 i_0 + R_1\left(i_1^2 - i_2^2\right) + R_2\left(i_3^2 - i_4^2\right) \\ -R_\mathrm{dc} i_0 i_3 + \left(R_1 + R_2\right)\left(i_1 i_4 + i_2 i_3\right) - R_2 i_0 i_3 \\ -R_\mathrm{dc} i_0 i_4 + \left(R_1 + R_2\right)\left(i_1 i_3 - i_2 i_4\right) - R_2 i_0 i_4 \\ -2\left(R_1 + R_2\right)\left(i_1 i_3 + i_2 i_4\right) \end{pmatrix} \tag{3.2.17a}$$

$$\mathbf{Qu}_\mathrm{q} = \begin{pmatrix} \frac{1}{2} U_\mathrm{d} i_0 - 2u_{\mathrm{g}\beta} i_3 - 2u_{\mathrm{g}\alpha} i_4 \\ \frac{1}{2} U_\mathrm{d} i_1 + u_{\mathrm{g}\beta} i_4 + u_{\mathrm{g}\alpha} i_3 - u_\mathrm{X} i_3 \\ \frac{1}{2} U_\mathrm{d} i_2 + u_{\mathrm{g}\beta} i_3 - u_{\mathrm{g}\alpha} i_4 - u_\mathrm{X} i_4 \\ \frac{1}{2} U_\mathrm{d} i_3 - u_{\mathrm{g}\beta}\left(i_0 - i_2\right) + u_{\mathrm{g}\alpha} i_1 - u_\mathrm{X} i_1 \\ \frac{1}{2} U_\mathrm{d} i_4 + u_{\mathrm{g}\beta} i_1 - u_{\mathrm{g}\alpha}\left(i_0 + i_2\right) - u_\mathrm{X} i_2 \\ -2u_{\mathrm{g}\beta} i_1 - 2u_{\mathrm{g}\alpha} i_2 - u_\mathrm{X} i_0 \end{pmatrix}. \tag{3.2.17b}$$

Anmerkung 1 *Die Größe* $\mathbf{w}_\mathrm{C}$ *kann physikalisch leicht interpretiert werden. Sie entspricht dem Bild der in den Kondensatoren gespeicherten Energien*

$$\begin{aligned} \mathbf{w}_\mathrm{Cz} &= \left(w_\mathrm{Cz1}, w_\mathrm{Cz2}, w_\mathrm{Cz3}, w_\mathrm{Cz4}, w_\mathrm{Cz5}, w_\mathrm{Cz6}\right)^\mathrm{T} \\ &= \frac{C}{2}\left(u_\mathrm{z1}^2, u_\mathrm{z2}^2, u_\mathrm{z3}^2, u_\mathrm{z4}^2, u_\mathrm{z5}^2, u_\mathrm{z6}^2\right)^\mathrm{T} \end{aligned} \tag{3.2.18}$$

unter der Transformationsmatrix $\mathbf{T}_\mathrm{N}$

$$\mathbf{w}_\mathrm{C} = \mathbf{T}_\mathrm{N} \mathbf{w}_\mathrm{Cz}. \tag{3.2.19}$$

Im Gegensatz dazu ist eine einfache Interpretation von $\mathbf{w}_\mathrm{L,I}$ *nicht ohne Weiteres möglich. In Anlehnung an* (3.2.19) *wird dieser Term ebenfalls als Bild einer Größe unter* $\mathbf{T}_\mathrm{N}$ *aufgefasst*

$$\mathbf{w}_\mathrm{L,I} = \mathbf{T}_\mathrm{N}\left(\mathbf{w}_\mathrm{Lz} - \mathbf{w}_\mathrm{Lzk} + \mathbf{w}_\mathrm{Ldz} + \mathbf{w}_\mathrm{Lg}\right), \tag{3.2.20}$$

mit

$$\mathbf{w}_\mathrm{Lz} = \frac{1}{2}\left(1 + k_{12}\right) L_\mathrm{z}\left(i_\mathrm{z1}^2, i_\mathrm{z2}^2, i_\mathrm{z3}^2, i_\mathrm{z4}^2, i_\mathrm{z5}^2, i_\mathrm{z6}^2\right)^\mathrm{T} \tag{3.2.21a}$$

$$\mathbf{w}_\mathrm{Lzk} = \frac{1}{2} k_{12} L_\mathrm{z} \frac{1}{2}\left(i_\mathrm{g1}^2, i_\mathrm{g1}^2, i_\mathrm{g2}^2, i_\mathrm{g2}^2, i_\mathrm{g3}^2, i_\mathrm{g3}^2\right)^\mathrm{T} \tag{3.2.21b}$$

$$\mathbf{w}_\mathrm{Ldz} = \frac{1}{2}\left(2L_\mathrm{d}\right) \frac{1}{6} i_\mathrm{d}^2 \left(1,1,1,1,1,1\right)^\mathrm{T} \tag{3.2.21c}$$

$$\mathbf{w}_\mathrm{Lg} = \frac{1}{2} L_\mathrm{g} \frac{1}{2}\left(i_\mathrm{g1}^2, i_\mathrm{g1}^2, i_\mathrm{g2}^2, i_\mathrm{g2}^2, i_\mathrm{g3}^2, i_\mathrm{g3}^2\right)^\mathrm{T}. \tag{3.2.21d}$$

Um die Übersichtlichkeit von (3.2.21) zu erhöhen, werden in dieser Darstellung der Strom i_d nicht durch (3.1.3) und die Lastströme nicht durch

$$i_{\mathrm{g}k} = i_{\mathrm{z}m} - i_{\mathrm{z}(m+1)}, \qquad m = 2k-1,\ k \in \{1,2,3\} \tag{3.2.22}$$

ersetzt. Aus dem gleichen Grund ist in (3.2.21c) die Summe der beiden Induktivitäten im DC-Zwischenkreis durch Klammernotation hervorgehoben.

Nach (3.2.20) kann der Term $\mathbf{w}_{\mathrm{L,I}}$ als Bild der Energie $\mathbf{w}_{\mathrm{Lz}} - \mathbf{w}_{\mathrm{Lzk}} + \mathbf{w}_{\mathrm{Ldz}} + \mathbf{w}_{\mathrm{Lg}}$ unter der Transformationsmatrix $\mathbf{T}_\mathrm{N}$ interpretiert werden. Der Term $\mathbf{w}_{\mathrm{Lz}} - \mathbf{w}_{\mathrm{Lzk}}$ ist ein Maß für die magnetische Energie in den Zweigen. Jedoch ist lediglich für die ersten drei Vektorkomponenten von $\mathbf{T}_\mathrm{N}(\mathbf{w}_{\mathrm{Lz}} - \mathbf{w}_{\mathrm{Lzk}})$ eine einfache physikalische Interpretation möglich; diese sind ein Maß für die in den Phasen des M2Cs magnetisch gespeicherten Energien[1]. Im Gegensatz dazu scheint eine einfache physikalische Interpretation der letzten drei Komponenten von $\mathbf{T}_\mathrm{N}(\mathbf{w}_{\mathrm{Lz}} - \mathbf{w}_{\mathrm{Lzk}})$ nicht möglich zu sein. Die Terme $\mathbf{w}_{\mathrm{Ldz}}$, $\mathbf{w}_{\mathrm{Lg}}$ sind reine Rechengrößen. Durch $\mathbf{w}_{\mathrm{Ldz}}$ wird die im DC-Zwischenkreis magnetisch gespeicherte Energie $\frac{1}{2}(2L_\mathrm{d})\, i_\mathrm{d}^2$ gleichmäßig auf die Stromrichterzweige aufgeteilt. Eine ähnliche Funktion erfüllt $\mathbf{w}_{\mathrm{Lg}}$; durch diesen Term werden die magnetisch gespeicherten Energien in den Laststrängen gleichmäßig auf die Zweige der zugeordneten Stromrichterphasen aufgeteilt.

3.2.2.1. Typ I

Werden die integrierbaren Teile der Kondensatorleistungen mit den integrierbaren Anteilen der Spulenleistungen zu einer neuen Größe

$$\mathbf{z}^+ = \mathbf{w}_\mathrm{C} + \mathbf{w}_{\mathrm{L,I}} \tag{3.2.23}$$

zusammengefasst, so wird (3.2.11) durch Ableitung dieser Größe

$$\dot{\mathbf{z}}^+ = -\dot{\mathbf{w}}_{\mathrm{L,NI}} + \mathbf{QRi} + \mathbf{Qu}_\mathrm{q} \tag{3.2.24}$$

beschrieben.

Bei Mittelspannungsstromrichtern sind hohe Wirkungsgrade für Stromrichter und Last typisch. Diese Eigenschaft motiviert, das System (3.2.24) als verlustlos zu betrachten ($\mathbf{R} = \mathbf{0}$). Die zeitliche Änderung der Größe $\mathbf{z}^+$ wird bei $\mathbf{R} = \mathbf{0}$ durch

$$\dot{z}_0^+ = \frac{1}{2} U_\mathrm{d} i_0 - 2u_{\mathrm{g}\beta} i_3 - 2u_{\mathrm{g}\alpha} i_4 \tag{3.2.25a}$$

$$\dot{z}_1^+ = u_{\mathrm{dc,z}} i_1 + u_{\mathrm{g}\beta} i_4 + u_{\mathrm{g}\alpha} i_3 - u_\mathrm{X} i_3 \tag{3.2.25b}$$

$$\dot{z}_2^+ = u_{\mathrm{dc,z}} i_2 + u_{\mathrm{g}\beta} i_3 - u_{\mathrm{g}\alpha} i_4 - u_\mathrm{X} i_4 \tag{3.2.25c}$$

[1] Diese Aussage wird im Abschnitt A des Anhangs begründet.

$$\dot{z}_3^+ = u_{\mathrm{dc},z}i_3 - u_{\mathrm{g}\beta}^\circ(i_0 - i_2) + u_{\mathrm{g}\alpha}^\circ i_1 - u_\mathrm{X} i_1 \tag{3.2.25d}$$

$$\dot{z}_4^+ = u_{\mathrm{dc},z}i_4 + u_{\mathrm{g}\beta}^\circ i_1 - u_{\mathrm{g}\alpha}^\circ(i_0 + i_2) - u_\mathrm{X} i_2 \tag{3.2.25e}$$

$$\dot{z}_5^+ = -2u_{\mathrm{g}\beta}^\circ i_1 - 2u_{\mathrm{g}\alpha}^\circ i_2 - u_\mathrm{X} i_0 \tag{3.2.25f}$$

beschrieben, wobei die Abkürzungen

$$u_{\mathrm{dc},z} = \frac{1}{2}\left(U_\mathrm{d} - 6L_\mathrm{d}\dot{i}_0\right) \tag{3.2.26a}$$

$$u_{\mathrm{g}\alpha}^\circ = u_{\mathrm{g}\alpha} + L_\mathrm{L}\dot{i}_4 \tag{3.2.26b}$$

$$u_{\mathrm{g}\beta}^\circ = u_{\mathrm{g}\beta} + L_\mathrm{L}\dot{i}_3 \tag{3.2.26c}$$

verwendet werden. Die Größen u_NM, $u_{\mathrm{g}0}$ und ΔU_d werden in (3.2.25) zu der neuen Größe

$$u_\mathrm{X} = u_\mathrm{NM} + u_{\mathrm{g}0} - \frac{1}{2}\Delta U_\mathrm{d} \tag{3.2.27}$$

zusammengefasst. Die Beziehung (3.2.25) folgt aus dem Einsetzen von (3.2.7) bis (3.2.8c) sowie $\mathbf{R} = \mathbf{0}$ in (3.2.24).

Der Vergleich von (3.2.26b), (3.2.26c) mit (3.2.9) zeigt, dass es sich bei den Größen $u_{\mathrm{g}\alpha}^\circ$ und $u_{\mathrm{g}\beta}^\circ$ im Fall $k_{12} = 0$ und $R_\mathrm{g} = 0$ um die transformierten Klemmenspannungen der Last handelt. Im Fall $k_{12} \neq 0$ werden zusätzlich die Spannungsabfälle der Lastströme an der Koppelimpedanz der Zweigdrosseln erfasst. Aus dem Vergleich von (3.2.27) mit der letzten Komponente in (3.2.6a) folgt mit den Ausführungen in Abschnitt 3.2.1 $u_\mathrm{X} = -\frac{1}{6}\left(u_{\mathrm{Kl}z1} + u_{\mathrm{Kl}z3} + u_{\mathrm{Kl}z5} - (u_{\mathrm{Kl}z2} + u_{\mathrm{Kl}z4} + u_{\mathrm{Kl}z6})\right)$. Somit entspricht die Größe $-2u_\mathrm{X}$ der Differenz der Mittelwerte der Klemmenspannungen der „oberen" und „unteren" Submodule.

Die Koordinaten $\mathbf{z}^+$ können teilweise physikalisch interpretiert werden. Umformungen von (3.2.23) führen mit (3.2.2), (3.2.18), (3.2.21) auf

$$\mathbf{z}^+ = \mathbf{T}_\mathrm{N}\left(\mathbf{w}_{\mathrm{C}z} + \mathbf{w}_{\mathrm{L}z} - \mathbf{w}_{\mathrm{L}zk} + \mathbf{w}_{\mathrm{L}dz} + \mathbf{w}_{\mathrm{L}g}\right). \tag{3.2.28}$$

Somit ist $\mathbf{z}^+$ ein Maß für die im DC-Zwischenkreis, der Last und den Zweigen des Stromrichters gespeicherte Energie. Aus der Definition von $\mathbf{T}_\mathrm{N}$ (3.2.2) folgt, dass z_0^+ ein Maß für die Gesamtenergie und die Größen z_1^+, z_2^+ Maße für die Differenz der Energien, welche den Stromrichterphasen zugeordnet werden können, sind. Mit z_5^+ wird die Differenz der Energie zwischen der „oberen Stromrichterhälfte" (Zweige 1, 3, 5) und der „unteren Stromrichterhälfte" (Zweige 2, 4, 6) beschrieben. Im Gegensatz dazu scheint keine anschauliche Interpretation der Größen z_3^+, z_4^+ möglich zu sein. Es wird darauf hingewiesen, dass lediglich z_0^+ von der magnetisch gespeicherten Energie im DC-Zwischenkreis abhängt.

3.2.2.2. Typ II

In (3.2.25) treten sowohl Produkte in den Spannungen $u_{g\alpha}$, $u_{g\beta}$ und den Strömen i_3 bis i_4, als auch den Spannungen $u^\circ_{g\alpha}$, $u^\circ_{g\beta}$ und den Strömen i_0 bis i_2 auf. Um die Notation zu vereinheitlichen, wird eine neue Variable

$$\mathbf{z} = \mathbf{z}^+ + \mathbf{w}_{\text{Korr}} = \mathbf{w}_{\text{C}} + \mathbf{w}_{\text{L,I}} + \mathbf{w}_{\text{Korr}}, \tag{3.2.29}$$

mit

$$\mathbf{w}_{\text{Korr}} = L_{\text{L}} \left(-(i_3^2 + i_4^2), i_3 i_4, \frac{1}{2}(i_3^2 - i_4^2), 0, 0, 0 \right)^{\text{T}} \tag{3.2.30}$$

eingeführt. Einsetzen von (3.2.29) in (3.2.24) führt auf

$$\dot{\mathbf{z}} = -\dot{\mathbf{w}}_{\text{L,NI}} + \dot{\mathbf{w}}_{\text{L}_{\text{L}},\text{Korr}} + \mathbf{QRi} + \mathbf{Qu}_{\text{q}}; \tag{3.2.31}$$

in dieser Gleichung können die Faktoren $u_{g\alpha}$, $u_{g\beta}$ einheitlich durch die Größen $u^\circ_{g\alpha}$, $u^\circ_{g\beta}$ nach (3.2.26) ausgedrückt werden.

Mit (3.2.26) und u_{X} nach (3.2.27) folgt für das System (3.2.31) unter der Annahme $\mathbf{R} = \mathbf{0}$

$$\dot{z}_0 = \frac{1}{2} U_{\text{d}} i_0 - 2u^\circ_{g\beta} i_3 - 2u^\circ_{g\alpha} i_4 \tag{3.2.32a}$$

$$\dot{z}_1 = u_{\text{dc,z}} i_1 + u^\circ_{g\beta} i_4 + u^\circ_{g\alpha} i_3 - u_{\text{X}} i_3 \tag{3.2.32b}$$

$$\dot{z}_2 = u_{\text{dc,z}} i_2 + u^\circ_{g\beta} i_3 - u^\circ_{g\alpha} i_4 - u_{\text{X}} i_4 \tag{3.2.32c}$$

$$\dot{z}_3 = u_{\text{dc,z}} i_3 - u^\circ_{g\beta}(i_0 - i_2) + u^\circ_{g\alpha} i_1 - u_{\text{X}} i_1 \tag{3.2.32d}$$

$$\dot{z}_4 = u_{\text{dc,z}} i_4 + u^\circ_{g\beta} i_1 - u^\circ_{g\alpha}(i_0 + i_2) - u_{\text{X}} i_2 \tag{3.2.32e}$$

$$\dot{z}_5 = -2u^\circ_{g\beta} i_1 - 2u^\circ_{g\alpha} i_2 - u_{\text{X}} i_0. \tag{3.2.32f}$$

Mit den Definitionen

$$\underline{i}_{12} := i_1 + \text{j} i_2 \tag{3.2.33a}$$

$$\underline{i}_{34} := i_3 + \text{j} i_4 \tag{3.2.33b}$$

$$\underline{u}^\circ_{\text{g}} := u^\circ_{g\beta} + \text{j} u^\circ_{g\alpha} \tag{3.2.33c}$$

lassen sich die Systemgleichungen (3.2.32) in komplexer Schreibweise kompakt darstellen

$$\dot{z}_0 + \text{j}\dot{z}_5 = \left(\frac{1}{2} U_{\text{d}} - \text{j} u_{\text{X}} \right) i_0 - 2 \left(\Re \left(\underline{u}^\circ_{\text{g}} \underline{i}^*_{34} \right) + \text{j} \Re \left(\underline{u}^\circ_{\text{g}} \underline{i}^*_{12} \right) \right) \tag{3.2.34a}$$

$$\dot{z}_1 + \text{j}\dot{z}_2 = u_{\text{dc,z}} \underline{i}_{12} - u_{\text{X}} \underline{i}_{34} + \text{j} \underline{u}^{\circ *}_{\text{g}} \underline{i}^*_{34} \tag{3.2.34b}$$

$$\dot{z}_3 + \text{j}\dot{z}_4 = u_{\text{dc,z}} \underline{i}_{34} - u_{\text{X}} \underline{i}_{12} + \text{j} \underline{u}^{\circ *}_{\text{g}} \underline{i}^*_{12} - \underline{u}^\circ_{\text{g}} i_0. \tag{3.2.34c}$$

Dabei bezeichnet der Stern im Exponent von $\underline{u}_{\mathrm{g}}$, $\underline{i}_{12}$, $\underline{i}_{34}$ deren konjungiert komplexen Wert.

Für die meisten Komponenten von $\mathbf{z}$ ist eine anschauliche Interpretation möglich. Umformungen von (3.2.29) führen mit (3.2.2), (3.2.18), (3.2.21a) sowie (3.2.21c) auf

$$\mathbf{z} = \mathbf{T}_{\mathrm{N}} \left(\mathbf{w}_{\mathrm{Cz}} + \mathbf{w}_{\mathrm{Lz}} + \mathbf{w}_{\mathrm{Ldz}} \right). \tag{3.2.35}$$

Dabei beschreibt der Term $\mathbf{w}_{\mathrm{Cz}}$ die in den Zweigen des Stromrichters kapazitiv gespeicherte Energie; die Terme $\mathbf{w}_{\mathrm{Lz}}$ und $\mathbf{w}_{\mathrm{Ldz}}$ sind Rechengrößen. Mit $\mathbf{w}_{\mathrm{Ldz}}$ wird die magnetisch gespeicherte Energie $\frac{1}{2}\left(2L_{\mathrm{d}}\right) i_{\mathrm{d}}^2$ im DC-Zwischenkreis gleichmäßig auf die Stromrichterzweige aufgeteilt. Eine mögliche Interpretation von $\mathbf{w}_{\mathrm{Lz}}$ ist die Beschreibung des Energieinhalts fiktiver, magnetisch nicht gekoppelter Drosseln mit der Induktivität $(1 + k_{12})\, L_{\mathrm{z}}$.

Somit ist $\mathbf{z}$ ein Maß für die im DC-Zwischenkreis und in den Zweigen des Stromrichters gespeicherte Energie. Aus der Definition von $\mathbf{T}_{\mathrm{N}}$ (3.2.2) folgt, dass z_0 ein Maß für die Gesamtenergie, die Größen z_1, z_2 Maße für die Differenz der Energien zwischen den Stromrichterphasen sind. Mit z_5 wird die Differenz der Energie zwischen der „oberen Stromrichterhälfte“ und der „unteren Stromrichterhälfte“ beschrieben. Im Gegensatz dazu ist keine anschauliche Interpretation der Größen z_3, z_4 möglich. Es wird darauf hingewiesen, dass lediglich z_0 von der magnetisch gespeicherten Energie im DC-Zwischenkreis abhängt.

Anmerkung 2 *Nach [53] ist der Betrieb von M2Cs bei Lastströmen mit Grundschwingungsfrequenz* $f_0 \approx 0$ *problematisch. In den Koordinaten* $\mathbf{z}$, $\mathbf{z}^+$ *ist dieses Problem sowie mögliche Lösungsansätze unmittelbar ersichtlich. Da die Diskussionen für* (3.2.25), (3.2.32) *ähnlich sind, wird diese lediglich für* (3.2.32) *durchgeführt. Bei* $f_0 \approx 0$ *sind bei vielen Antriebsanwendungen* $u^{\circ}_{\mathrm{g}\alpha}$, $u^{\circ}_{\mathrm{g}\beta} \ll \frac{U_{\mathrm{d}}}{2}$ *und* $\dot{\imath}_3 \approx \dot{\imath}_4 \approx 0$. *Um die Betrachtungen zu vereinfachen, wird* $u^{\circ}_{\mathrm{g}\alpha} = u^{\circ}_{\mathrm{g}\beta} = 0$, $\dot{\imath}_3 = \dot{\imath}_4 = 0$ *angenommen. Damit können*

$$\dot{z}_3 = \left(\frac{U_{\mathrm{d}}}{2} - 3L_{\mathrm{d}} \dot{\imath}_0 \right) i_3 - u_{\mathrm{X}} i_1 \tag{3.2.36a}$$

$$\dot{z}_4 = \left(\frac{U_{\mathrm{d}}}{2} - 3L_{\mathrm{d}} \dot{\imath}_0 \right) i_4 - u_{\mathrm{X}} i_2 \tag{3.2.36b}$$

als „kritische Terme“ in (3.2.32) *identifiziert werden. Wegen* $\dot{\imath}_3 = \dot{\imath}_4 = 0$ *treten in diesen die konstanten Terme* $\frac{U_{\mathrm{d}}}{2} i_3$, $\frac{U_{\mathrm{d}}}{2} i_4$ *auf, welche – zumindest im zeitlichen Mittel – durch Anteile in* $u_{\mathrm{X}} i_1$, $u_{\mathrm{X}} i_2$ *„kompensiert“ werden müssen, um ein unzulässiges Anwachsen von* $|z_3|$, $|z_4|$ *zu verhindern. Es wird darauf hingewiesen, dass die Wahl* $\dot{\imath}_1 = \dot{\imath}_2 = 0$ *auf Grund der dann konstanten Terme* $\frac{U_{\mathrm{d}}}{2} i_1$, $\frac{U_{\mathrm{d}}}{2} i_2$ *in* (3.2.32b), (3.2.32c) *keine sinnvolle Lösung darstellt.*

Anmerkung 3 *Im Rahmen der Arbeit wurde untersucht, ob das System* (3.2.6) *statisch exakt zustandslinearisierbar ist, es also durch statische Rückführungen und Koordinatentransformation in ein lineares Differentialgleichungssystem der Form*

$$\dot{\mathbf{z}} = \mathbf{A}\mathbf{z} + \mathbf{B}\mathbf{u}, \tag{3.2.37}$$

mit den transformierten Zuständen $\mathbf{z}$ *und den transformierten Eingängen* $\mathbf{u}$ *gebracht werden kann. Mit den in [43] beschriebenen Methoden konnte gezeigt werden, dass das System nicht exakt zustandslinearisierbar ist.*

3.3. Diskussion geeigneter Ausgangskandidaten

Bei vielen praktischen Anwendungen sind die zu regelnden (Ausgangs-)Komponenten – bzw. Teile davon – durch die Anwendung vorgegeben. Häufig werden dadurch aber nicht die aus regelungstechnischer Sicht „günstigsten“ Ausgangskomponenten verwendet. Ziel dieses Abschnitts ist es, theoretisch interessante Ausgangskandidaten herauszuarbeiten, welche auch praxisrelevant sind. Da bei $\dim \mathbf{s} = 6$ Stellgrößen maximal sechs unabhängige Ausgangskomponenten existieren, werden hier Ausgangskandidaten mit $\dim \mathbf{y} = \dim \mathbf{s} = 6$ betrachtet.

Im Laufe der Arbeit wurden mehrere Ausgangskandidaten

$$\mathbf{y} = (y_0, y_1, y_2, y_3, y_4, y_5)^{\mathrm{T}} \tag{3.3.1}$$

untersucht; drei besonders interessante Kandidaten werden nachfolgend vorgestellt. Sie unterscheiden sich neben den gewählten physikalischen Größen vor allem in der Ordnung der internen Dynamik. Zum Vergleich wird ein Ausgangskandidat angegeben, welcher durch rein praktische Gesichtspunkte motiviert ist. Um die Übersicht der nachfolgenden Darstellungen zu erhöhen, wird an dieser Stelle die Dimension $n = \dim(\mathbf{u}, \mathbf{i}) = 11$ des Zustandsraumes des durch (3.2.5), (3.2.6) beschriebenen Systems angeführt.

3.3.1. Ausgangskandidat mit interner Dynamik sechster Ordnung

Auf Grund der Diagonalstruktur der Matrizen $\mathbf{L}$ und $\mathbf{R}$ in (3.2.6) ist es naheliegend, den Ausgangskandiaten

$$\mathbf{y} = (i_0, i_1, i_2, i_3, i_4, u_{\mathrm{X}})^{\mathrm{T}} \tag{3.3.2}$$

zu betrachten. Abwandlungen davon werden z. B. in [65, 77] verwendet, wobei der Ausgang in [65] lediglich die Ströme umfasst.

Bei Vorgabe von $\dot{\mathbf{i}}$, u_{X} können die geforderten Schaltfunktionen $\mathbf{s}$ nach (3.2.6a) mit

$$\mathbf{s} = \mathbf{U}^{-1}\left(\mathbf{L}\dot{\mathbf{i}} + \mathbf{R}\mathbf{i} + \mathbf{u}_{\mathrm{q}}\right) \tag{3.3.3}$$

berechnet werden, sofern $\mathbf{U}^{-1}$ existiert. Dies ist wegen $\det \mathbf{U} = \prod_{i=1}^{6} u_{zi}$ für $u_{zi} \neq 0$, $i \in \{1, 2, \ldots, 6\}$ der Fall. Da $u_{zi} = 0$ bei einem Aufbau der Submodule nach Abb. 3.1(a) keinen regulären Betriebszustand des M2Cs darstellt, wird im Folgenden $u_{zi} \neq 0$ vorausgesetzt. Damit ist das System (3.2.6) bzgl. des Ausgangs $\mathbf{y} = (i_0, i_1, i_2, i_3, i_4, u_{\mathrm{X}})^{\mathrm{T}}$ an jedem Betriebspunkt statisch eingangs-ausgangslinearisierbar; der (vektorielle) relative Grad ist $\mathbf{r} = (r_1, r_2, r_3, r_4, r_5, r_6) = (1, 1, 1, 1, 1, 0)$. Bei Wahl dieses Ausgangs besitzt das System (3.2.6) eine interne Dynamik der Dimension $d = \dim(\mathbf{u}, \mathbf{i}) - \sum_{j=1}^{6} r_j = 11 - 5 = 6$. Diese wird durch

$$\dot{\mathbf{u}} = \frac{1}{C}\mathbf{I}\mathbf{U}^{-1}\left(\mathbf{L}\dot{\mathbf{i}} + \mathbf{R}\mathbf{i} + \mathbf{u}_{\mathrm{q}}\right) \tag{3.3.4}$$

beschrieben, was aus dem Einsetzen von (3.2.6a) in (3.2.6b) folgt.

3.3.2. Ausgangskandidat mit interner Dynamik neunter Ordnung

Ein durch rein praktische Gesichtspunkte motivierter Ausgangskandidat ist

$$\mathbf{y} = (u_\alpha, u_\beta, u_{\mathrm{NM}}, u_{\mathrm{d}}, i_1, i_2)^{\mathrm{T}}, \tag{3.3.5}$$

mit den transformierten Lastspannungen (3.1.4c),

$$\begin{pmatrix} u_\alpha \\ u_\beta \\ u_0 \end{pmatrix} = \frac{1}{3}\begin{pmatrix} \cos(0) & \cos(-\gamma_\lambda) & \cos(\gamma_\lambda) \\ \sin(0) & \sin(-\gamma_\lambda) & \sin(\gamma_\lambda) \\ 1 & 1 & 1 \end{pmatrix}\begin{pmatrix} u_{1\mathrm{N}} \\ u_{2\mathrm{N}} \\ u_{3\mathrm{N}} \end{pmatrix}, \tag{3.3.6}$$

$\gamma_\lambda = \frac{2}{3}\pi$, der Spannung u_{NM}, der Klemmenspannung des M2Cs am DC-Zwischenkreis

$$u_{\mathrm{d}} = U_{\mathrm{d1}} + U_{\mathrm{d2}} - \left(2L_{\mathrm{d}}\dot{i}_{\mathrm{d}} + 2R_{\mathrm{d}}i_{\mathrm{d}}\right) \tag{3.3.7}$$

und den Kreisströmen i_1, i_2. Ein ähnlicher Ausgang wird z. B. in [4] verwendet. Die Wahl der Ausgangskomponenten u_α, u_β, u_{NM} resultiert aus dem Wunsch, dass sich der M2C an den Klemmen U, V, W wie ein „klassischer" Spannungswechselrichter verhalten soll. Die Verwendung der Ausgangskomponente u_{d} kann durch den Betrieb des M2Cs als aktiver Netzstromrichter (AFE) oder den Betrieb mehrerer M2Cs an einem gemeinsamen DC-Zwischenkreis (*Common-DC-Bus*) motiviert sein.

Aus (3.1.3), (3.1.4c), (3.3.6), (3.3.7) sowie den Koordinatentransformationen (3.2.1), (3.2.2), (3.2.3), (3.2.4) folgen $u_0 = u_{\mathrm{g0}}$ und

$$6L_{\mathrm{d}}\dot{i}_0 = -u_{\mathrm{d}} + U_{\mathrm{d}} - 6R_{\mathrm{d}}i_0 \tag{3.3.8a}$$

$$2L_{\mathrm{g}}\dot{i}_3 = u_\beta - 2R_{\mathrm{g}} i_3 - u_{\mathrm{g}\beta} \tag{3.3.8b}$$

$$2L_{\mathrm{g}}\dot{i}_4 = u_\alpha - 2R_{\mathrm{g}} i_4 - u_{\mathrm{g}\alpha}. \tag{3.3.8c}$$

Bei Vorgabe von u_α, u_β, u_{NM}, u_{d}, $\dot{i}_1$, $\dot{i}_2$ können die geforderten Schaltfunktionen durch Einsetzen von (3.3.8) in (3.2.6a) berechnet werden. Das System (3.2.6) ist bzgl. des Ausgangs (3.3.5) eingangs-ausgangslinearisierbar; der (vektorielle) relative Grad beträgt $\mathbf{r} = (0, 0, 0, 0, 1, 1)$. Die Dimension der internen Dynamik ist $d = \dim(\mathbf{u}, \mathbf{i}) - \sum_{i=1}^{6} r_i = 9$; sie wird durch die Gleichungssysteme (3.3.4), (3.3.8) beschrieben.

Auffallend an den Ausgangskandidaten (3.3.2), (3.3.5) ist die im Verhältnis zur Dimension des Zustandsraums $n = \dim(\mathbf{u}, \mathbf{i}) = 11$ stehende hohe Ordnung der internen Dynamik. Diese ist nicht nur aus systemtheoretischer, sondern auch aus praktischer Sicht nachteilig. Insbesondere muss die interne Dynamik bei der Planung von $\mathbf{y}$ berücksichtigt werden; evtl. muss diese sogar durch $\mathbf{y}$ stabilisiert, bzw. müssen deren zugeordnete Zustände durch Echtzeit-Planung von $\mathbf{y}$ innerhalb bestimmter Grenzen gehalten werden.

Auf Basis der im Abschnitt 3.2.2 eingeführten nichtlinearen Koordinatentransformationen können weitere Ausgangskandidaten gewonnen werden, bei denen die Ordnung der internen Dynamik reduziert ist. Dabei werden lediglich Ausgangskandidaten in den Koordinaten $\mathbf{z}$ betrachtet, da ein Übergang zu den Koordinaten $\mathbf{z}^+$ keine Änderungen in den minimal gefundenen Ordnungen der jeweiligen internen Dynamik hervorbringt.

Anmerkung 4 *Ein weiterer, durch praktische Gesichtspunkte motivierter Ausgangskandidat ist* $\mathbf{y} = (u_\alpha, u_\beta, u_{\mathrm{NM}}, i_0, i_1, i_2)^{\mathrm{T}}$. *Bei diesem ist die Ordnung der internen Dynamik im Vergleich zu* (3.3.5) *um eins reduziert* ($d = 8$). *Das System besitzt den (vektoriellen) relativen Grad* $\mathbf{r} = (0, 0, 0, 1, 1, 1)$; *es ist daher bzgl. dieses Ausgangs statisch eingangs-ausgangslinearisierbar.*

3.3.3. Ausgangskandidat mit interner Dynamik zweiter Ordnung

Zunächst wird der Ausgangskandidat

$$\mathbf{y} = (z_0, z_1, z_2, i_3, i_4, z_5)^{\mathrm{T}} \tag{3.3.9}$$

betrachtet. Die interne Dynamik $\dot{\boldsymbol{\eta}} = (\dot{\eta}_1, \dot{\eta}_2)^{\mathrm{T}}$ bei diesem Ausgang folgt mit (3.2.32) zu

$$\dot{\eta}_1 = \dot{z}_3 = \frac{1}{2}\left(U_{\mathrm{d}} - 6L_{\mathrm{d}}\dot{i}_0\right) i_3 - u^\circ_{\mathrm{g}\beta}(i_0 - i_2) + u^\circ_{\mathrm{g}\alpha} i_1 - u_{\mathrm{X}} i_1 \tag{3.3.10a}$$

$$\dot{\eta}_2 = \dot{z}_4 = \frac{1}{2}\left(U_{\mathrm{d}} - 6L_{\mathrm{d}}\dot{i}_0\right) i_4 + u^\circ_{\mathrm{g}\beta} i_1 - u^\circ_{\mathrm{g}\alpha}(i_0 + i_2) - u_{\mathrm{X}} i_2, \tag{3.3.10b}$$

wobei die Ströme i_0 bis i_4 und die Spannung u_X aus Übersichtsgründen nicht durch die Komponenten des Ausgangs ersetzt werden. Die Abhängigkeit der Ströme i_0, i_1, i_2 sowie der Spannung u_X von den Komponenten des Ausgangs wird durch

$$i_0 = \frac{2}{U_\mathrm{d}} \dot{z}_0^\circ \tag{3.3.11a}$$

$$i_1 = \frac{2}{N_1} \left(\frac{1}{2} U_\mathrm{d} i_3 \dot{z}_5 - \dot{z}_0^\circ \dot{z}_1^\circ \right) - \frac{4 u_{\mathrm{g}\alpha}^\circ U_\mathrm{d}}{(U_\mathrm{d} - 6 L_\mathrm{d} \dot{i}_0) N_1} (\dot{z}_1^\circ i_4 - \dot{z}_2^\circ i_3) \tag{3.3.11b}$$

$$i_2 = \frac{2}{N_1} \left(\frac{1}{2} U_\mathrm{d} i_4 \dot{z}_5 - \dot{z}_0^\circ \dot{z}_2^\circ \right) + \frac{4 u_{\mathrm{g}\beta}^\circ U_\mathrm{d}}{(U_\mathrm{d} - 6 L_\mathrm{d} \dot{i}_0) N_1} (\dot{z}_1^\circ i_4 - \dot{z}_2^\circ i_3) \tag{3.3.11c}$$

$$u_X = \frac{2 U_\mathrm{d}}{N_1} \left(\frac{1}{4} \left(U_\mathrm{d} - 6 L_\mathrm{d} \dot{i}_0 \right) \dot{z}_5 + u_{\mathrm{g}\beta}^\circ \dot{z}_1^\circ + u_{\mathrm{g}\alpha}^\circ \dot{z}_2^\circ \right) \tag{3.3.11d}$$

beschrieben, mit den aus Gründen der Übersicht gewählten Abkürzungen

$$\begin{aligned}
\dot{z}_0^\circ &= \dot{z}_0 + 2 u_{\mathrm{g}\beta}^\circ i_3 + 2 u_{\mathrm{g}\alpha}^\circ i_4 \\
\dot{z}_1^\circ &= \dot{z}_1 - u_{\mathrm{g}\alpha}^\circ i_3 - u_{\mathrm{g}\beta}^\circ i_4 \\
\dot{z}_2^\circ &= \dot{z}_2 - u_{\mathrm{g}\beta}^\circ i_3 + u_{\mathrm{g}\alpha}^\circ i_4 \\
N_1 &= -2 \left(U_\mathrm{d} + 3 L_\mathrm{d} \dot{i}_0 \right) \left(\dot{z}_0 + 2 u_{\mathrm{g}\beta}^\circ i_3 + 2 u_{\mathrm{g}\alpha}^\circ i_4 \right) + U_\mathrm{d} \dot{z}_0 .
\end{aligned}$$

Aus der Definition von $\mathbf{z}$, den Strömen i_0 bis i_4 und (3.2.19) können die Kondensatorspannungen unter Berücksichtigung der technisch notwendigen Bedingung

$$u_{\mathrm{z}i} > 0, \qquad i \in \{1, 2, \ldots, 6\} \tag{3.3.12}$$

mit

$$\mathbf{u}_\mathrm{z} = \sqrt{\frac{2}{C} \mathbf{T}_\mathrm{N}^{-1} \left(\mathbf{z} - \mathbf{w}_{\mathrm{L,I}} - \mathbf{w}_{\mathrm{L_L,Korr}} \right)} \tag{3.3.13}$$

berechnet werden. An dieser Stelle sei angemerkt, dass es für die Berechnung der Kondensatorspannungen vorteilhaft ist, in Zweiggrößen zu rechnen. Die Berechnung der Schaltfunktionen $\mathbf{s}$ erfolgt mit (3.2.6a), wobei die Zeitableitungen der Ströme zusätzlich benötigt werden. Damit gilt für die strukturelle Abhängigkeit der Systemgrößen von $\mathbf{z}$, der transformierten Lastströme i_3, i_4 und der Zeit t

$$i_0 = f_{\mathrm{i}0}(\dot{z}_0, i_3, \dot{i}_3, i_4, \dot{i}_4, t) \tag{3.3.14a}$$

$$i_1 = f_{\mathrm{i}1}(\dot{z}_0, \ddot{z}_0, \dot{z}_1, \dot{z}_2, \dot{z}_5, i_3, \dot{i}_3, \ddot{i}_3, i_4, \dot{i}_4, \ddot{i}_4, t) \tag{3.3.14b}$$

$$i_2 = f_{\mathrm{i}2}(\dot{z}_0, \ddot{z}_0, \dot{z}_1, \dot{z}_2, \dot{z}_5, i_3, \dot{i}_3, \ddot{i}_3, i_4, \dot{i}_4, \ddot{i}_4, t) \tag{3.3.14c}$$

$$u_X = f_{\mathrm{u}X}(\dot{z}_0, \ddot{z}_0, \dot{z}_1, \dot{z}_2, \dot{z}_5, i_3, \dot{i}_3, \ddot{i}_3, i_4, \dot{i}_4, \ddot{i}_4, t) \tag{3.3.14d}$$

$$\dot{z}_4 = f_{z4}(\dot{z}_0, \ddot{z}_0, \dot{z}_1, \dot{z}_2, \dot{z}_5, i_3, \dot{i}_3, \ddot{i}_3, i_4, \dot{i}_4, \ddot{i}_4, t) \tag{3.3.14e}$$

$$\dot{z}_5 = f_{z5}(\dot{z}_0, \ddot{z}_0, \dot{z}_1, \dot{z}_2, \dot{z}_5, i_3, \dot{i}_3, \ddot{i}_3, i_4, \dot{i}_4, \ddot{i}_4, t) \tag{3.3.14f}$$

$$\mathbf{u} = \mathbf{f}_{\mathrm{u}}(z_0, \dot{z}_0, \ddot{z}_0, z_1, \dot{z}_1, z_2, \dot{z}_2, z_3, z_4, z_5, \dot{z}_5, i_3, \dot{i}_3, \ddot{i}_3, i_4, \dot{i}_4, \ddot{i}_4, t) \tag{3.3.14g}$$

$$\mathbf{s} = \mathbf{f}_{\mathrm{s}}(z_0, \dot{z}_0, \ddot{z}_0, z_0^{(3)}, z_1, \dot{z}_1, \ddot{z}_1, z_2, \dot{z}_2, \ddot{z}_2, z_3, z_4, z_5, \dot{z}_5, \ddot{z}_5, \ldots$$
$$i_3, \dot{i}_3, \ddot{i}_3, i_3^{(3)}, i_4, \dot{i}_4, \ddot{i}_4, i_4^{(3)}, t). \tag{3.3.14h}$$

Die Abhängigkeit von t folgt aus der Zeitabhängigkeit der Spannungen $u_{\mathrm{g}\alpha}$, $u_{\mathrm{g}\beta}$ und $u_{\mathrm{g}0}$. Für den Sonderfall $L_{\mathrm{d}} = 0$ treten bei der Beschreibung der Ströme und Spannungen lediglich Ableitungen der Ordnung eins, bei der Beschreibung der Schaltfunktionen bis zur Ordnung zwei auf.

Anmerkung 5 *Bei dem gewählten Ausgang* (3.3.10) *ist die Dimension der internen Dynamik* $d = \dim \boldsymbol{\eta} = 2$. *Dies ist auch die geringste Ordnung der internen Dynamik, welche bisher für Ausgangskandidaten in den Größen* $\mathbf{z}^+$ *gefunden wurde.*

3.3.4. Ausgangskandidat mit interner Dynamik dritter Ordnung

Aus den Betrachtungen im Abschnitt 3.3.3 ist bekannt, dass die interne Dynamik des Systems bei Wahl des Ausgangs (3.3.9) lediglich von zweiter Ordnung ist. Diese Eigenschaft ist aus systemtheoretischer Sicht vorteilhaft. Allerdings kann eine praktische Umsetzung mit diesem Ausgang insbesondere bei Betrieb des Stromrichters bei Grundschwingungsfrequenzen $f_0 \approx 0$ problematisch sein.

Diese Aussage wird näher erläutert: Aus (3.2.36) folgt, dass die Größen z_3 und z_4 bei $f_0 \approx 0$ und $\frac{U_{\mathrm{d}}}{2} \gg u^{\circ}_{\mathrm{g}\alpha}, u^{\circ}_{\mathrm{g}\beta}$ durch Produkte aus der Spannung u_{X} und den Kreisströmen i_1, i_2 gezielt beeinflusst werden müssen, damit ein stabiler Betrieb in solchen Arbeitsregimes möglich ist. Eine gezielte Beeinflussung der Größen z_3 und z_4 mit Faktoren u_{X}, i_1, i_2, welche den jeweils geplanten Größen u_{Xd}, $i_{1\mathrm{d}}$, $i_{2\mathrm{d}}$ näherungsweise entsprechen, wird bei praktischen Realisierungen nur in Ausnahmefällen möglich sein. Die Ursache dafür ist, dass sowohl i_1 und i_2 als auch u_{X} von $\mathbf{y} = (z_0, z_1, z_2, i_3, i_4, z_5)^{\mathrm{T}}$ abhängig sind. Wird das Systemverhalten des realen Stromrichters durch das idealisierte Modell, z. B. in Folge von Sättigung der Zweigdrosseln, ohmschen Verlusten oder Unsymmetrien im Aufbau, nicht ausreichend wiedergegeben, so können die Produkte $u_{\mathrm{X}} i_1$ und $u_{\mathrm{X}} i_2$ von den geplanten Verläufen erheblich abweichen. Zwar können diese Abweichungen durch eine geeignete („Echtzeit-") Planung der Solltrajektorien $\mathbf{y}_{\mathrm{d}}$ reduziert werden; jedoch wird der dazu notwendige Aufwand als hoch eingeschätzt. Weiter ist zu beachten, dass die zur Planung verfügbare Zeit durch die (temporär) nicht kompensierten Leistungseinträge in $\dot{z}_3$, $\dot{z}_4$ und die Auslegungsgrenzen der Kondensatoren limitiert ist.

Da mit den gewählten Ausgängen ein Betrieb des M2Cs auch bei $f_0 \approx 0$ einfach möglich sein soll, wird der Ausgang (3.3.9) an dieser Stelle nicht weiter betrachtet. Es wird angemerkt, dass dieser Ausgang jedoch für einen Betrieb des Stromrichters bei $f_0 \gg 0$ ein durchaus interessanter Kandidat sein kann.

Ein weiterer Kandidat für einen Systemausgang ist

$$\mathbf{y} = (z_0, z_1, z_2, i_3, i_4, u_\mathrm{X})^\mathrm{T} . \tag{3.3.15}$$

Die interne Dynamik des Systems wird bei diesem Ausgang durch

$$\dot{\eta}_1 = \dot{z}_3 = \frac{1}{2}\left(U_\mathrm{d} - 6L_\mathrm{d}\dot{i}_0\right) i_3 - u^\circ_{\mathrm{g}\beta}(i_0 - i_2) + u^\circ_{\mathrm{g}\alpha} i_1 - u_\mathrm{X} i_1 \tag{3.3.16a}$$

$$\dot{\eta}_2 = \dot{z}_4 = \frac{1}{2}\left(U_\mathrm{d} - 6L_\mathrm{d}\dot{i}_0\right) i_4 + u^\circ_{\mathrm{g}\beta} i_1 - u^\circ_{\mathrm{g}\alpha}(i_0 + i_2) - u_\mathrm{X} i_2 \tag{3.3.16b}$$

$$\dot{\eta}_3 = \dot{z}_5 = -2u^\circ_{\mathrm{g}\beta} i_1 - 2u^\circ_{\mathrm{g}\alpha} i_2 - u_\mathrm{X} i_0 \tag{3.3.16c}$$

beschrieben. Um die Übersichtlichkeit der Gleichungen (3.3.16) zu erhöhen, werden die Ströme i_0 bis i_4 sowie die Spannung u_X nicht durch die Komponenten des Ausgangs $\mathbf{y}$ ausgedrückt. Deren Abhängigkeit von den Ausgangskomponenten wird durch

$$i_0 = \frac{2}{U_\mathrm{d}}\left(\dot{y}_0 + 2u^\circ_{\mathrm{g}\beta} i_3 + 2u^\circ_{\mathrm{g}\alpha} i_4\right) \tag{3.3.17a}$$

$$i_1 = \frac{2}{N}\left(-\dot{y}_1 + u^\circ_{\mathrm{g}\beta} i_4 + u^\circ_{\mathrm{g}\alpha} i_3 - u_\mathrm{X} i_3\right) \tag{3.3.17b}$$

$$i_2 = \frac{2}{N}\left(-\dot{y}_2 + u^\circ_{\mathrm{g}\beta} i_3 - u^\circ_{\mathrm{g}\alpha} i_4 - u_\mathrm{X} i_4\right) \tag{3.3.17c}$$

beschrieben, wobei die Abkürzungen

$$N = 6L_\mathrm{d}\dot{i}_0 - U_\mathrm{d} = 24\frac{L_\mathrm{d}}{U_\mathrm{d}}\left(\frac{\ddot{y}_0}{2} + \dot{u}^\circ_{\mathrm{g}\beta} i_3 + \dot{u}^\circ_{\mathrm{g}\alpha} i_4 + u^\circ_{\mathrm{g}\beta}\dot{i}_3 + u^\circ_{\mathrm{g}\alpha}\dot{i}_4\right) - U_\mathrm{d}$$

$$u^\circ_{\mathrm{g}\beta} = u_{\mathrm{g}\beta} + L_\mathrm{L}\dot{i}_3 = u_{\mathrm{g}\beta} + L_\mathrm{L}\dot{y}_3$$

$$u^\circ_{\mathrm{g}\alpha} = u_{\mathrm{g}\alpha} + L_\mathrm{L}\dot{i}_4 = u_{\mathrm{g}\alpha} + L_\mathrm{L}\dot{y}_4$$

verwendet werden.

Aus (3.2.23), (3.2.29), (3.2.30), (3.3.13), (3.3.15) sowie (3.3.16) kann der Zeitverlauf der Kondensatorspannungen $u_{\mathrm{z}i}$, $i \in \{1, 2, \ldots, 6\}$ bei bekanntem Zeitverlauf von $\mathbf{y}$ und $\boldsymbol{\eta} = (\eta_1, \eta_2, \eta_3)^\mathrm{T} = (z_3, z_4, z_5)^\mathrm{T}$ berechnet werden. Für die Berechnung der Schaltfunktionen werden weiterhin (3.2.6a) und die Zeitableitungen der Ströme benötigt. Jedoch werden die Ergebnisse an dieser Stelle nicht angegeben, um den Umfang der Darstellung zu begrenzen. Die strukturelle Abhängigkeit der Systemgrößen von $\mathbf{y}$ und $\boldsymbol{\eta}$ wird durch

$$i_0 = f_{\mathrm{i}0}\left(\dot{y}_0, y_3, \dot{y}_3, y_4, \dot{y}_4, t\right) \tag{3.3.18a}$$

$$i_1 = f_{\mathrm{i}1}\left(\ddot{y}_0, \dot{y}_1, y_3, \dot{y}_3, \ddot{y}_3, y_4, \dot{y}_4, \ddot{y}_4, y_5, t\right) \tag{3.3.18b}$$

$$i_2 = f_{\mathrm{i2}}\left(\ddot{y}_0, \dot{y}_2, y_3, \dot{y}_3, \ddot{y}_3, y_4, \dot{y}_4, \ddot{y}_4, y_5, t\right) \tag{3.3.18c}$$

$$i_3 = y_3 \tag{3.3.18d}$$

$$i_4 = y_4 \tag{3.3.18e}$$

$$\dot{\eta}_1 = f_{\eta 1}\left(\dot{y}_0, \ddot{y}_0, \dot{y}_1, \dot{y}_2, y_3, \dot{y}_3, \ddot{y}_3, y_4, \dot{y}_4, \ddot{y}_4, y_5, t\right) \tag{3.3.18f}$$

$$\dot{\eta}_2 = f_{\eta 2}\left(\dot{y}_0, \ddot{y}_0, \dot{y}_1, \dot{y}_2, y_3, \dot{y}_3, \ddot{y}_3, y_4, \dot{y}_4, \ddot{y}_4, y_5, t\right) \tag{3.3.18g}$$

$$\dot{\eta}_3 = f_{\eta 3}\left(\dot{y}_0, \ddot{y}_0, \dot{y}_1, \dot{y}_2, y_3, \dot{y}_3, \ddot{y}_3, y_4, \dot{y}_4, \ddot{y}_4, y_5, t\right) \tag{3.3.18h}$$

$$\mathbf{u} = \mathbf{f}_{\mathrm{u}}\left(y_0, \dot{y}_0, \ddot{y}_0, y_1, \dot{y}_1, y_2, \dot{y}_2, y_3, \dot{y}_3, \ddot{y}_3, y_4, \dot{y}_4, \ddot{y}_4, y_5, \eta_1, \ldots \eta_2, \eta_3, t\right) \tag{3.3.18i}$$

$$\mathbf{s} = \mathbf{f}_{\mathrm{s}}\left(y_0, \dot{y}_0, \ddot{y}_0, y_0^{(3)}, y_1, \dot{y}_1, \ddot{y}_1, y_2, \dot{y}_2, \ddot{y}_2, y_3, \dot{y}_3, \ddot{y}_3, y_3^{(3)}, \ldots y_4, \dot{y}_4, \ddot{y}_4, y_4^{(3)}, y_5, \dot{y}_5, \eta_1, \eta_2, \eta_3, t\right) \tag{3.3.18j}$$

beschrieben.

Besonders vorteilhaft an dem Ausgangskandidaten (3.3.15) sind die geringe Ordnung der internen Dynamik sowie der direkte Einfluss auf die Spannung u_{X}. Auch ist eine physikalische Interpretation aller Ausgangskomponenten einfach möglich; dieser Punkt scheint insbesondere für die Akzeptanz unter Anwendern in der Praxis relevant. Aus diesen Gründen wird der Ausgang (3.3.15) weiter betrachtet; alle nachfolgenden Betrachtungen beziehen sich ausschließlich auf diesen.

4. Allgemeine Betrachtungen zum Ausgang $\mathbf{y} = (z_0, z_1, z_2, i_3, i_4, u_\mathrm{X})^\mathrm{T}$

Neben der geringen Ordnung der internen Dynamik $d = 3$ ist ein weiterer positiver Aspekt des Ausgangs (3.3.15), dass das System (3.2.6) bzgl. dieses Ausgangs eingangs-ausgangslinearisierbar ist, wie die nachfolgenden Betrachtungen zeigen. Diese Eigenschaft ist insofern wünschenswert, da bei einem (exakt) eingangs-ausgangslinearisierbaren System jede Ausgangskomponente y_l, $l \in \{0, 1, \ldots, \dim \mathbf{y} - 1\}$ nur durch ihren zugehörigen Eingang v_l beeinflusst wird und bezüglich diesen lineares Verhalten besitzt. Die Eingänge v_l können auch künstliche Eingänge darstellen. Jedoch können durch den Aufbau der Systemgleichungen bedingt nicht beliebige Trajektorien $\mathbf{y}(t)$ realisiert werden. Aus diesem Grund werden zunächst Anforderungen beschrieben, welche die Komponenten der Trajektorie $\mathbf{y}(t)$, $t \geq 0$ des Ausgangs (3.3.15) erfüllen müssen, damit sie realisiert werden können. Aus (3.3.16) folgt, dass die interne Dynamik nicht asymptotisch stabil ist. Somit ist die Anforderung an die Realisierbarkeit von $\mathbf{y}$ für einen stationären Betrieb des Stromrichters nicht ausreichend. Daher wird weiter untersucht, welche Bedingungen $\mathbf{y}$ erfüllen muss, damit $\boldsymbol{\eta} = (z_3, z_4, z_5)^\mathrm{T}$ in stationären Arbeitsregimes beschränkt ist. Zwei praxisrelevante Sonderfälle für stationäre Trajektorien werden am Ende des Kapitels betrachtet.

Aus (3.3.17) und (3.2.6) folgt, dass die Komponenten der Trajektorie $\mathbf{y}(t)$, $t \geq 0$ des Ausgangs (3.3.15) die Bedingungen

$$y_0, y_3, y_4 \in C^2(\mathbb{R}^+) \tag{4.0.1a}$$

$$y_1, y_2 \in C^1(\mathbb{R}^+) \tag{4.0.1b}$$

$$y_5 \in C^0(\mathbb{R}^+) \tag{4.0.1c}$$

erfüllen müssen, damit der Zeitverlauf vom System reproduziert werden kann. Dabei bezeichnet $C^n(D)$ die Menge der n-mal stetig differenzierbaren Funktionen mit reellem Wertebereich und dem Definitionsbereich D. Ist neben der Realisierbarkeit der Trajektorie $\mathbf{y}$ auch ein stetiger Verlauf der Schaltfunktionen gefordert, so sind alle oberen Indizes in (4.0.1) um eins zu erhöhen. Im Sonderfall $L_\mathrm{d} = 0$ reduzieren sich die notwendigen Anforderungen (4.0.1) auf

$$y_0, y_1, y_2, y_3, y_4 \in C^1(\mathbb{R}^+) \tag{4.0.2a}$$

$$y_5 \in C^0(\mathbb{R}^+). \tag{4.0.2b}$$

Neben (4.0.1c) bzw. (4.0.2b) wird in der Praxis häufig sogar

$$y_5 \in C^1(\mathbb{R}^+) \tag{4.0.3}$$

bei begrenzter Spannungssteilheit

$$|\dot{y}_5| = |\dot{u}_X| \leq \dot{u}_{X,\mathrm{Max}} \tag{4.0.4}$$

gefordert, um z. B. Schäden an der Last in Folge von Lagerströmen oder übermäßiger Beanspruchung der Isolierung zu vermeiden. Weitere Nebenbedingungen, welche bei der Wahl der Trajektorien $\mathbf{y}$ zu beachten sind, werden durch

$$u_{\mathrm{z,Min}} \leq u_{\mathrm{z}i} \leq u_{\mathrm{z,Max}} \tag{4.0.5a}$$
$$|i_{\mathrm{z}i}| \leq i_{\mathrm{z,Max}} \tag{4.0.5b}$$
$$0 \leq s_{\mathrm{z,Min}} \leq s_{\mathrm{z}i} \leq s_{\mathrm{z,Max}} \leq 1, \qquad i \in \{1, 2, \dots, 6\} \tag{4.0.5c}$$
$$u_{\mathrm{X,Min}} \leq u_{\mathrm{X}} \leq u_{\mathrm{X,Max}} \tag{4.0.5d}$$

beschrieben.

4.1. Eingangs-Ausgangslinearisierung

Nach [43] kann bei einem nichtlinearen System

$$\begin{aligned}
\dot{\mathbf{x}} &= \mathbf{f}(\mathbf{x}) + \sum_{i=1}^{m} \mathbf{g}_i(\mathbf{x}) u_i \\
\mathbf{y} &= \mathbf{h}_i(\mathbf{x}), \qquad\qquad i \in \{1, 2, \dots, m\}
\end{aligned}$$

mit glatten Vektorfeldern $\mathbf{f}(\mathbf{x})$, $\mathbf{g}_i(\mathbf{x})$ und glatten Funktionen $\mathbf{h}_i$ durch Verwendung von statischen Zustandsrückführungen ein lineares Eingangs-Ausgangsverhalten erreicht werden, sofern dieses einen sogenannten (vektoriellen) relativen Grad (*vector relative degree*) $\mathbf{r} = (r_1, r_2, \dots, r_m)$ besitzt. Diese Voraussetzung ist bei dem System (3.2.6) bezüglich des Ausgangs (3.3.15) nicht gegeben. Jedoch kann ein vektorieller relativer Grad durch dynamische Zustandsrückführung und Einführen des künstlichen Eingangs $\mathbf{v} = (v_0, v_1, v_2, v_3, v_4, v_5)^T$ erreicht werden. Charakteristisch für dynamische Zustandsrückführungen ist die Erweiterung des betrachteten Systems um zusätzliche Zustände: Bei (3.2.6) sind im Fall $L_\mathrm{d} \neq 0$ sechs zusätzliche Zustände, im Sonderfall $L_\mathrm{d} = 0$ drei zusätzliche Zustände erforderlich um den vektoriellen relativen Grad $\mathbf{r} = (3, 2, 2, 3, 3, 1)$, bzw. $\mathbf{r} = (2, 2, 2, 2, 2, 1)$ bezüglich (3.3.15) zu erreichen. Die Dimension des Zustandsraumes beträgt also $n = 17$,

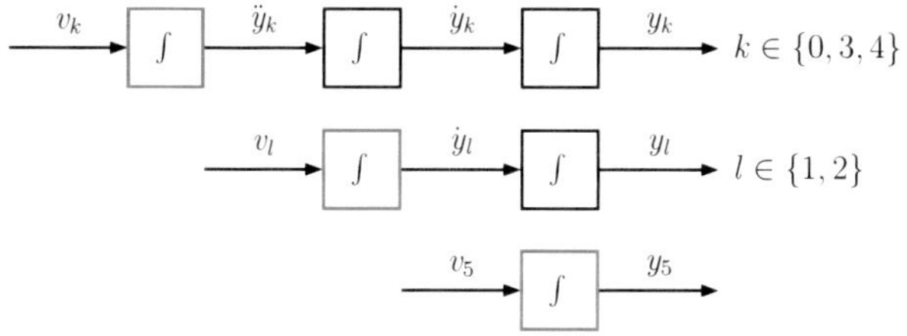

Abb. 4.1.: Abhängigkeit der Ausgangskomponenten y_i, $i \in \{0, 1, \ldots, 5\}$ von den künstlichen Eingängen v_i bei dynamischer Zustandsrückführung und $L_\mathrm{d} \neq 0$. Die hinzugefügten Zustände sind grün hervorgehoben. Im Fall $L_\mathrm{d} = 0$ entfällt der zusätzliche Zustand bei den Komponenten y_k, $k \in \{0, 3, 4\}$; es gilt $v_k = \ddot{y}_k$.

bzw. $n = 14$. In beiden Fällen ist die Ordnung der internen Dynamik $d = 3$, sie wird durch (3.3.16) beschrieben. Die Abhängigkeit der Ausgangskomponenten y_i, $i \in \{0, 1, \ldots, 5\}$ von den künstlichen Eingängen v_i bei dynamischer Zustandsrückführung ist in Abb. 4.1 skizziert.

4.1.1. Formulierung in ruhenden Koordinaten

Im Gegensatz zu dem zuvor beschriebenen Verfahren wird an dieser Stelle ein anderer Ansatz verfolgt; die gewünschte Eingangs-Ausgangslinearisierung wird durch eine quasistatische Zustandsrückführung ([81, 82]) erreicht. Somit müssen keine zusätzlichen Zustände eingeführt werden. Um die Übersichtlichkeit der Darstellung zu erhöhen, wird der künstliche Eingang $\mathbf{v} = (v_0, v_1, v_2, v_3, v_4, v_5)^\mathrm{T}$

$$v_k = \ddot{z}_k, \qquad k \in \{0, 1, 2\} \tag{4.1.1a}$$

$$v_l = \dot{i}_l, \qquad l \in \{3, 4\} \tag{4.1.1b}$$

$$v_5 = u_\mathrm{X} \tag{4.1.1c}$$

verwendet, welcher keinen physikalischen Eingang darstellt. Für die Fehlerdifferentialgleichungen der Ausgangskomponenten wird der Ansatz

$$v_k = \ddot{z}_{k\mathrm{d}} - k_{1k}\left(\dot{z}_k - \dot{z}_{k\mathrm{d}}\right) - k_{2k}\left(z_k - z_{k\mathrm{d}}\right), \qquad k \in \{0, 1, 2\} \tag{4.1.2a}$$

$$v_l = \dot{i}_{l\mathrm{d}} - k_l\left(i_l - i_{l\mathrm{d}}\right), \qquad l \in \{3, 4\} \tag{4.1.2b}$$

$$v_5 = u_\mathrm{Xd} \tag{4.1.2c}$$

gewählt. Die Solltrajektorien sind durch den Index „d" gekennzeichnet. Diese Notation wird auch im weiteren Teil der Arbeit verwendet. Unter der Annahme, dass $\mathbf{v}$ realisiert werden kann, sind (4.1.2a) und (4.1.2b) bei Wahl von $k_{1k}, k_{2k}, k_3, k_4 > 0$, $k \in \{0, 1, 2\}$ asymptotisch stabil.

Da $\mathbf{v}$ keinen physikalischen Eingang darstellt, sind weitere Rechenschritte notwendig, um die Schaltfunktionen zu berechen. Zeitableitung von (3.2.32a) bis (3.2.32c) und Einsetzen von (4.1.2) – bzw. deren Zeitableitungen – führt auf

$$U_d \dot{i}_0 = 2\left(v_0 + 2\dot{u}^{\circ}_{g\beta} i_3 + 2u^{\circ}_{g\beta} v_3 + 2\dot{u}^{\circ}_{g\alpha} i_4 + 2u^{\circ}_{g\alpha} v_4\right) \tag{4.1.3a}$$

$$u_{dc,z} \dot{i}_1 = \left(v_1 - \dot{u}_{dc,z} i_1 - \dot{u}^{\circ}_{g\beta} i_4 - u^{\circ}_{g\beta} v_4 - \dot{u}^{\circ}_{g\alpha} i_3 - u^{\circ}_{g\alpha} v_3 + \dot{v}_5 i_3 + v_5 v_3\right) \tag{4.1.3b}$$

$$u_{dc,z} \dot{i}_2 = \left(v_2 - \dot{u}_{dc,z} i_2 - \dot{u}^{\circ}_{g\beta} i_3 - u^{\circ}_{g\beta} v_3 + \dot{u}^{\circ}_{g\alpha} i_4 + u^{\circ}_{g\alpha} v_4 + \dot{v}_5 i_4 + v_5 v_4\right), \tag{4.1.3c}$$

mit

$$\dot{v}_0 = z_{0d}^{(3)} + \left(k_{10}^2 - k_{20}\right)(\dot{z}_0 - \dot{z}_{0d}) + k_{10}k_{20}(z_0 - z_{0d}) \tag{4.1.4a}$$

$$\dot{v}_l = \ddot{i}_l = \ddot{i}_{ld} + k_l^2 (i_l - i_{ld}) \tag{4.1.4b}$$

$$\ddot{v}_l = i_l^{(3)} = i_{ld}^{(3)} - k_l^3 (i_l - i_{ld}), \qquad l \in \{3, 4\} \tag{4.1.4c}$$

$$\dot{v}_5 = \dot{u}_{Xd} \tag{4.1.4d}$$

und

$$\ddot{i}_0 = \frac{4}{U_d}\left(\frac{\dot{v}_0}{2} + \ddot{u}^{\circ}_{g\beta} i_3 + 2\dot{u}^{\circ}_{g\beta} v_3 + u^{\circ}_{g\beta} \ddot{i}_3 + \ddot{u}^{\circ}_{g\alpha} i_4 + 2\dot{u}^{\circ}_{g\alpha} v_4 + u^{\circ}_{g\alpha} \ddot{i}_4\right). \tag{4.1.5}$$

Dabei werden die Spannungen $u^{\circ}_{g\alpha}$, $u^{\circ}_{g\beta}$ und $u_{dc,z}$ nicht durch (3.2.26) ersetzt, um die Übersichtlichkeit der Darstellung zu erhöhen. Nach dem Einsetzen von (4.1.2b), (4.1.2c), (4.1.3) in (3.2.6a) können die Schaltfunktionen s berechnet werden. Aus Platzgründen wird das Ergebnis an dieser Stelle jedoch nicht angeführt. Im Sonderfall $L_d = 0$ gilt $\dot{u}_{dc,z} = 0$, wie aus (3.2.26a) folgt. Somit sind in diesem Fall die Gleichungen (4.1.4c) und (4.1.5) für die Berechnung von s nicht notwendig.

4.1.2. Formulierung in rotierenden Koordinaten

Um die Übersichtlichkeit der Darstellung zu erhöhen, sind die Fehlerdifferentialgleichungen (4.1.2) in „ruhenden Koordinaten" formuliert. Bei vielen Anwendungen sind die Solltrajektorien y_{3d} und y_{4d} in stationären Arbeitsregimes sinusförmig und bilden ein reines Mitsystem. Durch deren Transformation in ein rotierendes Koordinatensystem kann die Zeitabhängigkeit der

Solltrajektorien in stationären Arbeitsregimes eliminiert werden. Dreiphasige symmetrische sinusförmige Störungen der Lastgrößen gleicher Frequenz mit Phasenfolge entsprechend dem Mitsystem – wie Totzeiten bei der Realisierung der Klemmenspannungen oder Winkelfehler, z. B. bei Bestimmung der Phasenlage der Gegenspannungen mittels einer Phasenregelschleife (PLL) – stellen in diesen Koordinaten konstante Größen dar. Daher ist es bei praktischen Anwendungen sinnvoll, die Komponenten $y_3 = i_3$, $y_4 = i_4$ in rotierende Koordinaten zu transformieren und die Regler in diesen Koordinaten zu entwerfen. Dazu werden die Ströme $\underline{i}_{34} = i_3 + \mathrm{j}\, i_4$ mit

$$\underline{i}_{34}^{\mathrm{r}} = i_3^{\mathrm{r}} + \mathrm{j}\, i_4^{\mathrm{r}} = \underline{i}_{34} \exp\left(-\mathrm{j}\, \varphi_{34\mathrm{r}}\right) \tag{4.1.6}$$

und $t \mapsto \varphi_{34\mathrm{r}}(t)$ in rotierende Koordinaten überführt. In diesen werden die Fehlerdifferentialgleichungen

$$v_l^{\mathrm{r}} = \dot{i}_l^{\mathrm{r}} = \dot{i}_{l\mathrm{d}}^{\mathrm{r}} - k_{l\mathrm{r}} \left(i_l^{\mathrm{r}} - i_{l\mathrm{d}}^{\mathrm{r}}\right), \qquad l \in \{3, 4\} \tag{4.1.7}$$

in Anlehung an (4.1.2b) formuliert. Bisher wurde $\varphi_{34\mathrm{r}}$ nicht weiter spezifiziert; eine naheliegende Wahl ist $\varphi_{34\mathrm{r}} = \arg\left(\underline{i}_{34\mathrm{d}}\right)$, mit $\underline{i}_{34\mathrm{d}} = i_{3\mathrm{d}} + \mathrm{j}\, i_{4\mathrm{d}}$. Im Gegensatz zu den Fehlerdifferentialgleichungen (4.1.7) in den Koordinaten y_3, y_4 scheint bei den Fehlerdifferentialgleichungen (4.1.2a) in den Koordinaten y_0, y_1, y_2 und der Beziehung (4.1.2c) zur Steuerung von y_5 eine Formulierung in rotierenden Koordinatensystemen keine wesentlichen Vorteile zu haben. Aus diesem Grunde werden diese nicht transformiert.

Für die Berechnung der Schaltfunktionen $\mathbf{s}$ ist es zweckmäßig, (4.1.7) in ruhende Koordinaten zu transformieren. Rücktransformation von (4.1.7) mit (4.1.6) liefert

$$\begin{aligned} \underline{v}_{34} &= v_3 + \mathrm{j}\, v_4 = \dot{i}_3 + \mathrm{j}\, \dot{i}_4 = \left(\underline{v}_{34}^{\mathrm{r}} + \mathrm{j}\, \dot{\varphi}_{34\mathrm{r}} \underline{i}_{34}^{\mathrm{r}}\right) \exp\left(\mathrm{j}\, \varphi_{34\mathrm{r}}\right) \\ &= \underline{v}_{34}^{\mathrm{r}} \exp\left(\mathrm{j}\, \varphi_{34\mathrm{r}}\right) + \mathrm{j}\, \dot{\varphi}_{34\mathrm{r}} \underline{i}_{34} \end{aligned} \tag{4.1.8a}$$

$$\begin{aligned} \dot{\underline{v}}_{34} &= \ddot{i}_3 + \mathrm{j}\, \ddot{i}_4 = \left(\dot{\underline{v}}_{34}^{\mathrm{r}} + \mathrm{j}\, \underline{v}_{34}^{\mathrm{r}} \dot{\varphi}_{34\mathrm{r}}\right) \exp\left(\mathrm{j}\, \varphi_{34\mathrm{r}}\right) \\ &\quad + \mathrm{j}\left(\ddot{\varphi}_{34\mathrm{r}} \underline{i}_{34} + \dot{\varphi}_{34\mathrm{r}} \underline{v}_{34}\right) \end{aligned} \tag{4.1.8b}$$

$$\begin{aligned} \ddot{\underline{v}}_{34} &= i_3^{(3)} + \mathrm{j}\, i_4^{(3)} = \left(\ddot{\underline{v}}_{34}^{\mathrm{r}} + \mathrm{j}\left(\dot{\underline{v}}_{34}^{\mathrm{r}} \dot{\varphi}_{34\mathrm{r}} + \underline{v}_{34}^{\mathrm{r}} \ddot{\varphi}_{34\mathrm{r}}\right)\right) \exp\left(\mathrm{j}\, \varphi_{34\mathrm{r}}\right) \\ &\quad + \mathrm{j}\, \dot{\varphi}_{34\mathrm{r}} \left(\dot{\underline{v}}_{34}^{\mathrm{r}} + \mathrm{j}\, \underline{v}_{34}^{\mathrm{r}} \dot{\varphi}_{34\mathrm{r}}\right) \exp\left(\mathrm{j}\, \varphi_{34\mathrm{r}}\right) \\ &\quad + \mathrm{j}\left(\varphi_{34\mathrm{r}}^{(3)} \underline{i}_{34} + 2 \ddot{\varphi}_{34\mathrm{r}} \underline{v}_{34} + \dot{\varphi}_{34\mathrm{r}} \dot{\underline{v}}_{34}\right), \end{aligned} \tag{4.1.8c}$$

mit den Abkürzungen

$$\underline{v}_{34\mathrm{r}} = \dot{\underline{i}}_{34\mathrm{rd}} - k_{3\mathrm{r}} \left(i_{3\mathrm{r}} - i_{3\mathrm{rd}}\right) - \mathrm{j}\, k_{4\mathrm{r}} \left(i_{4\mathrm{r}} - i_{4\mathrm{rd}}\right) \tag{4.1.9a}$$

$$\dot{\underline{v}}_{34\mathrm{r}} = \ddot{\underline{i}}_{34\mathrm{rd}} + k_{3\mathrm{r}}^2 \left(i_{3\mathrm{r}} - i_{3\mathrm{rd}}\right) + \mathrm{j}\, k_{4\mathrm{r}}^2 \left(i_{4\mathrm{r}} - i_{4\mathrm{rd}}\right) \tag{4.1.9b}$$

$$\ddot{\underline{v}}_{34\mathrm{r}} = \underline{i}_{34\mathrm{rd}}^{(3)} - k_{3\mathrm{r}}^3 \left(i_{3\mathrm{r}} - i_{3\mathrm{rd}}\right) - \mathrm{j}\, k_{4\mathrm{r}}^3 \left(i_{4\mathrm{r}} - i_{4\mathrm{rd}}\right). \tag{4.1.9c}$$

Die Ableitungen $\dot{\underline{v}}_{34}$, $\ddot{\underline{v}}_{34}$ folgen aus dem Differenzieren von (4.1.8a) und Einsetzen von (4.1.7). Um den Umfang der Darstellung zu begrenzen, wurde $\underline{v}_{34}$ in (4.1.8b), (4.1.8c), (4.1.9) nicht durch (4.1.8a) ersetzt. Das Gleiche gilt für $\dot{\underline{v}}_{34}$ nach (4.1.8b) in (4.1.8c), (4.1.9). Werden die Gleichungen (4.1.2b), (4.1.4b), (4.1.4c) durch die korrespondierenden Gleichungen in (4.1.8) ersetzt, so kann eine Berechnung der Schaltfunktionen analog zum Fall ruhender Koordinaten erfolgen.

Es wird darauf hingewiesen, dass die vorgeschlagenen Reglerstrukturen (4.1.2) und (4.1.7) keine Integralanteile enthalten. Um bei Anwendungen mit Störungen oder Modellabweichungen ein besseres Trajektorienfolgeverhalten in stationären Arbeitsregimes zu erreichen, ist es daher sinnvoll, in (4.1.2) bzw. (4.1.7) zusätzliche Integralanteile hinzuzufügen.

4.1.3. Simulationsbeispiel

Zur Verdeutlichung der Funktionsweise der Eingangs-Ausgangslinearisierung sind in Abb. 4.2, Seite 48, exemplarische Überführungen der Ausgangskomponenten y_0, y_1, y_3, y_4 und y_5 zu sehen. Für die Solltrajektorie von y_2 gilt $y_{2\mathrm{d}} = 0$. Die Daten des in der Simulation untersuchten Stromrichters stimmen mit den Daten aus Tabelle 4.2 auf Seite 66 überein. Da in der Simulation keine „gezielte Beeinflussung“ von $\boldsymbol{\eta}$ durch $\mathbf{y}_\mathrm{d}$ erfolgt, liegen die Kondensatorspannungen am Ende des Simulationsbeispiels außerhalb der Auslegungsgrenzen der Kondensatoren. Die in der Simulation verwendeten Reglerparameter sind in Tabelle 4.1, auf Seite 49 zusammengefasst. Dabei sind $k_{\mathrm{I}i}$, $i \in \{0, 1, \ldots, 5\}$ Parameter für zusätzliche Integralanteile in den Reglern (4.1.2a) und (4.1.7) sowie der Steuerung (4.1.2c). Die Abtastrate des Reglers beträgt $f_\mathrm{S} = 10\mathrm{kHz}$. Die Parameter der sinusförmigen Gegenspannungen der Last wurden so festgelegt, dass die verketteten Leiterspannungen an den Anschlußklemmen des Stromrichters bei einem Phasenwinkel der Last von $\varphi_\mathrm{L} = -\frac{\pi}{2}$ (rein kapazitive Last) und Nennstrom der Nennspannung entsprechen.

Die Wahl der Trajektorien bei stationären und instationären Arbeitsregimes wird an dieser Stelle nur skizziert, da ausführliche Betrachtungen dazu Gegenstand des Abschnitts 4.3 bzw. des Abschnitts 4.4 sind: Bei stationären Arbeitsregimes werden für die Komponenten $y_{0\mathrm{d}}$, $y_{1\mathrm{d}}$, $y_{2\mathrm{d}}$ zeitlich konstante Größen vorgegeben, wohingegen die Solltrajektorien $y_{3\mathrm{d}}$, $y_{4\mathrm{d}}$, $y_{5\mathrm{d}}$ sinusförmig sind. Die Trajektorien sind so gewählt, dass die Größe $\boldsymbol{\eta}_\mathrm{d}$ in den jeweiligen stationären Arbeitsregimes periodisch ist. Transitionen zwischen stationären Arbeitsregimes werden bei der Komponente $y_{1\mathrm{d}}$ durch Polynome dritten Grades, bei der Komponente $y_{0\mathrm{d}}$ durch Polynome fünften Grades realisiert. Im Gegensatz dazu gilt für die Komponente $y_{2\mathrm{d}} = 0$. Für die Komponenten $y_{3\mathrm{d}}$, $y_{4\mathrm{d}}$ werden Überführungen zwischen stationären Arbeitsregimes durch Änderung der Amplitude $|\underline{i}_{34\mathrm{d}}|$ und der Phasenlage $\arg(\underline{i}_{34\mathrm{d}} \exp(-\mathrm{j}\,\omega_0 t))$ des komplexen Stromes $\underline{i}_{34\mathrm{d}} = y_{3\mathrm{d}} + \mathrm{j}\, y_{4\mathrm{d}}$ realisiert. Für beide wird die Änderung durch Polynome fünften Grades beschrieben. Die Größe $y_{5\mathrm{d}}$ wird so gewählt, dass die realisierbaren Klemmenspannungen des Stromrichters vergrößert werden. Bei stationären Arbeitsregimes werden die Klemmenspannungen der Submodule mit der dritten Harmonischen der Grundschwingung der Last ausgesteuert; bei instationären Arbeitsregimes wird $y_{5\mathrm{d}}$ an die erforderlichen Klemmenspannungen der Last angepasst.

Aus Abb. 4.2 folgt, dass der geforderte Verlauf $\mathbf{y}_\mathrm{d}$ durch $\mathbf{y}$ wie gewünscht realisiert wird. Auffallend ist auch, dass Änderungen der Komponenten $y_{i\mathrm{d}}$ keine, bzw. lediglich eine vernachlässigbare Auswirkung auf y_k, $i \neq k$, $i, k \in \{0, 1, \dots, 5\}$ haben. Dies ist insofern hervorzuheben, da die Stromänderungen $\dot{i}_0$, $\dot{i}_1$, $\dot{i}_2$ nach (4.1.3) – welche zur Berechnung der Schaltfunktionen benötigt werden – nur für den Spezialfall $\mathbf{R} = 0$ gelten. Zudem werden die Schaltfunktionen zeitdiskret bestimmt. Diese „Modellabweichungen“ werden jedoch durch den Regler ausgeglichen.

Um die Übersichtlichkeit der Darstellung zu erhöhen, ist der geforderte Phasenwinkel der Last

$$\varphi_{\mathrm{Ld}} = \arg\left(\underline{u}_{\mathrm{abd}} \exp\left(-\mathrm{j}\,\omega_0 t\right)\right) - \arg\left(\underline{i}_{34\mathrm{d}} \exp\left(-\mathrm{j}\,\omega_0 t\right)\right), \tag{4.1.10}$$

mit

$$\underline{u}_{\mathrm{abd}} = 2L_\mathrm{g}\dot{\underline{i}}_{34\mathrm{d}} + 2R_\mathrm{g}\underline{i}_{34\mathrm{d}} + u_{\mathrm{g}\beta} + \mathrm{j}\, u_{\mathrm{g}\alpha} \tag{4.1.11a}$$

$$\underline{i}_{34\mathrm{d}} = i_{3\mathrm{d}} + \mathrm{j}\, i_{4\mathrm{d}} \tag{4.1.11b}$$

dargestellt. Zusätzlich sind die Sollwerte der Amplitude $|\underline{i}_{34}|$ und der Phasenlage $\arg\left(\underline{i}_{34} \exp\left(-\mathrm{j}\,\omega_0 t\right)\right)$ des komplexen Stromes $\underline{i}_{34}$ mit angegeben.

Der Zeitverlauf von $\boldsymbol{\eta} = (z_3, z_4, z_5)^\mathrm{T}$ ist in Abb. 4.3(a) zu sehen. Aus dieser Darstellung folgt, dass Überführungen von $\mathbf{y}$ zwischen stationären Arbeitsregimes deutliche Auswirkungen auf $\boldsymbol{\eta}$ haben können. Gut zu sehen ist auch, dass die Komponenten von $\boldsymbol{\eta}$ nach dem Ende der Überführungsvorgänge ($t \geq 90$ ms) einen „stationären Gleichanteil“ ungleich Null aufweisen. Der Zeitverlauf der transformierten Lastströme ist in Abb. 4.3(b) gegeben. Aus der Darstellung folgt, dass die Komponente i_0 – welche ein Maß für den Strom im DC-Zwischenkreis ist – nur während Transitionen eine Zeitabhängigkeit aufweist, sonst aber (näherungweise) konstant ist. Dies zeigt anschaulich, dass durch geeignete Wahl der Trajektorie $\mathbf{y}_\mathrm{d}$ ein konstanter Strom im DC-Zwischenkreis möglich ist. Weiter folgt aus Abb. 4.3(b), dass die Überführung von $y_0 = z_0$ im Intervall $t \in [20, 22{,}5]$ ms nur Auswirkung auf i_1 hat – wohingegen i_2 mit dem vorhergehenden Verlauf übereinstimmt. Im Gegensatz dazu haben die Überführungen von y_3, y_4, y_5 in den Intervallen $t \in [30, 40]$ ms und $t \in [80, 90]$ ms eine deutliche Auswirkung auf den Verlauf der Ströme i_1, i_2.

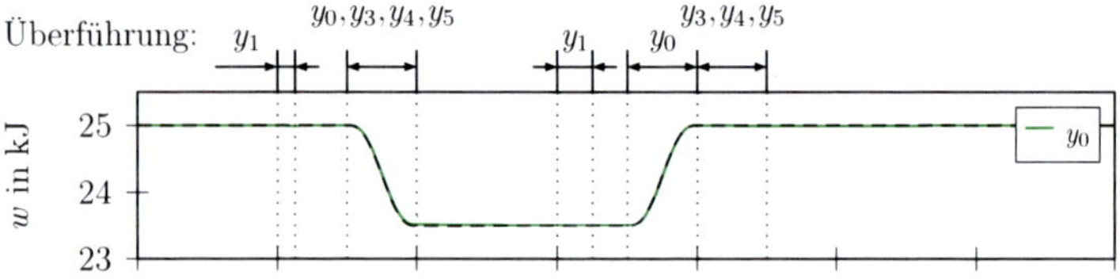

(a) Komponente $y_0 = z_0$

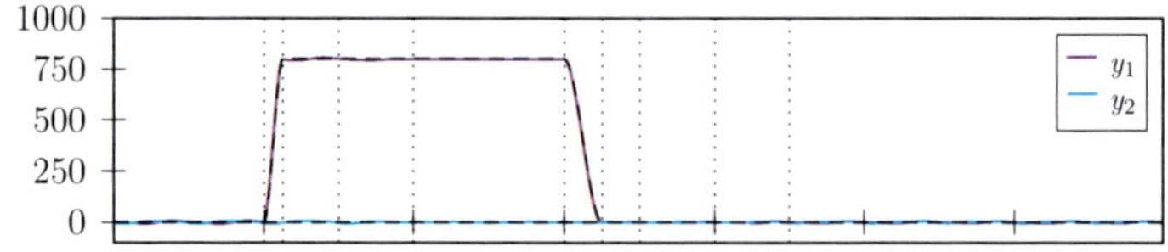

(b) Komponenten $y_1 = z_1$, $y_2 = z_2$

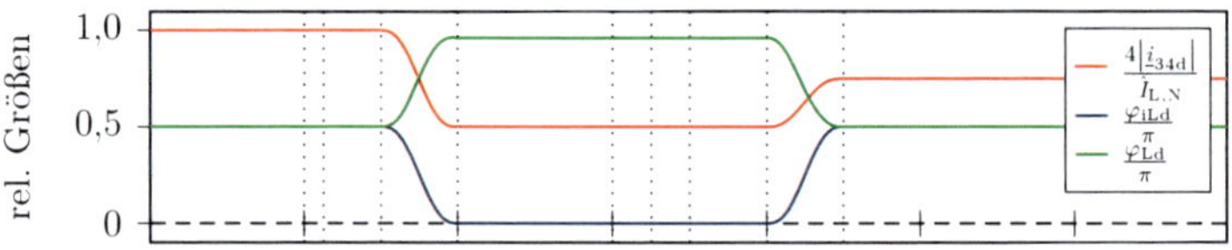

(c) Sollwerte von Amplitude $|\underline{i}_{34}|$ und Phasenlage $\varphi_{iL} = \arg\left(\underline{i}_{34}\exp(-\mathrm{j}\,\omega_0 t)\right)$ der transformierten Lastströme $\underline{i}_{34} = i_3 + \mathrm{j}\, i_4$ sowie des Lastwinkels φ_L

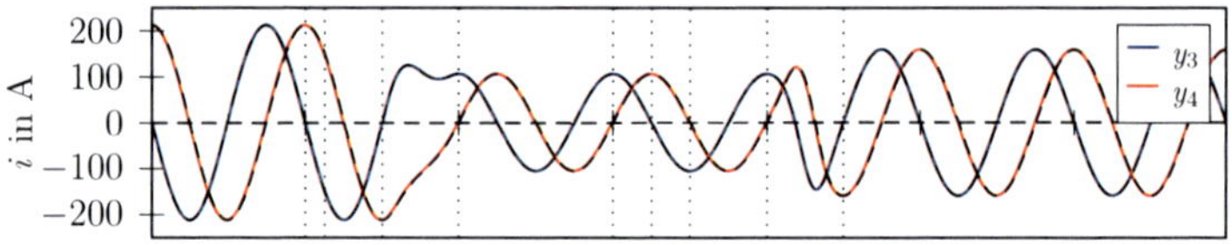

(d) Komponente $y_3 = i_3$, $y_4 = i_4$

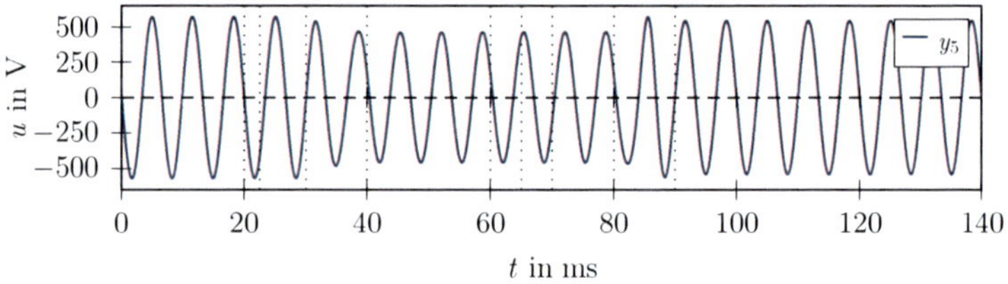

(e) Komponente $y_5 = u_X$

Abb. 4.2.: Zeitverlauf der Ausgangskomponenten y_i, $i \in \{0, 1, \ldots, 5\}$ bei Überführung von y_0, y_1, y_3, y_4, y_5 zwischen stationären ARs. Abweichungen von $\boldsymbol{\eta}$ von den zugehörigen Solltrajektorien in stationären ARs werden nicht korrigiert. Trajektorien y_i durchgezogene Linien, Solltrajektorien y_{id} gestrichelte Linien, Überführungszeitpunkte punktierte vertikale Linien.

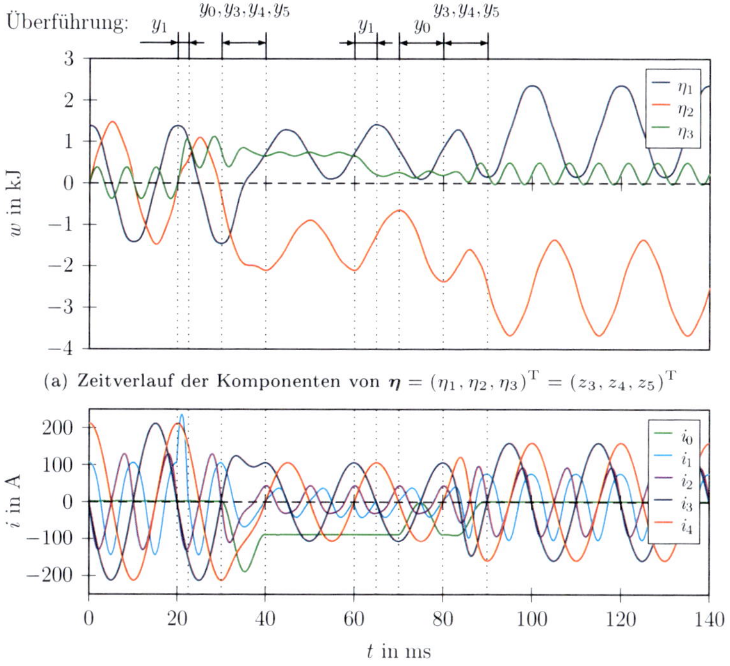

(a) Zeitverlauf der Komponenten von $\boldsymbol{\eta} = (\eta_1, \eta_2, \eta_3)^{\mathrm{T}} = (z_3, z_4, z_5)^{\mathrm{T}}$

(b) Komponenten von $\mathbf{i} = (i_0, i_1, i_2, i_3, i_4, i_5)^{\mathrm{T}} = \mathbf{T}_{\mathrm{N}}\mathbf{i}_{\mathbf{z}}$. Die sechste Stromkomponente ist wegen $i_5 = 0$ nicht dargestellt.

Abb. 4.3.: Zeitverlauf der Komponenten von $\boldsymbol{\eta}$ und $\mathbf{i}$ bei Überführung der Ausgangskomponenten y_0, y_1, y_3, y_4, y_5 nach Abb. 4.2. Die Überführungszeitpunkte sind durch punktierte vertikale Linien markiert.

Tabelle 4.1.: Reglerparameter bei Eingangs-Ausgangslinearisierung

Ausgangskomponente			
y_0	$y_l,\ l \in \{1, 2\}$	$y_m,\ m \in \{3, 4\}$	y_5
$\tau_0 = 1$ ms	$\tau_l = 0{,}25$ ms	$\tau_m = 1$ ms	$\tau_5 = 10$ ms
$k_{10} = 2\tau_0^{-1}$	$k_{1l} = 2\tau_l^{-1}$	$k_m = \tau_m^{-1}$	
$k_{20} = \tau_0^{-2}$	$k_{2l} = \tau_l^{-2}$		
$k_{\mathrm{I}0} = 50 \cdot 10^6\ \mathrm{s}^{-1}$	$k_{\mathrm{I}l} = 50 \cdot 10^3\ \mathrm{s}^{-1}$	$k_{\mathrm{I}m} = 5 \cdot 10^6\ \mathrm{s}^{-1}$	$k_{\mathrm{I}5} = \tau_5^{-1}$

Um die Übersichtlichkeit der Darstellung zu erhöhen, ist der Zeitverlauf der Kondensatorspannungen, der Zweigströme und der Schaltfunktionen in Abb. 4.4 angegeben. Der Einfluss des Gleichanteils von $\boldsymbol{\eta}$ auf u_{zi}, s_{zi} für $t \geq 90$ ms ist in Abb. 4.4 gut zu sehen. Im Gegensatz zu u_{zi}, s_{zi}, $i \in \{1, 2, \ldots, 6\}$ sind die Zweigströme nach den Überführungsvorgängen lediglich zeitlich verschoben, wohingegen sich die Größen u_{zi}, s_{zi} auch in der Form unterscheiden. Ursache dafür ist, dass die Ströme nach (3.3.18a)–(3.3.18e), (3.2.1), (3.2.2) von den Komponenten des Ausgangs und den Parametern des M2Cs abhängen. Im Gegensatz dazu hängt der Verlauf der Kondensatorspannungen und der Schaltfunktionen auch von $\boldsymbol{\eta}$ ab. Dies folgt aus (3.2.1), (3.2.2), (3.3.18i) bzw. (3.3.18j).

4.2. Beschränktheit von $\boldsymbol{\eta} = (z_3, z_4, z_5)^T$, $\dot{\boldsymbol{\eta}}$

Die Betrachtungen im Abschnitt 4.1 zeigen, dass lineares Eingangs-Ausgangsverhalten durch dynamische Zustandsrückführung, bzw. durch quasistatische Zustandsrückführung erreicht werden kann. Diese Eigenschaft genügt jedoch nicht, um $\mathbf{y} = (z_0, z_1, z_2, i_3, i_4, u_X)^T$ als „geeigneten Systemausgang“ zu identifizieren. Ob $\mathbf{y}$ ein für praktische Anwendungen geeigneter Systemausgang ist, ist insbesondere davon abhängig, ob $\boldsymbol{\eta}$ und $\dot{\boldsymbol{\eta}}$ beschränkt sind.

Um die Übersichtlichkeit der Darstellung zu erhöhen wird (3.3.16) in der Notation

$$\dot{\boldsymbol{\eta}} = \mathbf{f}_\eta(\dot{y}_0, \ddot{y}_0, \dot{y}_1, \dot{y}_2, y_3, \dot{y}_3, \ddot{y}_3, y_4, \dot{y}_4, \ddot{y}_4, y_5, t), \tag{4.2.1}$$

mit $\mathbf{f}_\eta : \mathbb{D} \subseteq \mathbb{R}^{12} \to \mathbb{R}^3$ dargestellt. Die Abhängigkeit von den Komponenten des Ausgangs $\mathbf{y}$ und deren Zeitableitungen ist aus (3.3.16) direkt ersichtlich, die Abhängigkeit von der Zeit t folgt aus den i. A. zeitabhängigen Spannungen $u_{g\alpha}$, $u_{g\beta}$ in $u^\circ_{g\alpha}$ bzw. $u^\circ_{g\beta}$. Ein aus theoretischer Sicht interessanter Sonderfall ist $L_d = 0$. In diesem Fall geht (4.2.1) in

$$\dot{\boldsymbol{\eta}} = \mathbf{f}_{\eta, L_d=0}(\dot{y}_0, \dot{y}_1, \dot{y}_2, y_3, \dot{y}_3, y_4, \dot{y}_4, y_5, t), \tag{4.2.2}$$

mit $\mathbf{f}_{\eta, L_d=0} : \mathbb{D} \subseteq \mathbb{R}^9 \to \mathbb{R}^3$ über. Bemerkenswert an (4.2.1) bzw. (4.2.2) ist, dass $\dot{\boldsymbol{\eta}}$ von $\boldsymbol{\eta}$ unabhängig ist.

Eine notwendige, nicht hinreichende Bedingung für den praktischen Betrieb eines M2Cs ist, dass die Größen $\boldsymbol{\eta}$ und $\dot{\boldsymbol{\eta}}$ beschränkt sind, also

$$|\eta_k(t) - \eta_k(0)| \leq \delta_{k0} \tag{4.2.3a}$$

$$|\dot{\eta}_k(t)| \leq \delta_{k1}, \qquad t \in \mathbb{R}^+,\ k \in \{1, 2, 3\}, \tag{4.2.3b}$$

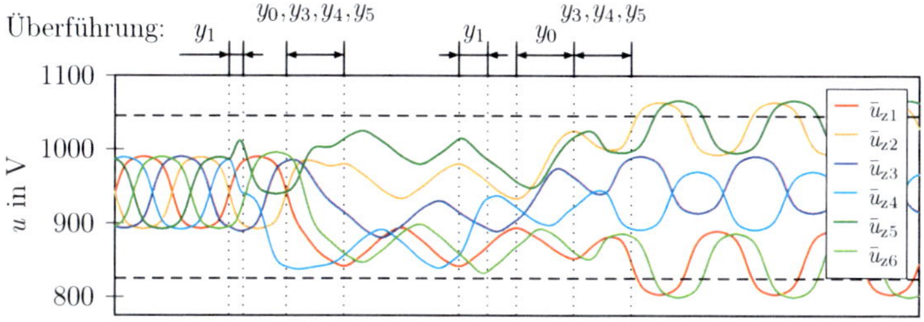

(a) Kondensatorspannungen $\bar{u}_{zi} = \frac{1}{n} u_{zi}$, $i \in \{1, 2, \ldots, 6\}$. Die Auslegungsgrenzen der Kondensatorspannungen sind durch horizontale gestrichelte Linien gekennzeichnet.

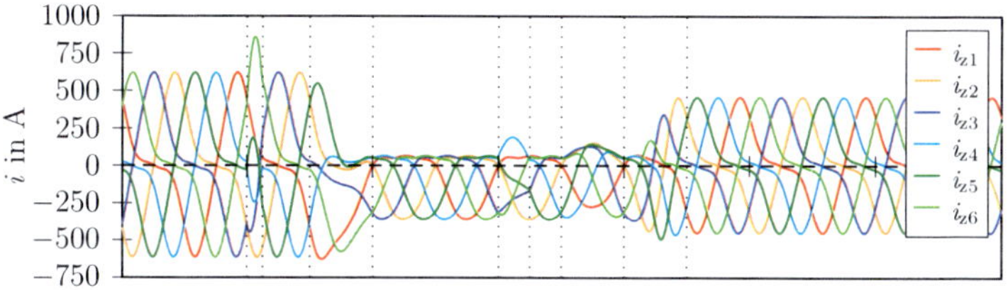

(b) Zweigströme i_{zi}, $i \in \{1, 2, \ldots, 6\}$

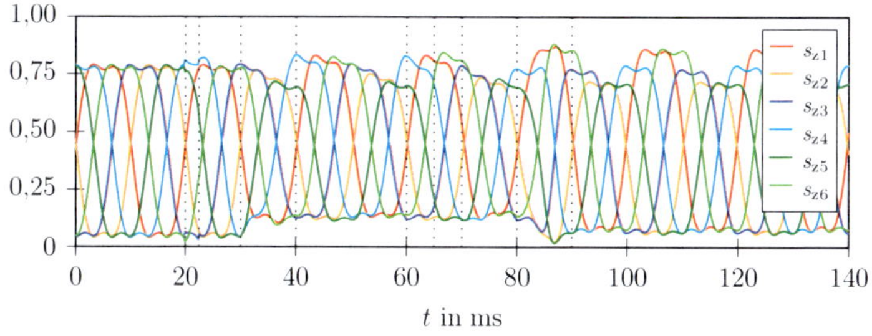

(c) Schaltfunktionen s_{zi}, $i \in \{1, 2, \ldots, 6\}$

Abb. 4.4.: Zeitverlauf der Kondensatorspannungen $\frac{1}{n} u_{zi}$, Zweigströme i_{zi} und Schaltfunktionen s_{zi}, $i \in \{1, 2, \ldots, 6\}$ bei Überführung der Ausgangskomponenten y_0, y_1, y_3, y_4, y_5 nach Abb. 4.2. Die Überführungszeitpunkte sind durch punktierte vertikale Linien markiert.

δ_{k0}, $\delta_{k1} \in \mathbb{R}^+$ gilt. Dabei stellt die Bedingung (4.2.3b) bei praktischen Anwendungen keine zusätzliche Forderung an $\mathbf{y}$ dar; sie ist automatisch erfüllt, falls (4.0.5b) gilt. Die Ursache dafür ist, dass die Spannungen $\overset{\circ}{u}_{\mathrm{g}\alpha}$, $\overset{\circ}{u}_{\mathrm{g}\beta}$, u_X beschränkt sind.

Somit ist für die Beschränktheit von $\boldsymbol{\eta}$ die Bedingung (4.2.3a) maßgeblich. Diese kann z. B. durch die Forderungen

$$\dot{\eta}_k(t) \overset{!}{=} \dot{\eta}_k(t + T_\eta) \tag{4.2.4a}$$

$$\bar{\dot{\eta}}_k \overset{!}{=} \frac{1}{T_\eta}\int_t^{t+T_\eta} \dot{\eta}_k(\tau)\,\mathrm{d}\tau = 0, \qquad t \in \mathbb{R}^+,\ k \in \{1,2,3\} \tag{4.2.4b}$$

erfüllt werden. Die Anforderung (4.2.4a) stellt keine signifikante Einschränkung dar; sie ist beispielsweise in stationären Arbeitsregimes des Stromrichters gegeben. Bei diesen sind die Zeitverläufe von $\mathbf{y}$ sowie der Spannungen $u_{\mathrm{g}\alpha}$ und $u_{\mathrm{g}\beta}$ periodisch. Dies führt nach (3.3.16) dazu, dass $\boldsymbol{\eta}$ ebenfalls periodisch ist. Dabei ist die Periodendauer T_η durch das kleinste gemeinsame Vielfache der Periodendauern der Komponenten η_k, $k \in \{1,2,3\}$ bestimmt. Es wird darauf hingewiesen, dass T_η i. A. von $T_0 = \frac{1}{f_0}$, mit der Grundschwingungsfrequenz f_0 der Last, verschieden ist und von den Arbeitsregimes abhängt.

Aus den bisherigen Ausführungen folgt, dass für die Beschränktheit lediglich die Bedingung (4.2.4b) maßgeblich ist. Einsetzen von (4.2.4b) in (3.3.16) liefert

$$0 \overset{!}{=} \frac{1}{T_\eta}\int_t^{t+T_\eta} \left(\frac{U_\mathrm{d}}{2} - 3L_\mathrm{d}\dot{i}_0\right) i_3 - \overset{\circ}{u}_{\mathrm{g}\beta}(i_0 - i_2) + \overset{\circ}{u}_{\mathrm{g}\alpha} i_1 - u_\mathrm{X} i_1\,\mathrm{d}\tau \tag{4.2.5a}$$

$$0 \overset{!}{=} \frac{1}{T_\eta}\int_t^{t+T_\eta} \left(\frac{U_\mathrm{d}}{2} - 3L_\mathrm{d}\dot{i}_0\right) i_4 + \overset{\circ}{u}_{\mathrm{g}\beta} i_1 - \overset{\circ}{u}_{\mathrm{g}\alpha}(i_0 + i_2) - u_\mathrm{X} i_2\,\mathrm{d}\tau \tag{4.2.5b}$$

$$0 \overset{!}{=} \frac{1}{T_\eta}\int_t^{t+T_\eta} -2\overset{\circ}{u}_{\mathrm{g}\beta} i_1 - 2\overset{\circ}{u}_{\mathrm{g}\alpha} i_2 - u_\mathrm{X} i_0\,\mathrm{d}\tau. \tag{4.2.5c}$$

Die weiteren Betrachtungen werden wesentlich vereinfacht, falls $U_\mathrm{d} \gg 6L_\mathrm{d}\dot{i}_0$ vorausgesetzt werden kann. Dies ist beispielsweise im Sonderfall $L_\mathrm{d} = 0$ gegeben. Einsetzen von $L_\mathrm{d} = 0$ sowie (3.3.17) in (4.2.5) liefert

$$\begin{aligned} 0 \overset{!}{=} \frac{1}{T_\eta}\frac{2}{U_\mathrm{d}}\int_t^{t+T_\eta} & \frac{1}{4}U_\mathrm{d}^2 i_3 - \left(\overset{\circ}{u}_{\mathrm{g}\alpha}{}^2 + 3\,\overset{\circ}{u}_{\mathrm{g}\beta}{}^2\right) i_3 - u_\mathrm{X}^2 i_3 - 2\overset{\circ}{u}_{\mathrm{g}\beta}\overset{\circ}{u}_{\mathrm{g}\alpha} i_4 \\ & - \overset{\circ}{u}_{\mathrm{g}\beta}\dot{y}_0 + \overset{\circ}{u}_{\mathrm{g}\alpha}\dot{y}_1 + \overset{\circ}{u}_{\mathrm{g}\beta}\dot{y}_2 + \left(2\overset{\circ}{u}_{\mathrm{g}\alpha} i_3 + 2\overset{\circ}{u}_{\mathrm{g}\beta} i_4 - \dot{y}_1\right) u_\mathrm{X}\,\mathrm{d}\tau \end{aligned} \tag{4.2.6a}$$

$$\begin{aligned} 0 \overset{!}{=} \frac{1}{T_\eta}\frac{2}{U_\mathrm{d}}\int_t^{t+T_\eta} & \frac{1}{4}U_\mathrm{d}^2 i_4 - \left(3\,\overset{\circ}{u}_{\mathrm{g}\alpha}{}^2 + \overset{\circ}{u}_{\mathrm{g}\beta}{}^2\right) i_4 - u_\mathrm{X}^2 i_4 - 2\overset{\circ}{u}_{\mathrm{g}\beta}\overset{\circ}{u}_{\mathrm{g}\alpha} i_3 \\ & - \overset{\circ}{u}_{\mathrm{g}\alpha}\dot{y}_0 + \overset{\circ}{u}_{\mathrm{g}\beta}\dot{y}_1 - \overset{\circ}{u}_{\mathrm{g}\alpha}\dot{y}_2 + \left(2\overset{\circ}{u}_{\mathrm{g}\beta} i_3 - 2\overset{\circ}{u}_{\mathrm{g}\alpha} i_4 - \dot{y}_2\right) u_\mathrm{X}\,\mathrm{d}\tau \end{aligned} \tag{4.2.6b}$$

$$0 \overset{!}{=} \frac{1}{T_\eta}\frac{4}{U_\mathrm{d}}\int_t^{t+T_\eta} 2u_{\mathrm{g}\beta}^\circ u_{\mathrm{g}\alpha}^\circ i_3 - \left({u_{\mathrm{g}\alpha}^\circ}^2 - {u_{\mathrm{g}\beta}^\circ}^2\right) i_4 - \frac{1}{2}u_\mathrm{X}\dot{y}_0 - u_{\mathrm{g}\beta}^\circ \dot{y}_1 - u_{\mathrm{g}\alpha}^\circ \dot{y}_2 - 2\left(u_{\mathrm{g}\beta}^\circ i_3 + u_{\mathrm{g}\alpha}^\circ i_4\right) u_\mathrm{X}\,\mathrm{d}\tau. \tag{4.2.6c}$$

Bei praktischen Anwendungen ist der Zeitverlauf der Größen i_3 und i_4 durch das (geforderte) Arbeitsregime der Last bestimmt; ähnliches gilt für die Zeitverläufe der Spannungen $u_{\mathrm{g}\alpha}$, $u_{\mathrm{g}\beta}$ und $u_{\mathrm{g}0}$. Diese sind i. d. R. durch den Aufbau der Last und das Arbeitsregime festgelegt bzw. hängen bei Netzanwendungen von den Netzparametern ab. Typische Zeitverläufe der Astströme und der Gegenspannungen werden durch

$$i_{\mathrm{g}1} = \hat{I}_\mathrm{L}\sin(\omega_0 t + \varphi_\mathrm{iL}) \tag{4.2.7a}$$

$$i_{\mathrm{g}2} = \hat{I}_\mathrm{L}\sin(\omega_0 t + \varphi_\mathrm{iL} - \varphi_\curlywedge) \tag{4.2.7b}$$

$$i_{\mathrm{g}3} = \hat{I}_\mathrm{L}\sin(\omega_0 t + \varphi_\mathrm{iL} + \varphi_\curlywedge) \tag{4.2.7c}$$

bzw.

$$u_{\mathrm{g}1} = \hat{U}_\mathrm{g}\sin(\omega_0 t + \varphi_\mathrm{g}) \tag{4.2.8a}$$

$$u_{\mathrm{g}2} = \hat{U}_\mathrm{g}\sin(\omega_0 t + \varphi_\mathrm{g} - \varphi_\curlywedge) \tag{4.2.8b}$$

$$u_{\mathrm{g}3} = \hat{U}_\mathrm{g}\sin(\omega_0 t + \varphi_\mathrm{g} + \varphi_\curlywedge) \tag{4.2.8c}$$

mit $\varphi_\curlywedge = \frac{2}{3}\pi$ und $\omega_0 = 2\pi f_0$ beschrieben. Transformation von (4.2.7) mit (3.2.1), (3.2.2) und (4.2.8) mit (3.2.4) liefert

$$4i_3 = \hat{I}_\mathrm{L}\cos(\omega_0 t + \varphi_\mathrm{iL}) \tag{4.2.9a}$$

$$4i_4 = \hat{I}_\mathrm{L}\sin(\omega_0 t + \varphi_\mathrm{iL}), \tag{4.2.9b}$$

bzw.

$$2u_{\mathrm{g}\alpha} = \hat{U}_\mathrm{g}\sin(\omega_0 t + \varphi_\mathrm{g}) \tag{4.2.10a}$$

$$2u_{\mathrm{g}\beta} = \hat{U}_\mathrm{g}\cos(\omega_0 t + \varphi_\mathrm{g}) \tag{4.2.10b}$$

$$u_{\mathrm{g}0} = 0. \tag{4.2.10c}$$

Der Zeitverlauf der Größen $u_{\mathrm{g}\alpha}^\circ$, $u_{\mathrm{g}\beta}^\circ$, folgt aus dem Einsetzen von (4.2.9), (4.2.10) in (3.2.26b), (3.2.26c) und wird mit den Parametern

$$4\hat{U}_\mathrm{g}^\circ = \left|2\hat{U}_\mathrm{g} + \mathrm{j}\hat{I}_\mathrm{L}\omega_0 L_\mathrm{L}\right| \tag{4.2.11a}$$

$$\varphi_\mathrm{g}^\circ = \arg(2\hat{U}_\mathrm{g} + \mathrm{j}\hat{I}_\mathrm{L}\omega_0 L_\mathrm{L}), \tag{4.2.11b}$$

durch

$$u^\circ_{\mathrm{g}\alpha} = \hat{U}^\circ_\mathrm{g} \sin(\omega_0 t + \varphi^\circ_\mathrm{g}) \tag{4.2.12a}$$

$$u^\circ_{\mathrm{g}\beta} = \hat{U}^\circ_\mathrm{g} \cos(\omega_0 t + \varphi^\circ_\mathrm{g}) \tag{4.2.12b}$$

beschrieben.

Um den Umfang der weiteren Betrachtungen zu beschränken, werden Zeitverläufe der Ströme i_3 und i_4 nach (4.2.9), der Lastspannungen nach (4.2.10) und $L_\mathrm{d} = 0$ vorausgesetzt. Der Betrieb des Stromrichters bei $\omega_0 = 0$ und $\omega_0 \neq 0$ wird aus Gründen der besseren Lesbarkeit getrennt behandelt. Weiter wird – sofern sinnvoll – der Mittelwert des Produkts zweier Funktionen $t \mapsto f(t)$, $t \mapsto g(t)$, im Intervall $[t_1, t_2]$ mit t_1, $t_2 \in \mathbb{R}^+$, $t_2 \geq t_1$ durch die Notation

$$\langle f, g \rangle\big|_{t_1}^{t_2} := \frac{1}{t_2 - t_1} \int_{t_1}^{t_2} f(t) g(t) \,\mathrm{d}t \tag{4.2.13}$$

abgekürzt. Besitzen die Funktionen f, g für $t \in \mathbb{R}^+$ die Eigenschaft $f(t) = f(t+T_\mathrm{P})$, $g(t) = g(t+T_\mathrm{P})$, so ist der Mittelwert des Produkts für $t_2 = t_1 + T_\mathrm{P}$ von der Zeit t_1 unabhängig; dies wird nachfolgend durch die Notation

$$\langle f, g \rangle := \frac{1}{T_\mathrm{P}} \int_{t_1}^{t_1+T_\mathrm{P}} f(t) g(t) \,\mathrm{d}t, \qquad t_1 \in \mathbb{R}^+ \tag{4.2.14}$$

zum Ausdruck gebracht. Im Sonderfall $g(t) = 1$, $t \in \mathbb{R}^+$ entspricht (4.2.14) dem Mittelwert der Funktion $f(t)$

$$\langle f, 1 \rangle = \frac{1}{T_\mathrm{P}} \int_{t_1}^{t_1+T_\mathrm{P}} f(t) \,\mathrm{d}t = \bar{f}, \qquad t_1 \in \mathbb{R}^+. \tag{4.2.15}$$

In stationären Arbeitsregimes sind die Ausgangskomponenten y_i, $i \in \{0, 1, \ldots, 5\}$ zeitlich periodisch – und somit deren Zeitableitungen mittelwertfrei

$$\langle \dot{y}_i, 1 \rangle = 0, \qquad i \in \{0, 1, \ldots, 5\}. \tag{4.2.16}$$

Diese Eigenschaft erleichtert die Diskussion bei $\omega_0 = 0$.

4.2.1. Betrieb bei $\omega_0 \neq 0$

Im Fall $\omega_0 \neq 0$ und Zeitverläufen der Ströme und Lastspannungen nach (4.2.9), (4.2.10) sowie (4.2.12) sind viele der Produkte in (4.2.6), welche aus Kombinationen der Faktoren i_3, i_4, $u^\circ_{\mathrm{g}\alpha}$, $u^\circ_{\mathrm{g}\beta}$ bestehen, mittelwertfrei. Somit vereinfacht sich (4.2.6) zu

$$0 \stackrel{!}{=} \int_t^{t+T_\eta} - \underbrace{u^\circ_{\mathrm{g}\beta}}_{\omega=\omega_0} \dot{y}_0 + \underbrace{u^\circ_{\mathrm{g}\alpha}}_{\omega=\omega_0} \dot{y}_1 + \underbrace{u^\circ_{\mathrm{g}\beta}}_{\omega=\omega_0} \dot{y}_2 + \big(\underbrace{2u^\circ_{\mathrm{g}\alpha} i_3 + 2u^\circ_{\mathrm{g}\beta} i_4}_{\omega=2\omega_0} - \dot{y}_1\big) u_\mathrm{X}$$
$$- u_\mathrm{X}^2 i_3 \,\mathrm{d}\tau \tag{4.2.17a}$$

$$0 \stackrel{!}{=} \int_t^{t+T_\eta} -\underbrace{\overset{\circ}{u}_{g\alpha}}_{\omega=\omega_0}\dot{y}_0 + \underbrace{\overset{\circ}{u}_{g\beta}}_{\omega=\omega_0}\dot{y}_1 - \underbrace{\overset{\circ}{u}_{g\alpha}}_{\omega=\omega_0}\dot{y}_2 + \big(\underbrace{2\overset{\circ}{u}_{g\beta}i_3 - 2\overset{\circ}{u}_{g\alpha}i_4}_{\omega=2\omega_0} - \dot{y}_2\big)u_X$$
$$- u_X^2 i_4 \,\mathrm{d}\tau \tag{4.2.17b}$$

$$0 \stackrel{!}{=} \int_t^{t+T_\eta} -\frac{u_X}{2}\dot{y}_0 - \underbrace{\overset{\circ}{u}_{g\beta}}_{\omega=\omega_0}\dot{y}_1 - \underbrace{\overset{\circ}{u}_{g\alpha}}_{\omega=\omega_0}\dot{y}_2 - 2\underbrace{\big(\overset{\circ}{u}_{g\beta}i_3 + \overset{\circ}{u}_{g\alpha}i_4\big)}_{\omega=\mathrm{const.}}u_X \,\mathrm{d}\tau, \tag{4.2.17c}$$

wobei für ausgewählte Terme die jeweiligen Kreisfrequenzen unter den geschweiften Klammern angegeben sind.

Die Forderung (4.2.17) ist erfüllt, falls

$$0 \stackrel{!}{=} \langle \overset{\circ}{u}_{g\alpha}, \dot{y}_0\rangle = \langle \overset{\circ}{u}_{g\beta}, \dot{y}_0\rangle \tag{4.2.18a}$$
$$0 \stackrel{!}{=} \langle \overset{\circ}{u}_{g\alpha}, \dot{y}_1\rangle = \langle \overset{\circ}{u}_{g\beta}, \dot{y}_1\rangle \tag{4.2.18b}$$
$$0 \stackrel{!}{=} \langle \overset{\circ}{u}_{g\alpha}, \dot{y}_2\rangle = \langle \overset{\circ}{u}_{g\beta}, \dot{y}_2\rangle \tag{4.2.18c}$$
$$0 \stackrel{!}{=} 2\langle \overset{\circ}{u}_{g\beta}i_3 + \overset{\circ}{u}_{g\alpha}i_4, u_X\rangle \tag{4.2.18d}$$
$$0 \stackrel{!}{=} \langle \dot{y}_0, u_X\rangle \tag{4.2.18e}$$
$$0 \stackrel{!}{=} \langle 2\overset{\circ}{u}_{g\alpha}i_3 + 2\overset{\circ}{u}_{g\beta}i_4 - \dot{y}_1, u_X\rangle \tag{4.2.18f}$$
$$0 \stackrel{!}{=} \langle 2\overset{\circ}{u}_{g\beta}i_3 - 2\overset{\circ}{u}_{g\alpha}i_4 - \dot{y}_2, u_X\rangle \tag{4.2.18g}$$
$$0 \stackrel{!}{=} \langle i_3, u_X^2\rangle = \langle i_4, u_X^2\rangle \tag{4.2.18h}$$

gilt; auch andere Ansätze sind möglich. Vorteilhaft an (4.2.18) ist, dass die Trajektorien für y_0, y_1, y_3 sowie u_X weitgehend unabhängig voneinander vorgegeben werden können, da die Bedingungen (4.2.18e) bis (4.2.18g) einfach erfüllt werden können. Aus (4.2.18a) bis (4.2.18d) folgt mit (4.2.9), (4.2.12), dass die Größe u_X mittelwertfrei sein muss und die Größen $\dot{y}_0$, $\dot{y}_1$, $\dot{y}_2$ und damit auch die Größen y_0, y_1, y_2 keine grundschwingungsfrequenten Komponenten enthalten dürfen. Weitere Bedingungen, welche bei der Wahl der Trajektorien y_0, y_1, y_3 sowie $y_5 = u_X$ zu beachten sind, werden durch (4.2.18e) bis (4.2.18h) beschrieben. Es wird angemerkt, dass diese Forderungen bei vielen Anwendungen in der Praxis keine wesentlichen Einschränkungen darstellen.

4.2.2. Betrieb bei $\omega_0 = 0$

Beim Betrieb des Stromrichters bei $\omega_0 = 0$ und Zeitverläufen der Ströme und Lastspannungen nach (4.2.9), (4.2.10) sowie (4.2.12) gilt

$$\dot{i}_3 = \dot{i}_4 = 0 \tag{4.2.19a}$$
$$\dot{\overset{\circ}{u}}_{g\alpha} = \dot{\overset{\circ}{u}}_{g\beta} = 0. \tag{4.2.19b}$$

Diese Eigenschaft erschwert den Betrieb des Stromrichters, da Produkte, welche aus einer Kombination der Faktoren i_3, i_4, $\overset{\circ}{u}_{\mathrm{g}\alpha}$, $\overset{\circ}{u}_{\mathrm{g}\beta}$ bestehen, nicht mittelwertfrei sind. Bei Produkten aus i_3, i_4, $\overset{\circ}{u}_{\mathrm{g}\alpha}$, $\overset{\circ}{u}_{\mathrm{g}\beta}$ und den Komponenten y_0, y_1, y_2, y_5 sind keine allgemeingültigen Aussagen möglich. Aus (4.2.19b), (4.2.16) und $T_\mathrm{P} = T_\eta$ folgt lediglich

$$\langle \overset{\circ}{u}_{\mathrm{g}\alpha}, \dot{y}_0 \rangle = \langle \overset{\circ}{u}_{\mathrm{g}\beta}, \dot{y}_0 \rangle = 0 \tag{4.2.20a}$$

$$\langle \overset{\circ}{u}_{\mathrm{g}\alpha}, \dot{y}_1 \rangle = \langle \overset{\circ}{u}_{\mathrm{g}\beta}, \dot{y}_1 \rangle = 0 \tag{4.2.20b}$$

$$\langle \overset{\circ}{u}_{\mathrm{g}\alpha}, \dot{y}_2 \rangle = \langle \overset{\circ}{u}_{\mathrm{g}\beta}, \dot{y}_2 \rangle = 0. \tag{4.2.20c}$$

Einsetzen von (4.2.20) in (4.2.6) liefert für die Beschränktheitsbedingung

$$0 \overset{!}{=} \int_t^{t+T_\eta} p_{\mathrm{C3,gd}} - u_\mathrm{X}^2 i_3 + \left(2\overset{\circ}{u}_{\mathrm{g}\alpha} i_3 + 2\overset{\circ}{u}_{\mathrm{g}\beta} i_4 - \dot{y}_1\right) u_\mathrm{X} \,\mathrm{d}\tau \tag{4.2.21a}$$

$$0 \overset{!}{=} \int_t^{t+T_\eta} p_{\mathrm{C4,gd}} - u_\mathrm{X}^2 i_4 + \left(2\overset{\circ}{u}_{\mathrm{g}\beta} i_3 - 2\overset{\circ}{u}_{\mathrm{g}\alpha} i_4 - \dot{y}_2\right) u_\mathrm{X} \,\mathrm{d}\tau \tag{4.2.21b}$$

$$0 \overset{!}{=} \int_t^{t+T_\eta} p_{\mathrm{C5,gd}} - \frac{1}{2} u_\mathrm{X} \dot{y}_0 - 2\left(\overset{\circ}{u}_{\mathrm{g}\beta} i_3 + \overset{\circ}{u}_{\mathrm{g}\alpha} i_4\right) u_\mathrm{X} \,\mathrm{d}\tau, \tag{4.2.21c}$$

wobei die Abkürzungen

$$p_{\mathrm{C3,gd}} = \frac{1}{4} U_\mathrm{d}^2 i_3 - \left(\overset{\circ}{u}_{\mathrm{g}\alpha}{}^2 + 3\,\overset{\circ}{u}_{\mathrm{g}\beta}{}^2\right) i_3 - 2\overset{\circ}{u}_{\mathrm{g}\beta}\overset{\circ}{u}_{\mathrm{g}\alpha} i_4 \tag{4.2.22a}$$

$$p_{\mathrm{C4,gd}} = \frac{1}{4} U_\mathrm{d}^2 i_4 - \left(3\,\overset{\circ}{u}_{\mathrm{g}\alpha}{}^2 + \overset{\circ}{u}_{\mathrm{g}\beta}{}^2\right) i_4 - 2\overset{\circ}{u}_{\mathrm{g}\beta}\overset{\circ}{u}_{\mathrm{g}\alpha} i_3 \tag{4.2.22b}$$

$$p_{\mathrm{C5,gd}} = 2\overset{\circ}{u}_{\mathrm{g}\beta}\overset{\circ}{u}_{\mathrm{g}\alpha} i_3 - \left(\overset{\circ}{u}_{\mathrm{g}\alpha}{}^2 - \overset{\circ}{u}_{\mathrm{g}\beta}{}^2\right) i_4 \tag{4.2.22c}$$

verwendet werden.

Im Gegensatz zum Betrieb bei $\omega_0 \neq 0$ können die Zeitverläufe der Größen y_1, y_2, $y_5 = u_\mathrm{X}$ und y_0 nicht unabhängig voneinander gewählt werden, damit (4.2.5) bzw. (4.2.6) erfüllt ist. Dies zeigen die nachfolgenden Betrachtungen. Zu deren Vereinfachung wird der Zeitverlauf der Spannung u_X in einen mittelwertfreien Term $\tilde{u}_\mathrm{X}$ sowie einen mittelwertbehafteten Term $\bar{u}_\mathrm{X} = \langle u_\mathrm{X}, 1\rangle$ aufgeteilt

$$u_\mathrm{X} = \bar{u}_\mathrm{X} + \tilde{u}_\mathrm{X}. \tag{4.2.23}$$

Einsetzen von (4.2.23) in (4.2.21) führt mit (4.2.16), (4.2.19) auf

$$\langle \dot{y}_1, \tilde{u}_\mathrm{X} \rangle \overset{!}{=} \frac{1}{T_\eta} \int_t^{t+T_\eta} p_{\mathrm{C3,gd}} - \langle u_\mathrm{X}, u_\mathrm{X}\rangle i_3 + 2\left(\overset{\circ}{u}_{\mathrm{g}\alpha} i_3 + \overset{\circ}{u}_{\mathrm{g}\beta} i_4\right) \bar{u}_\mathrm{X} \,\mathrm{d}\tau \tag{4.2.24a}$$

$$\langle \dot{y}_2, \tilde{u}_\mathrm{X} \rangle \stackrel{!}{=} \frac{1}{T_\eta} \int_t^{t+T_\eta} p_{\mathrm{C4,gd}} - \langle u_\mathrm{X}, u_\mathrm{X} \rangle i_4 + 2 \left(u^\circ_{\mathrm{g}\beta} i_3 - u^\circ_{\mathrm{g}\alpha} i_4 \right) \bar{u}_\mathrm{X} \, \mathrm{d}\tau \tag{4.2.24b}$$

$$0 \stackrel{!}{=} \int_t^{t+T_\eta} p_{\mathrm{C5,gd}} - \frac{1}{2} \dot{y}_0 \tilde{u}_\mathrm{X} - 2 \left(u^\circ_{\mathrm{g}\beta} i_3 + u^\circ_{\mathrm{g}\alpha} i_4 \right) \bar{u}_\mathrm{X} \, \mathrm{d}\tau, \tag{4.2.24c}$$

wobei der Mittelwert von u_X^2 durch den Term $\langle u_\mathrm{X}, u_\mathrm{X} \rangle$ ausgedrückt wird.

Bei bekanntem Wert der Größe $p_{\mathrm{C5,gd}}$ folgen die Bedingungen, welche die Größen $\dot{y}_0$ und $u_\mathrm{X} = \bar{u}_\mathrm{X} + \tilde{u}_\mathrm{X}$ im stationären Betrieb erfüllen müssen aus (4.2.24c). Dabei sind allein mit dieser Forderung die Größen u_X bzw. $\dot{y}_0$ nicht eindeutig festgelegt; dazu ist eine weitere Gleichung erforderlich. Die Bedingungen, welche die Ausgangskomponenten y_1 und y_2 erfüllen müssen, sind bei bekanntem Zeitverlauf der Größe u_X durch (4.2.24a) und (4.2.24b) bestimmt.

Ein häufiger Wunsch bei praktischen Anwendungen ist $\dot{i}_0 = 0$. Dieser führt mit (3.3.17a) und (4.2.19) zu der Forderung $\ddot{y}_0 = 0$. Da $\dot{y}_0$ im stationären Betrieb mittelwertfrei sein muss, folgt $\ddot{y}_0 = \dot{y}_0 = 0$. Einsetzen von $\dot{y}_0 = 0$ in (4.2.24c) führt mit (4.2.19) zu der Anforderung an den Mittelwert $\bar{u}_\mathrm{X}$

$$\bar{u}_\mathrm{X} \stackrel{!}{=} \frac{1}{2} \frac{\langle p_{\mathrm{C5,gd}}, 1 \rangle}{u^\circ_{\mathrm{g}\beta} i_3 + u^\circ_{\mathrm{g}\alpha} i_4}. \tag{4.2.25}$$

Dabei ist zu beachten, dass diese Anforderung nicht bei allen Anwendungen realisiert werden kann. Dies folgt z. B. aus dem zulässigen Bereich der Schaltfunktionen (4.0.5c) und dem zulässigen Bereich von u_X (4.0.5d). Ob der Wunsch $\dot{y}_0 = \ddot{y}_0 = 0$ realisiert werden kann, ist demnach vom Quotienten $\frac{\langle p_{\mathrm{C5,gd}}, 1 \rangle}{u^\circ_{\mathrm{g}\beta} i_3 + u^\circ_{\mathrm{g}\alpha} i_4}$ abhängig.

Aus den Betrachtungen in diesem Abschnitt folgt, dass $\boldsymbol{\eta}$ bei geeigneter Wahl von $\mathbf{y}$ beschränkt ist. Damit stellt $\mathbf{y}$ mit Komponenten nach (3.3.15) einen geeigneten Systemausgang dar.

Anmerkung 6 *Bei $\omega_0 = 0$ gilt bei vielen Antriebsanwendungen für die Spannungen $u^\circ_{\mathrm{g}\alpha} \approx u^\circ_{\mathrm{g}\beta} \approx 0$. Dies motiviert, Produkte in den Spannungen $u^\circ_{\mathrm{g}\alpha}$, $u^\circ_{\mathrm{g}\beta}$ in* (4.2.24) *zu vernachlässigen. Bei Vernachlässigung der Produkte in den Spannungen $u^\circ_{\mathrm{g}\alpha}$, $u^\circ_{\mathrm{g}\beta}$ folgt aus dem Einsetzen von* (4.2.22) *in* (4.2.24a), (4.2.24b)

$$\langle \dot{y}_1, \tilde{u}_\mathrm{X} \rangle \approx \left\langle \frac{1}{4} U_\mathrm{d}^2 - \langle u_\mathrm{X}, u_\mathrm{X} \rangle, i_3 \right\rangle \tag{4.2.26a}$$

$$\langle \dot{y}_2, \tilde{u}_\mathrm{X} \rangle \approx \left\langle \frac{1}{4} U_\mathrm{d}^2 - \langle u_\mathrm{X}, u_\mathrm{X} \rangle, i_4 \right\rangle. \tag{4.2.26b}$$

Die geforderten Mittelwerte $\langle \dot{y}_1, \tilde{u}_X \rangle$, $\langle \dot{y}_2, \tilde{u}_X \rangle$ *werden somit maßgeblich von* $\langle u_X, u_X \rangle$ *beeinflusst. Im (theoretischen) Sonderfall* $\langle u_X, u_X \rangle = \frac{1}{4} U_d^2$ *folgt sogar* $\langle \dot{y}_1, \tilde{u}_X \rangle \approx \langle \dot{y}_2, \tilde{u}_X \rangle \approx 0$. *Allerdings bedingt* $\langle u_X, u_X \rangle = \frac{1}{4} U_d^2$ *nach* (4.2.14)

$$\max_{t \in [t, t+T_P]} \{|u_X|\} \geq \frac{1}{2} U_d. \tag{4.2.27}$$

Diese Maximalwerte können mit einem Aufbau der Module nach Abb. 1.2(a) nicht realisiert werden. Werden Submodule eingesetzt, welche an den Klemmen positive und negative Spannungen liefern können (bipolare Submodule), wie z. B. Submodule nach Abb. 1.2(b), so können Spannungen $|u_X| \geq \frac{1}{2} U_d$ *bereitgestellt werden. Dies ist auch bei der Kombination unipolarer und bipolarer Submodule möglich. Dennoch ist die Forderung* (4.2.27) *als theoretisch interessant, praktisch nur in Ausnahmefällen umsetzbar einzustufen. Die Ursache dafür ist, dass* (4.2.27) *wegen* (3.2.27) *hohe Anforderungen an den Aufbau der Last stellt, so z. B. an die Isolierung.*

4.2.3. Anmerkungen zur Bestimmung zulässiger Trajektorien

Die bisherigen Betrachtungen beziehen sich darauf, welche Anforderungen $\mathbf{y}$ erfüllen muss, damit $\boldsymbol{\eta}$ beschränkt ist. Zu beachten ist jedoch, dass damit keine Aussagen verbunden sind, ob die Anforderungen (4.0.5) erfüllt sind. Die Beschränktheit ist eine notwendige, jedoch nicht hinreichende Bedingung für (4.0.5).

Eine Möglichkeit zur Bestimmung zulässiger Trajektorien $\mathbf{y}$ bei einer gegebenen Stromrichterkonfiguration ist, für die Komponenten des Ausgangs Ansatzfunktionen zu wählen, so z. B. trigonometrische Polynome, und gültige Polynomkoeffizienten numerisch zu bestimmen. Neben (4.0.5) können dabei auch weitere Bedingungen in die Berechnung einbezogen werden. Beim Entwurf eines Stromrichters ist dessen Hardwareaufwand von den gewünschten Arbeitsregimes abhängig. Da die realisierbaren Trajektorien hier weniger Beschränkungen als bei einer gegebenen Stromrichterkonfiguration unterliegen, können Forderungen an den Verlauf ausgewählter Systemgrößen den Ausgangspunkt für die Bestimmung von Trajektorien bilden. Die Vorgehensweise in diesem Fall wird in Abschnitt 4.3 anhand zweier Sonderfälle verdeutlicht.

Sind zulässige Trajektorien $\mathbf{y}$ bekannt, so können aus diesen häufig weitere (gültige) Trajektorien durch Erweiterung um Ansatzfunktionen abgeleitet werden. Die Notwendigkeit einer Erweiterung resultiert z. B. aus dem Wunsch, Trajektorien $\mathbf{y}$, welche bei $\omega_0 = \omega_N \gg 0$ die Anforderungen (4.0.5) erfüllen, auch für $\omega_0 \in [0, \omega_N]$ zu verwenden. Ohne Modifikationen wird dies i. A. jedoch nicht möglich sein; exemplarisch wird auf die Abhängigkeit der Energieschwankung in den Kondensatoren von ω_0 beim sog. kreisstromfreien

Betrieb verwiesen [63]. Motivation für das Erweitern um „Kompensationsterme“ ist, dass der Betrieb in anderen Arbeitsregimes häufig durch wenige „kritische Terme“ verhindert wird. Beim stationären kreisstromfreien Betrieb und $\omega_0 < \omega_\mathrm{N}$ sind dies i. d. R. grundschwingungsfrequente Terme in $\dot{\eta}_1$, $\dot{\eta}_2$. Somit ist es naheliegend, die kritischen Terme durch Zusatzkomponenten in $\mathbf{y}$ zu „kompensieren“, bzw. geeignet zu beeinflussen. Unter Umständen ist dabei ein iteratives Vorgehen nötig.

4.2.3.1. Kompensation kritischer Terme durch Modifikation der ursprünglichen Trajektorien

Die nachfolgenden Betrachtungen beziehen sich auf allgemeine Überlegungen, welche bei der genannten Erweiterung zu beachten sind. Aus Gründen der besseren Lesbarkeit wird nur für die Komponenten η_1, η_2 eine Beeinflussung kritischer Terme behandelt. Diese soll durch die Ausgangskomponenten y_1 und y_2 erfolgen. Dabei erweist es sich als sinnvoll, letztere als Summen

$$y_l = y_{l\mathrm{n}} + y_{l\mathrm{k}}, \qquad l \in \{1, 2\} \tag{4.2.28}$$

darzustellen, mit den ursprünglichen Trajektorien $y_{l\mathrm{n}}$ und den Kompensationstermen $y_{l\mathrm{k}}$ zur gewünschten Beeinflussung kritischer Terme in η_1, η_2.

Die weiteren Betrachtungen werden wesentlich vereinfacht, falls $U_\mathrm{d} \gg 6L_\mathrm{d}\dot{i}_0$ vorausgesetzt werden kann. Dies ist beispielsweise im Sonderfall $L_\mathrm{d} = 0$ gegeben. Einsetzen von $L_\mathrm{d} = 0$, (3.3.17), (4.2.28) sowie (4.2.30) in (3.3.16) liefert

$$\begin{aligned}
\frac{U_\mathrm{d}}{2}\dot{\eta}_1 = {} & \frac{U_\mathrm{d}^2}{4} i_3 - \left(\left(\mathring{u}_{\mathrm{g}\alpha}\right)^2 + 3\left(\mathring{u}_{\mathrm{g}\beta}\right)^2\right) i_3 - 2\mathring{u}_{\mathrm{g}\beta}\mathring{u}_{\mathrm{g}\alpha} i_4 - \mathring{u}_{\mathrm{g}\beta}\dot{y}_0 + \mathring{u}_{\mathrm{g}\alpha}\dot{y}_{1\mathrm{n}} \\
& + \mathring{u}_{\mathrm{g}\beta}\dot{y}_{2\mathrm{n}} - u_\mathrm{X}^2 i_3 + \left(2\mathring{u}_{\mathrm{g}\alpha} i_3 + 2\mathring{u}_{\mathrm{g}\beta} i_4 - \dot{y}_{1\mathrm{n}}\right) u_\mathrm{X} \\
& + \left[\mathring{u}_{\mathrm{g}\alpha}\dot{y}_{1\mathrm{k}} + \mathring{u}_{\mathrm{g}\beta}\dot{y}_{2\mathrm{k}} - u_\mathrm{X}\dot{y}_{1\mathrm{k}}\right]
\end{aligned} \tag{4.2.29a}$$

$$\begin{aligned}
\frac{U_\mathrm{d}}{2}\dot{\eta}_2 = {} & \frac{U_\mathrm{d}^2}{4} i_4 - \left(3\left(\mathring{u}_{\mathrm{g}\alpha}\right)^2 + \left(\mathring{u}_{\mathrm{g}\beta}\right)^2\right) i_4 - 2\mathring{u}_{\mathrm{g}\beta}\mathring{u}_{\mathrm{g}\alpha} i_3 - \mathring{u}_{\mathrm{g}\alpha}\dot{y}_0 + \mathring{u}_{\mathrm{g}\beta}\dot{y}_{1\mathrm{n}} \\
& - \mathring{u}_{\mathrm{g}\alpha}\dot{y}_{2\mathrm{n}} - u_\mathrm{X}^2 i_4 + \left(2\mathring{u}_{\mathrm{g}\beta} i_3 - 2\mathring{u}_{\mathrm{g}\alpha} i_4 - \dot{y}_{2\mathrm{n}}\right) u_\mathrm{X} \\
& + \left[\mathring{u}_{\mathrm{g}\beta}\dot{y}_{1\mathrm{k}} - \mathring{u}_{\mathrm{g}\alpha}\dot{y}_{2\mathrm{k}} - u_\mathrm{X}\dot{y}_{2\mathrm{k}}\right]
\end{aligned} \tag{4.2.29b}$$

$$\begin{aligned}
\frac{U_\mathrm{d}}{2}\eta_3 = {} & 4\mathring{u}_{\mathrm{g}\beta}\mathring{u}_{\mathrm{g}\alpha} i_3 - 2\left(\left(\mathring{u}_{\mathrm{g}\alpha}\right)^2 - \left(\mathring{u}_{\mathrm{g}\beta}\right)^2\right) i_4 - 2\mathring{u}_{\mathrm{g}\beta}\dot{y}_{1\mathrm{n}} - 2\mathring{u}_{\mathrm{g}\alpha}\dot{y}_{2\mathrm{n}} \\
& - 4\left(\mathring{u}_{\mathrm{g}\beta} i_3 + \mathring{u}_{\mathrm{g}\alpha} i_4\right) u_\mathrm{X} - \dot{y}_0 u_\mathrm{X} - 2\left[\mathring{u}_{\mathrm{g}\beta} y_{1\mathrm{k}} + \mathring{u}_{\mathrm{g}\alpha} y_{2\mathrm{k}}\right].
\end{aligned} \tag{4.2.29c}$$

Dabei sind die von $\dot{y}_{l\mathrm{k}}$, $l \in \{1, 2\}$ abhängigen Terme durch eckige Klammern hervorgehoben, um die Übersichtlichkeit der Darstellung zu erhöhen.

Da der Betrieb in stationären Arbeitsregimes von besonderer Bedeutung ist, wird dieser nachfolgend weiter betrachtet. Ein interessanter Ansatz für die Terme $y_{l\mathrm{k}}$ ist

$$\dot{y}_{l\mathrm{k}} = \tilde{u}_\mathrm{X} f_{l\mathrm{k}}, \qquad l \in \{1, 2\} \tag{4.2.30}$$

mit $\tilde{u}_\mathrm{X}$ nach (4.2.23). Dieser ist u. a. dadurch motiviert, dass bei typischen Maschinenanwendungen und $\omega_0 \approx 0$ für die Spannungen $u^\circ_{\mathrm{g}\alpha}$, $u^\circ_{\mathrm{g}\beta} \approx 0$ gilt. Dies bedeutet, dass über die Produkte $u^\circ_{\mathrm{g}\alpha}\dot{y}_l$, $u^\circ_{\mathrm{g}\beta}\dot{y}_l$ nur geringe Leistungsanteile in $\dot{\eta}_l$ eingebracht werden können – oder aber $|\dot{y}_l|$ sehr große Werte annehmen muss. Im letzten Fall sind wegen (3.3.17b) und (3.3.17c) hohe Kreisstromkomponenten die Folge. Somit ist eine effektive Kompensation durch Produkte $u^\circ_{\mathrm{g}\alpha}\dot{y}_l$ und $u^\circ_{\mathrm{g}\beta}\dot{y}_l$ nicht möglich. Der Ansatz (4.2.30) kann als Modulation eines „Kompensationstermes" $f_{l\mathrm{k}}$ mit dem „Träger" $\tilde{u}_\mathrm{X}$ aufgefasst werden. Da in (4.2.29) neben den Produkten $u_\mathrm{X}\dot{y}_{l\mathrm{k}}$ auch die Produkte $u^\circ_{\mathrm{g}\alpha}\dot{y}_{l\mathrm{k}}$ und $u^\circ_{\mathrm{g}\beta}\dot{y}_{l\mathrm{k}}$ auftreten, können in einer Erweiterung von (4.2.30) zusätzliche Kompensationsterme mit $u^\circ_{\mathrm{g}\alpha}$ und $u^\circ_{\mathrm{g}\beta}$ moduliert werden.

In stationären Arbeitsregimes gilt für die Terme $u_\mathrm{X}\tilde{u}_\mathrm{X} f_{l\mathrm{k}}$, $l \in \{1, 2\}$ in (4.2.29) bei $y_{l\mathrm{k}}$ nach (4.2.30)

$$\begin{aligned} u_\mathrm{X}\tilde{u}_\mathrm{X} f_{l\mathrm{k}} &= \bar{u}_\mathrm{X}\tilde{u}_\mathrm{X} f_{l\mathrm{k}} + \tilde{u}_\mathrm{X}^2 f_{l\mathrm{k}} \\ &= \langle \tilde{u}_\mathrm{X}^2, 1\rangle f_{l\mathrm{k}} + \left[\bar{u}_\mathrm{X}\tilde{u}_\mathrm{X} f_{l\mathrm{k}} + \left(\tilde{u}_\mathrm{X}^2 - \langle \tilde{u}_\mathrm{X}^2, 1\rangle\right) f_{l\mathrm{k}}\right]. \end{aligned} \tag{4.2.31}$$

Dies folgt aus (4.2.23), (4.2.15) mit $T_\mathrm{P} = T_\mathrm{X}$, wobei $T_\mathrm{X} = \frac{2\pi}{\omega_\mathrm{X}}$ die Periodendauer von $\tilde{u}_\mathrm{X}$ bezeichnet. Die Erweiterung der Gleichung mit $\pm\langle \tilde{u}_\mathrm{X}^2, 1\rangle f_{l\mathrm{k}}$ ist für die Betrachtungen im nachfolgenden Abschnitt hilfreich. Da der erste Term des Produkts $\tilde{u}_\mathrm{X}^2 f_{l\mathrm{k}}$ mittelwertbehaftet ist, ist für $\tilde{u}_\mathrm{X} \neq 0$ mit dem zweiten Faktor von $\tilde{u}_\mathrm{X}^2 f_{l\mathrm{k}}$ eine gezielte Beeinflussung einzelner Spektralkomponenten von $\dot{\eta}_l$ – und damit auch von η_l – einfach möglich. Exemplarisch sei der Ansatz

$$f_{l\mathrm{k}} = \sum_{m=0}^{n_\mathrm{k}} a_{l,\mathrm{k}m} \sin\left(m\omega_0 t + \varphi_{l,\mathrm{k}m}\right), \quad a_{l,\mathrm{k}m} \in \mathbb{R},\ \varphi_{l,\mathrm{k}m} \in [0, 2\pi] \tag{4.2.32}$$

genannt.

4.2.3.2. Überlegungen zur Wahl von u_X in stationären Arbeitsregimes

Soll die gezielte Beeinflussung einzelner Spektralkomponenten von η_l, $l \in \{1, 2\}$ allein durch $p_{l\mathrm{k}} = \langle \tilde{u}_\mathrm{X}^2, 1\rangle f_{l\mathrm{k}}$ erfolgen, so können die Terme in den eckigen Klammern in (4.2.31) sowie die Terme $u^\circ_{\mathrm{g}\alpha}\tilde{u}_\mathrm{X} f_{l\mathrm{k}}$ und $u^\circ_{\mathrm{g}\beta}\tilde{u}_\mathrm{X} f_{l\mathrm{k}}$ in (4.2.29) als „Störterme" aufgefasst werden. Diese sind proportional zu

$$c_1 = \tilde{u}_\mathrm{X} f_{l\mathrm{k}} \tag{4.2.33a}$$

$$c_2 = \left(\tilde{u}_\mathrm{X}^2 - \langle \tilde{u}_\mathrm{X}^2, 1\rangle\right) f_{l\mathrm{k}}. \tag{4.2.33b}$$

Die Größe $\tilde{u}_X^2 - \langle \tilde{u}_X^2, 1\rangle$ in (4.2.33b) beschreibt den zeitabhängigen Anteil von $\tilde{u}_X^2$. Einsetzen von $p_{lk} = \langle \tilde{u}_X^2, 1\rangle f_{lk}$ in (4.2.33) liefert

$$c_1 = \frac{\tilde{u}_X}{\langle \tilde{u}_X^2, 1\rangle} p_{lk} \tag{4.2.34a}$$

$$c_2 = \frac{\tilde{u}_X^2 - \langle \tilde{u}_X^2, 1\rangle}{\langle \tilde{u}_X^2, 1\rangle} p_{lk}. \tag{4.2.34b}$$

Sofern $y_5 = u_X$ nicht durch andere Anforderungen festgelegt ist, ist es daher bei gefordertem Zeitverlauf der Leistungen p_{lk} naheliegend, $|\tilde{u}_X| \ll \langle \tilde{u}_X^2, 1\rangle$ und $\left|\tilde{u}_X^2 - \langle \tilde{u}_X^2, 1\rangle\right| \ll \langle \tilde{u}_X^2, 1\rangle$ zu wählen. Im theoretischen Sonderfall eines symmetrischen Rechteckverlaufs von $\tilde{u}_X = \hat{U}_X \operatorname{rect}(\omega_X t + \varphi_X)$, mit

$$\operatorname{rect}(x) = \begin{cases} 1, & \text{für } x \in [0, \pi] \\ -1, & \text{für } x \in \,]\pi, 2\pi[\end{cases}$$

$$\operatorname{rect}(x) = \operatorname{rect}(x + 2k\pi) \qquad x \in \,]0, \pi[\,, k \in \mathbb{Z}$$

gilt $\langle \tilde{u}_X^2, 1\rangle = \tilde{u}_X^2 = \hat{U}_X^2$ und $\frac{\tilde{u}_X}{\langle \tilde{u}_X^2, 1\rangle} = \frac{1}{\hat{U}_X} \operatorname{rect}(\omega_X t + \varphi_X)$. Somit folgt für die Terme in (4.2.34) $c_1 = \frac{p_{lk}}{\hat{U}_X} \operatorname{rect}(\omega_X t + \varphi_X)$ und $c_2 = 0$. Dies bedeutet, dass der Faktor c_1 durch Wahl von $\hat{U}_X$ verringert werden kann, wohingegen der Faktor c_2 unabhängig von $\hat{U}_X$ ist. Zu beachten ist jedoch, dass der genannte Sonderfall nicht realisiert werden kann, was aus (4.2.30) und (4.0.1b) bzw. (4.0.2a) folgt. Dieser Spezialfall gibt aber Hinweise für „günstige Zeitverläufe" von $\tilde{u}_X$; exemplarisch sei ein trapezförmiger Verlauf genannt.

4.3. Ausgewählte Trajektorien in stationären Arbeitsregimes und $\omega_0 \neq 0$

Für eine Trajektorienplanung der Komponenten des Ausgangs (3.3.15) ist es sinnvoll, die Differentialgleichungen (3.2.32) in Abhängigkeit der Ausgangskomponenten sowie der internen Dynamik zu notieren. Um diese kompakt darzustellen, wird eine komplexe Notation verwendet. Mit (3.3.15), (3.3.16), den in (3.2.34) verwendeten komplexen Größen und $\underline{y}_{12} = y_1 + \mathrm{j}\, y_2$, $\underline{\eta}_{12} = \eta_1 + \mathrm{j}\, \eta_2$ folgt für (3.2.32)

$$2\dot{y}_0 = U_\mathrm{d} i_0 - 4\left(u_{\mathrm{g}\beta}^{\circ} y_3 + u_{\mathrm{g}\alpha}^{\circ} y_4\right) \tag{4.3.1a}$$

$$\dot{\underline{y}}_{12} = u_{\mathrm{dc,z}} \underline{i}_{12} - y_5 \underline{y}_{34} + \mathrm{j}\, \underline{u}_\mathrm{g}^{\circ *} \underline{y}_{34}^{*} \tag{4.3.1b}$$

$$\dot{\underline{\eta}}_{12} = u_{\mathrm{dc,z}} \underline{y}_{34} + \mathrm{j}\, \underline{u}_\mathrm{g}^{\circ *} \underline{i}_{12}^{*} - \underline{u}_\mathrm{g}^{\circ} i_0 - y_5 \underline{i}_{12} \tag{4.3.1c}$$

$$\dot{\eta}_3 = -2u_{\mathrm{g}\beta}^{\circ} i_1 - 2u_{\mathrm{g}\alpha}^{\circ} i_2 - y_5 i_0. \tag{4.3.1d}$$

Der Zusammenhang zwischen den Ausgangskomponenten und den Strömen kann mit (3.3.15), (4.3.1a) sowie (4.3.1b) zu

$$U_d i_0 = 2\dot{y}_0 - 4\left(u^{\circ}_{g\beta} y_3 + u^{\circ}_{g\alpha} y_4\right) \tag{4.3.2a}$$

$$u_{dc,z}\underline{i}_{12} = \underline{\dot{y}}_{12} + y_5 \underline{y}_{34} - \mathrm{j}\,\underline{u}^{\circ *}_{g}\,\underline{y}^{*}_{34} \tag{4.3.2b}$$

$$\underline{i}_{34} = \underline{y}_{34} \tag{4.3.2c}$$

angegeben werden. Dabei sind die Größen $y_0 = z_0$ und $\eta_3 = z_5$ in (4.3.1) im Gegensatz zu (3.2.34) nicht zu einer komplexen Größe zusammengefasst, um die Übersichtlichkeit der Darstellung zu erhöhen. Aus dem gleichen Grund wurden die Ströme i_0 und $\underline{i}_{12}$ in (4.3.1c), (4.3.1d) nicht durch (4.3.2a) und (4.3.2b) ersetzt.

Bei gegebenen Trajektorien $\mathbf{y}$ und bekanntem Zeitverlauf von $u_{g\alpha}$, $u_{g\beta}$ können die Trajektorien $\boldsymbol{\eta}$ durch Integration von (4.3.1c) und (4.3.1d) bis auf Integrationskonstanten berechnet werden. Bei praktischen Anwendungen sind die (gewünschten) Trajektorien der Größen y_{3d} und y_{4d} häufig durch das geforderte Arbeitsregime der Last festgelegt; die Ausgangskomponente y_{5d} ist meist durch den Betrieb des Stromrichters bestimmt – so bei Betrieb der Last mit Grundschwingungsfrequenzen $f_0 \ll f_N$. Im Gegensatz dazu besteht bei der Wahl von y_{0d}, y_{1d}, y_{2d} innerhalb der durch die Bauelemente des Stromrichters sowie durch die Anforderungen des DC-Zwischenkreises spezifizierten Grenzen meist Wahlfreiheit.

Sind gewünschte Zeitverläufe der Ströme i_0, i_1, i_2 bekannt, so können die Trajektorien y_0, y_1, y_2 durch Integration von (4.3.1a), (4.3.1b) berechnet werden. In diesem Fall sind die Trajektorien y_0, y_1, y_2 bei bekanntem Verlauf von $\mathbf{i}$ und $y_5 = u_X$, $u_{g\alpha}$, $u_{g\beta}$ bis auf die Integrationskonstanten eindeutig festgelegt. Nach (4.3.2) sind die Ströme des M2Cs und damit der Term $\mathbf{T}_N(\mathbf{w}_{Lz} + \mathbf{w}_{Ldz})$ in (3.2.35) von den Integrationskonstanten in y_0, $\underline{y}_{12}$ und $\boldsymbol{\eta}$ unabhängig. Letztere haben aber nach (3.2.35) wegen $\mathbf{z} = (y_0, y_1, y_2, \eta_1, \eta_2, \eta_3)^T$ erheblichen Einfluss auf die kapazitiv gespeicherte Energie

$$\mathbf{w}_C = \mathbf{T}_N \mathbf{w}_{Cz} = \left(\mathbf{z} - \mathbf{T}_N\left(\mathbf{w}_{Lz} + \mathbf{w}_{Ldz}\right)\right) \tag{4.3.3}$$

und damit auf den Zeitverlauf der Kondensatorspannungen. Sollen die Integrationskonstanten mit (4.3.3) festgelegt werden, so ist es für stationäre Arbeitsregimes zweckmäßig, die Kondensatorenergien w_{Czi}, $i \in \{1, 2, \ldots, 6\}$ in einen zeitlich konstanten Anteil $\bar{w}_{Czi}$ und einen mittelwertfreien Anteil $\tilde{w}_{Czi}$ zu zerlegen

$$w_{Czi} = \bar{w}_{Czi} + \tilde{w}_{Czi}, \qquad i \in \{1, 2, \ldots, 6\}. \tag{4.3.4}$$

Einsetzen von (4.3.4), (3.2.18), (3.2.2) in (3.2.19) liefert

$$\mathbf{w}_{\mathrm{C}} = \frac{1}{6} \begin{pmatrix} \left(\sum_{i=1}^{6} \bar{w}_{\mathrm{Cz}i} + \sum_{i=1}^{6} \tilde{w}_{\mathrm{Cz}i}\right) \\ -\frac{\sqrt{3}}{2}\left(\sum_{i=3}^{4}\left(\bar{w}_{\mathrm{Cz}i} - \bar{w}_{\mathrm{Cz}(i+2)}\right) + \left(\tilde{w}_{\mathrm{Cz}i} - \tilde{w}_{\mathrm{Cz}(i+2)}\right)\right) \\ \left(\left(\bar{w}_{\mathrm{Cz1}} + \bar{w}_{\mathrm{Cz2}} - \frac{1}{2}\sum_{i=3}^{6}\bar{w}_{\mathrm{Cz}i}\right)\ldots \right. \\ \left. \ldots + \left(\tilde{w}_{\mathrm{Cz1}} + \tilde{w}_{\mathrm{Cz2}} - \frac{1}{2}\sum_{i=3}^{6}\tilde{w}_{\mathrm{Cz}i}\right)\right) \\ \frac{\sqrt{3}}{2}\left(\left(-\bar{w}_{\mathrm{Cz3}} + \bar{w}_{\mathrm{Cz4}} + \bar{w}_{\mathrm{Cz5}} - \bar{w}_{\mathrm{Cz6}}\right)\ldots \right. \\ \left. \ldots + \left(-\tilde{w}_{\mathrm{Cz3}} + \tilde{w}_{\mathrm{Cz4}} + \tilde{w}_{\mathrm{Cz5}} - \tilde{w}_{\mathrm{Cz6}}\right)\right) \\ \frac{1}{2}\left(\left(2\bar{w}_{\mathrm{Cz1}} - 2\bar{w}_{\mathrm{Cz2}} - \bar{w}_{\mathrm{Cz3}} + \bar{w}_{\mathrm{Cz4}} - \bar{w}_{\mathrm{Cz5}} + \bar{w}_{\mathrm{Cz6}}\right)\ldots \right. \\ \left. \ldots + \left(2\tilde{w}_{\mathrm{Cz1}} - 2\tilde{w}_{\mathrm{Cz2}} - \tilde{w}_{\mathrm{Cz3}} + \tilde{w}_{\mathrm{Cz4}} - \tilde{w}_{\mathrm{Cz5}} + \tilde{w}_{\mathrm{Cz6}}\right)\right) \\ \left(\sum_{i=1}^{3}\left(\bar{w}_{\mathrm{Cz}(2i-1)} - \bar{w}_{\mathrm{Cz}(2i)}\right) + \left(\tilde{w}_{\mathrm{Cz}(2i-1)} - \tilde{w}_{\mathrm{Cz}(2i)}\right)\right) \end{pmatrix}. \tag{4.3.5}$$

Diese Darstellung erleichtert eine Bestimmung der Integrationskonstanten erheblich, was aus dem Einsetzen von (3.2.1), (3.2.2), (3.2.21a), (3.2.21c), (4.3.2) und (4.3.5) in (4.3.3) folgt. Für die Bestimmung der Integrationskonstanten ist die so parametrierte Gleichung (4.3.3) in stationären Arbeitsregimes über den Zeitraum T_{P} zu integrieren, mit

$$\mathbf{y}(t) = \mathbf{y}(t + T_{\mathrm{P}}) \tag{4.3.6a}$$

$$\boldsymbol{\eta}(t) = \boldsymbol{\eta}(t + T_{\mathrm{P}}) \tag{4.3.6b}$$

$$\mathbf{T}_{\mathrm{N}}\left(\mathbf{w}_{\mathrm{Lz}}(t) + \mathbf{w}_{\mathrm{Ldz}}(t)\right) = \mathbf{T}_{\mathrm{N}}\left(\mathbf{w}_{\mathrm{Lz}}(t + T_{\mathrm{P}}) + \mathbf{w}_{\mathrm{Ldz}}(t + T_{\mathrm{P}})\right). \tag{4.3.6c}$$

Zwei interessante Spezialfälle für den stationären Betrieb des Stromrichters sind der

- kreisstromfreie Betrieb ($i_1 = i_2 = 0$) sowie der Betrieb mit
- konstanten Ausgangskomponenten y_1, y_2 ($\dot{y}_1 = \dot{y}_2 = 0$).

Während der erste Spezialfall Voraussetzung für die Minimierung der Effektivwerte der Zweigströme ist, sind beim zweiten Spezialfall die Trajektorien für y_1 und y_2 besonders einfach. Darüber hinaus ist der erforderliche Kondensatoraufwand bei $y_1 = y_2 = 0$ gegenüber dem kreisstromfreien Betrieb deutlich reduziert. Dies wird im Abschnitt 4.3.3 gezeigt.

Für die beiden genannten Spezialfälle werden nachfolgend die zugehörigen Differentialgleichungen angegeben. Zusätzlich werden für stationäre Arbeitsregimes die Trajektorien der Größe $\mathbf{z} = (y_0, y_1, y_2, \eta_1, \eta_2, \eta_3)^{\mathrm{T}}$ und $\mathbf{i}$ für den Sonderfall $\dot{i}_0 = 0$, $y_3 = i_3$, $y_4 = i_4$ nach (4.2.9) sowie

$$y_5 = u_{\mathrm{X}} = \hat{U}_{\mathrm{X}} \sin(\omega_{\mathrm{X}} t + \varphi_{\mathrm{X}}), \qquad \omega_{\mathrm{X}} \neq \omega_0 \tag{4.3.7}$$

und einem Zeitverlauf der Lastspannungen nach (4.2.10) als Formeln genannt.

Anmerkung 7 *Bei praktischen Realisierungen werden häufig Anforderungen an* $\dot{i}_0$ *gestellt, so z. B. bei HGÜ-Anwendungen, oder bei Anwendungen mit* „Common DC-Bus“. *Auch in diesem Fall kann* y_0 *bei bekanntem Verlauf von* y_3, y_4, $\dot{i}_0$ *sowie der Spannungen* $u_{\mathrm{g}\alpha}$ *und* $u_{\mathrm{g}\beta}$ *durch Integration bestimmt werden. So liefert die Differentiation von* (4.3.1a)

$$2\ddot{y}_0 = U_\mathrm{d}\dot{i}_0 + 4\left(\dot{u}^\circ_{\mathrm{g}\beta}y_3 + \dot{u}^\circ_{\mathrm{g}\alpha}y_4 + u^\circ_{\mathrm{g}\beta}\dot{y}_3 + u^\circ_{\mathrm{g}\alpha}\dot{y}_4\right); \tag{4.3.8}$$

durch zweimalige Integration von (4.3.8) *kann* y_0 *bis auf zwei Integrationskonstanten bestimmt werden. Dabei ist bei stationären Arbeitsregimes eine der beiden Integrationskonstanten durch* (4.3.6a) *eindeutig festgelegt.*

4.3.1. Fall I: Kreisstromfreier Betrieb ($i_1 = i_2 = 0$)

In diesem Spezialfall gilt $i_1 = i_2 = 0$ und (4.3.1) vereinfacht sich zu

$$2\dot{y}_0 = 2\dot{z}_0 = U_\mathrm{d}i_0 - 4\left(u^\circ_{\mathrm{g}\beta}y_3 + u^\circ_{\mathrm{g}\alpha}y_4\right) \tag{4.3.9a}$$

$$\dot{y}_1 + \mathrm{j}\,\dot{y}_2 = -y_5\underline{y}_{34} + \mathrm{j}\,\underline{u}^{\circ *}_\mathrm{g}\,\underline{y}^*_{34} \tag{4.3.9b}$$

$$\dot{\eta}_1 + \mathrm{j}\,\dot{\eta}_2 = u_{\mathrm{dc,z}}\underline{y}_{34} - \underline{u}^\circ_\mathrm{g}i_0 \tag{4.3.9c}$$

$$\dot{\eta}_3 = -y_5 i_0. \tag{4.3.9d}$$

Auffallend an (4.3.9) ist, dass die Differentialgleichungen der Komponenten von $\boldsymbol{\eta}$ sehr übersichtlich sind.

Für den Spezialfall der Lastströme nach (4.2.9), der Lastspannungen nach (4.2.10), der Spannung u_X nach (4.3.7) und $\dot{i}_0 = 0$ werden nachfolgend die Trajektorien von $\mathbf{z}$ sowie $\mathbf{i}$ angegeben. Damit die Ergebnisse einfach auf verschiedene Stromrichterkonfigurationen übertragen werden können, sind die Spannungen $\hat{U}^\circ_\mathrm{g}$, $\hat{U}_\mathrm{X}$ durch auf U_d bezogene Spannungen

$$\hat{U}^\circ_\mathrm{g} = U_\mathrm{d}\hat{u}^\circ_\mathrm{g} \tag{4.3.10a}$$

$$\hat{U}_\mathrm{X} = U_\mathrm{d}\hat{u}_\mathrm{X} \tag{4.3.10b}$$

ausgedrückt. Einsetzen von (4.2.9), (4.2.12), (4.3.7) sowie (4.3.10) in (4.3.2), (4.3.9) und Integration von (4.3.9) nach der Zeit liefert mit (4.3.8) und der Forderung $\dot{i}_0 = 0$ für die Trajektorien $\mathbf{z} = (y_0, y_1, y_2, \eta_1, \eta_2, \eta_3)^\mathrm{T}$

$$y_0 = C_{00} \tag{4.3.11a}$$

$$\begin{aligned}\underline{y}_{12} = C_{10} + \mathrm{j}\,C_{20} - \frac{U_\mathrm{d}\hat{I}_\mathrm{L}}{8\omega_0}\big(&\hat{u}^\circ_\mathrm{g}\exp(-\mathrm{j}(2\omega_0 t + \varphi_\mathrm{iL} + \varphi^\circ_\mathrm{g}))\\ &- \hat{u}_\mathrm{X}\omega_0\left((\omega_0 + \omega_\mathrm{X})^{-1}\exp(\mathrm{j}\left((\omega_0+\omega_\mathrm{X})t + \varphi_\mathrm{iL} + \varphi_\mathrm{X}\right)\right)\\ &+ (\omega_\mathrm{X} - \omega_0)^{-1}\exp(\mathrm{j}((\omega_0 - \omega_\mathrm{X})\,t + \varphi_\mathrm{iL} - \varphi_\mathrm{X})))\big)\end{aligned} \tag{4.3.11b}$$

$$\underline{\eta}_{12} = -\mathrm{j}\frac{U_\mathrm{d}\hat{I}_\mathrm{L}}{8\omega_0}\left(\left(1 - 4(\hat{u}^\circ_\mathrm{g})^2\right)\exp(\mathrm{j}(\omega_0 t + \varphi_\mathrm{iL}))\right.$$

$$- 4\left(\hat{u}_{\mathrm{g}}^{\circ}\right)^2 \exp(\mathrm{j}(\omega_0 t + 2\varphi_{\mathrm{g}}^{\circ} - \varphi_{\mathrm{iL}}))\Big) + C_{30} + \mathrm{j}\, C_{40} \tag{4.3.11c}$$

$$\eta_3 = C_{50} + \frac{U_{\mathrm{d}} \hat{I}_{\mathrm{L}}}{2\omega_{\mathrm{X}}} \hat{u}_{\mathrm{g}}^{\circ} \hat{u}_{\mathrm{X}} \big(\cos(\omega_{\mathrm{X}} t - \varphi_{\mathrm{g}}^{\circ} + \varphi_{\mathrm{iL}} + \varphi_{\mathrm{X}}) + \cos(\omega_{\mathrm{X}} t + \varphi_{\mathrm{g}}^{\circ} - \varphi_{\mathrm{iL}} + \varphi_{\mathrm{X}})\big), \tag{4.3.11d}$$

und für den Zeitverlauf der Ströme

$$i_0 = \hat{u}_{\mathrm{g}}^{\circ} \hat{I}_{\mathrm{L}} \cos(\varphi_{\mathrm{g}}^{\circ} - \varphi_{\mathrm{iL}}) \tag{4.3.12a}$$

$$\underline{i}_{12} = 0 \tag{4.3.12b}$$

$$4\underline{i}_{34} = \hat{I}_{\mathrm{L}} \exp(\mathrm{j}(\omega_0 t + \varphi_{\mathrm{iL}})). \tag{4.3.12c}$$

Durch Einsetzen von (4.3.12), (3.2.2) in (3.2.1) kann der Zeitverlauf der Zweigströme berechnet werden. Da diese bei symmetrischem Betrieb lediglich zeitlich versetzt sind, wird hier nur der Strom

$$i_{\mathrm{z1}} = \frac{\hat{I}_{\mathrm{L}}}{2} \left(\sin(\omega_0 t + \varphi_{\mathrm{iL}}) + 2\hat{u}_{\mathrm{g}}^{\circ} \cos(\varphi_{\mathrm{g}}^{\circ} - \varphi_{\mathrm{iL}})\right) \tag{4.3.13}$$

angegeben. Dieser wird auch im Abschnitt 4.3.3 benötigt.

Aus dem Einsetzen von (3.2.1), (3.2.2), (4.3.12), $i_5 = 0$, (3.2.21a), (3.2.21c) in (3.2.35) folgt

$$\mathbf{T}_{\mathrm{N}} \mathbf{w}_{\mathrm{Cz}} = \mathbf{z} - \frac{\hat{I}_{\mathrm{L}}^2}{32} L_1 \begin{pmatrix} 16\frac{L_{\mathrm{dc}}}{L_1} \left(\hat{u}_{\mathrm{g}}^{\circ} \cos(\varphi_{\mathrm{g}}^{\circ} - \varphi_{\mathrm{iL}})\right)^2 + 2 \\ - \sin(2(\omega_0 t + \varphi_{\mathrm{iL}})) \\ - \cos(2(\omega_0 t + \varphi_{\mathrm{iL}})) \\ 8\hat{u}_{\mathrm{g}}^{\circ} \cos(\varphi_{\mathrm{g}}^{\circ} - \varphi_{\mathrm{iL}}) \cos(\omega_0 t + \varphi_{\mathrm{iL}}) \\ 8\hat{u}_{\mathrm{g}}^{\circ} \cos(\varphi_{\mathrm{g}}^{\circ} - \varphi_{\mathrm{iL}}) \sin(\omega_0 t + \varphi_{\mathrm{iL}}) \\ 0 \end{pmatrix}. \tag{4.3.14}$$

Bei geforderten Werten der Energien $\bar{w}_{\mathrm{Cz}i}$, $i \in \{1, 2, \ldots, 6\}$ können die Integrationskonstanten $C_{(i-1)0}$ durch Einsetzen von $\mathbf{z} = (y_0, y_1, y_2, \eta_1, \eta_2, \eta_3)^{\mathrm{T}}$, (4.3.5), (4.3.11) in (4.3.14) und Integration über eine Periode $T_{\mathrm{P}} = 2\pi\, \mathrm{kgV}\{ \omega_0^{-1}, (2\omega_0)^{-1}, (|\omega_0 - \omega_{\mathrm{X}}|)^{-1}, (\omega_0 + \omega_{\mathrm{X}})^{-1}, \omega_{\mathrm{X}}^{-1}\}$ bestimmt werden. Um den Umfang der Darstellung zu begrenzen, werden die Ergebnisse lediglich für den praxisrelevanten Sonderfall $\bar{w}_{\mathrm{Cz}} = \bar{w}_{\mathrm{Cz}i}$, $i \in \{1, 2, \ldots, 6\}$ angegeben

$$C_{00} = \bar{w}_{\mathrm{Cz}} + \frac{\hat{I}_{\mathrm{L}}^2}{32} L_1 \left(16\frac{L_{\mathrm{dc}}}{L_1} \left(\hat{u}_{\mathrm{g}}^{\circ} \cos(\varphi_{\mathrm{g}}^{\circ} - \varphi_{\mathrm{iL}})\right)^2 + 2\right) \tag{4.3.15a}$$

$$C_{10} = C_{20} = C_{30} = C_{40} = C_{50} = 0. \tag{4.3.15b}$$

Aus $z_0 = y_0$, (4.3.4), (4.3.5), (4.3.11a), (4.3.14) sowie (4.3.15) folgt, dass die im Stromrichter kapazitiv gespeicherte (Gesamt-)Energie $\sum_{i=1}^{6} w_{\mathrm{Cz}i}$ zeitlich konstant ist.

Tabelle 4.2.: Nenndaten der Stromrichterkonfiguration[1]

DC-Bus	M2C	Last
$U_d = 6{,}6$ kV	$n = 8$	$U_{LL,N} = 4{,}16$ kV
$\Delta U_d = 0$	$C_{SM} = 7{,}04$ mF	$I_{L,N} = 600$ A
$R_d = 1$ mΩ	$R_z = 50$ mΩ	$R_g = 0{,}3$ mΩ
$L_d = 1$ mH	$L_z = 200$ µH	$L_g = 2{,}5$ mH
	$k_{12} = 1$	$f_N = 50$ Hz

Exemplarische Zeitverläufe von Strömen, Schaltfunktionen und Kondensatorspannungen im Zweig 1 sind in Abb. 4.5 für eine Stromrichterkonfiguration nach Tabelle 4.2 zu sehen. Zusätzlich sind in dieser Darstellung die zugehörigen Zeitverläufe der Klemmenspannung des Submoduls sowie der Energieinhalt und die Energieänderung des Submodulkondensators enthalten. Da bei symmetrischem Betrieb die Zeitverläufe der korrespondierenden Größen in den Zweigen lediglich zeitlich versetzt sind, sind die übrigen Zeitverläufe aus Gründen der besseren Übersicht nicht angegeben. Die Zeitverläufe wurden mit (3.1.7), (3.2.1), (3.2.2), (3.2.6a), $\mathbf{z} = (y_0, y_1, y_2, z_3, z_4, z_5)^T$, $i_5 = 0$, (3.2.23), (3.2.29), (3.2.30), (3.3.13) und (4.3.4), (4.3.11), (4.3.12), (4.3.14), (4.3.15), $p_{Cz1} = u_{z1} i_{z1} s_{z1}$, (4.2.11) berechnet.

Da die verketteten Lastspannungen als konstant gewählt wurden, wurden die Parameter der Gegenspannungen für jeden Lastwinkel

$$\varphi_L = \varphi_U - \varphi_{iL} \tag{4.3.16}$$

mit

$$\underline{\hat{U}}_g = \sqrt{2} U_{1N} \exp(j\,\varphi_U) - (R_g + j\,\omega_0 L_g)\,\hat{I}_L \exp(j\,\varphi_{iL}), \tag{4.3.17}$$

$\varphi_g = \arg(\underline{U}_g)$, $\hat{U}_g = \sqrt{2}\,|\underline{U}_g|$ und $U_{LL} = \sqrt{3} U_{1N}$, (4.3.16) bestimmt. Die Gleichung (4.3.17) folgt aus (3.1.4c), (4.2.7), (4.2.8). Der Mittelwert der Kondensatorenergie in den Zweigen wurde zu

$$\bar{w}_{Cz} = \frac{1}{2} C U_d^2 + 1{,}3 \frac{\sqrt{2} U_d I_{L,N}}{4\omega_N} \tag{4.3.18}$$

[1] Die Submodulkapazität des Stromrichters wurde so berechnet, dass die Kondensatorspannungen der Submodule bei stationärem kreisstromfreiem Betrieb für $\omega_0 = \omega_N = 2\pi f_N$, $\varphi_L \in [0, 2\pi]$, $I_L \in [0, I_{L,N}]$ innerhalb der Spannungsgrenzen $U_{u,SM} = \frac{1}{n} U_d$, $U_{o,SM} = 1045$ V liegen. Eine weitere Randbedingung ist, dass die zeitlichen Mittelwerte der Kondensatorenergien $\bar{w}_{Czi}$, $i \in \{1, 2, \ldots, 6\}$ nicht in Abhängigkeit des Arbeitsregimes der Last geändert werden müssen. Der Kapazitätswert in Tabelle 4.2 entspricht der minimal geforderten Submodulkapazität – Reserven wurden nicht berücksichtigt. Die Dimensionierungsformel ist in Abschnitt 4.3.3 angegeben.

gewählt, mit $\omega_\mathrm{N} = 2\pi f_\mathrm{N}$. Durch den zweiten Term wird sichergestellt, dass die Submodulkondensatorspannungen auch bei rein kapazitiver Last den Spannungswert U_d nicht unterschreiten. Die Parameter von y_5 sind $\hat{U}_\mathrm{X} = \frac{1}{6}\hat{U}_\mathrm{LN}$, $\omega_\mathrm{X} = 3\omega_0$ und $\varphi_\mathrm{X} = 3\varphi_\mathrm{U}$.

Auffallend an den Zeitverläufen von $\tilde{w}_\mathrm{Cz1}$ ist, dass die Extremwerte bei $\varphi_\mathrm{L} = 0$, $\varphi_\mathrm{L} = \pi$ gleichen Abstand von der Nulllinie haben, während sich die Abstände bei $\varphi_\mathrm{L} = \pm\frac{\pi}{2}$ stark voneinander unterscheiden. Wie in Abschnitt 4.3.3 gezeigt wird, hat diese Eigenschaft Auswirkungen auf den Kondensatoraufwand bzw. die Wahl von $\bar{w}_{\mathrm{Cz}i}$.

4.3.2. Fall II: Konstante Ausgangskomponenten y_1, y_2

Im Fall konstanter Ausgangskomponenten y_1 und y_2 vereinfacht sich (4.3.1) zu

$$2\dot{y}_0 = U_\mathrm{d} i_0 - 4\left(u^\circ_{\mathrm{g}\beta} y_3 + u^\circ_{\mathrm{g}\alpha} y_4\right) \tag{4.3.19a}$$

$$\dot{y}_1 + \mathrm{j}\,\dot{y}_2 = 0 \tag{4.3.19b}$$

$$\dot{\eta}_1 + \mathrm{j}\,\dot{\eta}_2 = u_\mathrm{dc,z}\underline{y}_{34} + \mathrm{j}\,\underline{u}^{\circ *}_\mathrm{g}\,\underline{i}^*_{12} - \underline{u}^\circ_\mathrm{g} i_0 - y_5 \underline{i}_{12} \tag{4.3.19c}$$

$$\dot{\eta}_3 = -2u^\circ_{\mathrm{g}\beta} i_1 - 2u^\circ_{\mathrm{g}\alpha} i_2 - y_5 i_0, \tag{4.3.19d}$$

mit dem komplexen Kreisstrom

$$\underline{i}_{12} = i_1 + \mathrm{j}\, i_2 = \frac{1}{u_\mathrm{dc,z}}\left(y_5 \underline{y}_{34} - \mathrm{j}\,\underline{u}^{\circ *}_\mathrm{g}\,\underline{y}^*_{34}\right). \tag{4.3.20}$$

Nachfolgend werden die Trajektorien von $\mathbf{z}$ und $\mathbf{i}$ bei einem Zeitverlauf der Lastströme nach (4.2.9), der Lastspannungen nach (4.2.10), der Spannung u_X nach (4.3.7) sowie $\dot{i}_0 = 0$ angegeben. Einsetzen von (4.2.9), (4.2.12), (4.3.7), (4.3.10) in (4.3.19), (4.3.20) und Integration von (4.3.19) nach der Zeit liefert mit (4.3.8) und der Forderung $\dot{i}_0 = 0$

$$y_0 = C_{00} \tag{4.3.21a}$$

$$y_1 = C_{10} \tag{4.3.21b}$$

$$y_2 = C_{20} \tag{4.3.21c}$$

$$\begin{aligned}
\underline{\eta}_{12} = {} & C_{30} + \mathrm{j}\,C_{40} - \mathrm{j}\,\frac{U_\mathrm{d}\hat{I}_\mathrm{L}}{8\omega_0}\Bigg(\left(1 - 8\left(\hat{u}^\circ_\mathrm{g}\right)^2 - 2\hat{u}^2_\mathrm{X}\right)\exp(\mathrm{j}(\omega_0 t + \varphi_\mathrm{iL})) \\
& - 4\left(\hat{u}^\circ_\mathrm{g}\right)^2 \exp(\mathrm{j}(\omega_0 t + 2\varphi^\circ_\mathrm{g} - \varphi_\mathrm{iL})) + \frac{4\hat{u}^\circ_\mathrm{g}\hat{u}_\mathrm{X}\omega_0}{(\omega^2_\mathrm{X} - 4\omega^2_0)}\Big(\\
& \exp(-\mathrm{j}((\omega_\mathrm{X} + 2\omega_0)t + \varphi_\mathrm{X} + \varphi^\circ_\mathrm{g} + \varphi_\mathrm{iL}))(\omega_\mathrm{X} - 2\omega_0) \\
& + \exp(\mathrm{j}((\omega_\mathrm{X} - 2\omega_0)t + \varphi_\mathrm{X} - (\varphi^\circ_\mathrm{g} + \varphi_\mathrm{iL})))(\omega_\mathrm{X} + 2\omega_0)\Big) \\
& - \frac{\hat{u}^2_\mathrm{X}\omega_0}{(4\omega^2_\mathrm{X} - \omega^2_0)}\big(\exp(\mathrm{j}((\omega_0 - 2\omega_\mathrm{X})t + \varphi_\mathrm{iL} - 2\varphi_\mathrm{X}))(\omega_0 + 2\omega_\mathrm{X})
\end{aligned}$$

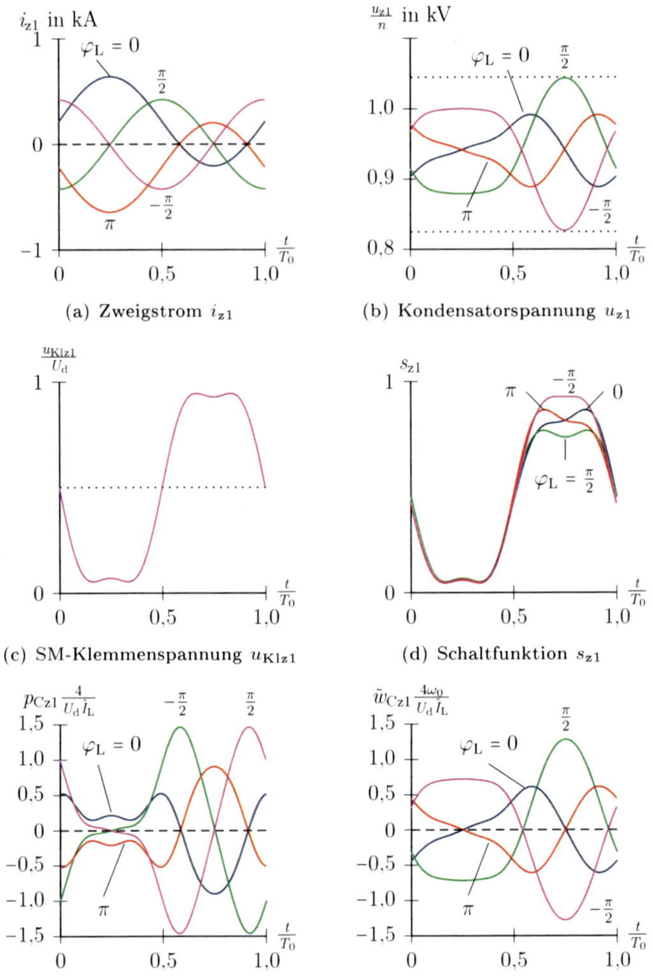

(a) Zweigstrom i_{z1}

(b) Kondensatorspannung u_{z1}

(c) SM-Klemmenspannung u_{Klz1}

(d) Schaltfunktion s_{z1}

(e) SM-Klemmenleistung $p_{Cz1} = u_{z1} i_{z1} s_{z1}$

(f) SM-Kondensatorenergie $\tilde{w}_{Cz1} = w_{Cz1} - \bar{w}_{Cz1}$

Abb. 4.5.: Sonderfall kreisstromfreier Betrieb: Zeitverlauf ausgewählter Größen im Zweig 1. Parameter: Lastwinkel $\varphi_L \in \left\{0, \frac{\pi}{2}, \pi, -\frac{\pi}{2}\right\}$, $\varphi_U = 0$, $I_L = I_{L,N}$, $U_{LL} = U_{LL,N}$, $f_0 = 50\,\text{Hz}$, Modulation der Gleichtaktspannung mit dritter Harmonischer. Auslegungsgrenzen der Kondensatorspannung – punktierte Linien.

$$+ \exp(\mathrm{j}((\omega_0 + 2\omega_\mathrm{X})t + \varphi_\mathrm{iL} + 2\varphi_\mathrm{X}))(\omega_0 - 2\omega_\mathrm{X}))\Big) \tag{4.3.21d}$$

$$\eta_3 = C_{50} - \frac{U_\mathrm{d}\hat{I}_\mathrm{L}}{3\omega_0\omega_\mathrm{X}}\Big(\left(\hat{u}_\mathrm{g}^\circ\right)^2 \omega_\mathrm{X}\cos(3\omega_0 t + 2\varphi_\mathrm{g}^\circ + \varphi_\mathrm{iL})$$

$$- 6\omega_0\hat{u}_\mathrm{X}\hat{u}_\mathrm{g}^\circ\cos(\varphi_\mathrm{g}^\circ - \varphi_\mathrm{iL})\cos(\omega_\mathrm{X} t + \varphi_\mathrm{X})\Big); \tag{4.3.21e}$$

der Zeitverlauf der Ströme wird durch

$$i_0 = \hat{u}_\mathrm{g}^\circ \hat{I}_\mathrm{L}\cos(\varphi_\mathrm{g}^\circ - \varphi_\mathrm{iL}) \tag{4.3.22a}$$

$$4\underline{i}_{12} = -\mathrm{j}\,\hat{I}_\mathrm{L}\big(2\hat{u}_\mathrm{g}^\circ\exp(-\mathrm{j}(2\omega_0 t + \varphi_\mathrm{iL} + \varphi_\mathrm{g}^\circ)) + \hat{u}_\mathrm{X}(\exp(\mathrm{j}((\omega_0 + \omega_\mathrm{X})t$$

$$+ \varphi_\mathrm{iL} + \varphi_\mathrm{X})) - \exp(\mathrm{j}((\omega_0 - \omega_\mathrm{X})t + \varphi_\mathrm{iL} - \varphi_\mathrm{X}))))\big) \tag{4.3.22b}$$

$$4\underline{i}_{34} = \hat{I}_\mathrm{L}\exp(\mathrm{j}(\omega_0 t + \varphi_\mathrm{iL})) \tag{4.3.22c}$$

beschrieben. Die Trajektorien gelten unter der Voraussetzung $\omega_\mathrm{X} \neq 2\omega_0$. Durch Einsetzen von (4.3.22), (3.2.2) in (3.2.1) kann der Zeitverlauf der Zweigströme berechnet werden. Da diese bei symmetrischem Betrieb lediglich zeitlich versetzt sind, wird hier nur der Strom

$$i_\mathrm{z1} = \frac{\hat{I}_\mathrm{L}}{2}\big(\sin(\omega_0 t + \varphi_\mathrm{iL}) + 2\hat{u}_\mathrm{g}^\circ\left(\cos(\varphi_\mathrm{g}^\circ - \varphi_\mathrm{iL}) - \cos(2\omega_0 t + \varphi_\mathrm{iL} + \varphi_\mathrm{g}^\circ)\right)$$

$$- \hat{u}_\mathrm{X}\left(\cos\left((\omega_0 + \omega_\mathrm{X})\,t + \varphi_\mathrm{X} + \varphi_\mathrm{iL}\right) - \cos\left((\omega_\mathrm{X} - \omega_0)\,t + \varphi_\mathrm{X} - \varphi_\mathrm{iL}\right)\right)\big) \tag{4.3.23}$$

angegeben. Dieser Zeitverlauf wird im Abschnitt 4.3.3 benötigt.

Durch Einsetzen von (3.2.1), (3.2.2), (4.3.22), $i_5 = 0$, (3.2.21a), (3.2.21c) in (3.2.35) kann die Größe $\mathbf{x} = \mathbf{z} - \mathbf{T}_\mathrm{N}\mathbf{w}_\mathrm{Cz}$ berechnet werden. Diese ist auf Seite 143 im Anhang angegeben. Aus (B.0.2a), $y_0 = z_0 = C_{00}$ und (B.0.1) folgt, dass die im Stromrichter kapazitiv gespeicherte Energie $\sum_{i=1}^{6} w_{\mathrm{Cz}i} = 6\,(\mathrm{T}_\mathrm{N}\mathbf{w}_\mathrm{Cz})\,\mathbf{e}_1$, mit $\mathbf{e}_1 = (1,0,0,0,0,0)^\mathrm{T}$ in stationären Arbeitsregimes nicht zeitlich konstant ist. Häufig ist C_{00} wesentlich größer, als die erste Komponente von $\mathbf{x}$; so z. B. bei typischen Mittelspannungsanwendungen. In diesen Fällen kann die im M2C kapazitiv gespeicherte Energie als (näherungsweise) konstant angesehen werden kann.

Durch Einsetzen von (3.2.19), (4.3.5), (4.3.21), (B.0.2), $\mathbf{z} = (y_0, y_1, y_2, \eta_1, \eta_2, \eta_3)^\mathrm{T}$ in (B.0.1) und Integration über eine Periode

$$T_\mathrm{P} = 2\pi\,\mathrm{kgV}\left\{\omega_0^{-1}, (2\omega_0)^{-1}, (3\omega_0)^{-1}, (4\omega_0)^{-1}, \omega_\mathrm{X}^{-1}, (|\omega_0 \pm \omega_\mathrm{X}|)^{-1},\right.$$

$$(2\,|\omega_0 \pm \omega_\mathrm{X}|)^{-1}, (|\omega_0 \pm 2\omega_\mathrm{X}|)^{-1}, (2\,|\omega_\mathrm{X} \pm \omega_0|)^{-1},$$

$$\left.(3\omega_0 + \omega_\mathrm{X})^{-1}, (|3\omega_0 - \omega_\mathrm{X}|)^{-1}\right\}$$

können bei geforderten Werten der Energien $\bar{w}_{Czi}$, $i \in \{1, 2, \ldots, 6\}$ die Integrationskonstanten $C_{(i-1)0}$ bestimmt werden. Um den Umfang der Darstellung zu begrenzen, werden die Ergebnisse lediglich für den praxisrelevanten Sonderfall $\bar{w}_{Cz} = \bar{w}_{Czi}$, $i \in \{1, 2, \ldots, 6\}$ angegeben

$$C_{00} = \frac{\hat{I}_L^2}{16} L_1 \Bigg(-\frac{8}{T_P} \hat{u}_g^\circ \hat{u}_X \int_{t-T_P}^{t} \sin(3\omega_0 t + 2\varphi_{iL} + \varphi_g^\circ) \sin(\omega_X t + \varphi_X) \, dt$$
$$+ \left(1 + 4\left(\hat{u}_g^\circ\right)^2 + 2\hat{u}_X^2\right) + 4\left(\hat{u}_g^\circ\right)^2 \frac{L_{dc}}{L_1} (1 + \cos(2(\varphi_{iL} - \varphi_g^\circ))) \Bigg) + \bar{w}_{Cz} \tag{4.3.24a}$$

$$C_{10} = C_{20} = C_{30} = C_{40} = C_{50} = 0. \tag{4.3.24b}$$

Exemplarische Zeitverläufe von Strömen, Schaltfunktionen und Kondensatorspannungen im Zweig 1 sind in Abb. 4.6, für eine Stromrichterkonfiguration nach Tabelle 4.2 zu sehen. Zusätzlich sind die zugehörigen Zeitverläufe der Klemmenspannung des Submoduls, sowie der Energieinhalt und die Energieänderung des Submodulkondensators enthalten. Da bei symmetrischem Betrieb die Zeitverläufe der korrespondierenden Größen in den Zweigen lediglich zeitlich versetzt sind, sind die übrigen Zeitverläufe aus Übersichtsgründen nicht angegeben. Die Zeitverläufe wurden mit (3.1.7), (3.2.1), (3.2.2), (3.2.6a), $\mathbf{z} = (y_0, y_1, y_2, z_3, z_4, z_5)^T$, $i_5 = 0$, (3.2.23), (3.2.29), (3.2.30), (3.3.13), (4.3.4), (4.3.21), (4.3.22), (B.0.2), (4.3.24), $p_{Cz1} = u_{z1} i_{z1} s_{z1}$ und (4.2.11) berechnet. Für jeden Lastwinkel φ_L wurden die Parameter der Gegenspannungen der Last mit (4.3.16) sowie (4.3.17) bestimmt. Der Mittelwert der Kondensatorenergie in den Zweigen wurde analog zu (4.3.18) gewählt. Die Parameter von y_5 betragen $\hat{U}_X = \frac{1}{6}\hat{U}_{LN}$, $\omega_X = 3\omega_0$ und $\varphi_X = 3\varphi_U$.

4.3.3. Vergleich charakteristischer Größen

Werden Stromrichter für einen Betrieb mit Trajektorien nach Abschnitt 4.3.1 oder Abschnitt 4.3.2 ausgelegt, so unterscheiden sich diese im Leistungsteil, so z. B. im Kondensatoraufwand, i. d. R. erheblich. Mögliche Kenngrößen zum Vergleich sind typische Systemkosten und Baugrößen der Stromrichter sowie Verluste bzw. Wirkungsgrade in unterschiedlichen Arbeitsregimes der Last. Jedoch setzt ein auf diesen Größen basierender Vergleich Kenntnis der eingesetzten Bauteile und der Arbeitsregimes voraus. Nachteilig ist auch, dass die Ergebnisse nur auf ähnliche Konfigurationen bei gleichen Arbeitsregimes übertragen werden können.

Aus diesem Grund erfolgt hier kein quantitativer Vergleich anhand der genannten Kenngrößen, sondern ein qualitativer Vergleich ausgewählter Größen, welche den Hardwareaufwand maßgeblich beeinflussen. Solche charak-

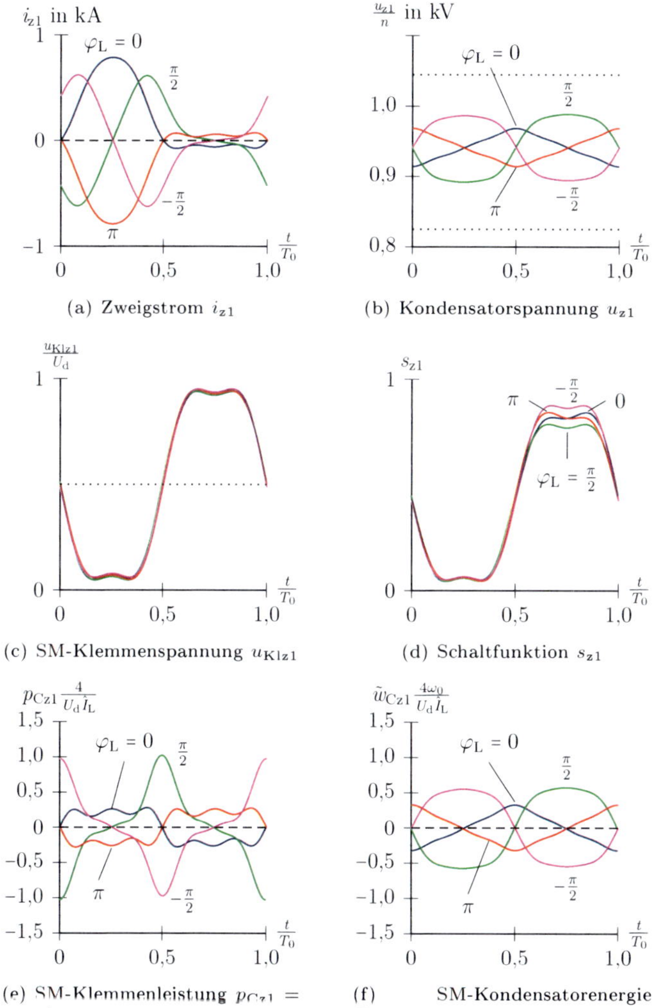

(a) Zweigstrom i_{z1}

(b) Kondensatorspannung u_{z1}

(c) SM-Klemmenspannung u_{Klz1}

(d) Schaltfunktion s_{z1}

(e) SM-Klemmenleistung $p_{Cz1} = u_{Cz1} i_{z1} s_{z1}$

(f) SM-Kondensatorenergie $\tilde{w}_{Cz1} = w_{Cz1} - \bar{w}_{Cz1}$

Abb. 4.6.: Spezialfall $y_1 = y_2 = 0$: Zeitverlauf ausgewählter Größen im Zweig 1. Parameter: Lastwinkel $\varphi_L \in \left\{0, \frac{\pi}{2}, \pi, -\frac{\pi}{2}\right\}$, $\varphi_U = 0$, $I_L = I_{L,N}$, $U_{LL} = U_{LL,N}$, $f_0 = 50\,\text{Hz}$, Modulation der Gleichtaktspannung mit dritter Harmonischer. Auslegungsgrenzen der Kondensatorspannung – punktierte Linien.

teristische Größen sind das Betragsmaximum der Zweigströme $\hat{I}_\mathrm{z}$ und der Effektivwert der Zweigströme I_z

$$\hat{I}_\mathrm{z} = \hat{I}_{\mathrm{z}i} = \max_{t \in [0, T_\mathrm{P}]} |i_{\mathrm{z}i}(t)| \tag{4.3.25a}$$

$$I_\mathrm{z} = I_{\mathrm{z}i} = \sqrt{\frac{1}{T_\mathrm{P}} \int_0^{T_\mathrm{P}} i_{\mathrm{z}i}^2(\tau)\,\mathrm{d}\tau}, \tag{4.3.25b}$$

$i \in \{1, 2, \dots, 6\}$. Diese stellen relevante Größen für die Dimensionierung der Zweigdrosseln dar und können auch für eine Grobauslegung der Halbleiter verwendet werden. Bei der Definition von $\hat{I}_\mathrm{z}$, I_z wird vorausgesetzt, dass sich jeweils die Größen $\hat{I}_{\mathrm{z}i}$ und $\hat{I}_{\mathrm{z}j}$, $i \neq j$, $i, j \in \{1, 2, \dots, 6\}$ sowie $I_{\mathrm{z}i}$ und $I_{\mathrm{z}j}$ nicht unterscheiden. Dies ist bei einem symmetrischen Betrieb des Stromrichters gegeben. Für den kreisstromfreien Betrieb können die genannten Vergleichsgrößen mit (4.3.13), (4.3.25) sogar formal berechnet werden

$$\hat{I}_\mathrm{z} = \frac{\hat{I}_\mathrm{L}}{2} \max\left\{\left|\pm 1 + 2\hat{u}_\mathrm{g}^\circ \cos(\varphi_\mathrm{g}^\circ - \varphi_\mathrm{iL})\right|\right\} \tag{4.3.26a}$$

$$I_\mathrm{z} = \hat{I}_\mathrm{L} \frac{\sqrt{2}}{4} \sqrt{1 + 8\left(\hat{u}_\mathrm{g}^\circ \cos\left(\varphi_\mathrm{g}^\circ - \varphi_\mathrm{iL}\right)\right)^2}. \tag{4.3.26b}$$

Im Gegensatz dazu konnte für das Betragsmaximum der Zweigströme bei $y_1 = y_2 = 0$ keine einfache analytische Lösung gefunden werden. Dies gilt auch für den praxisrelevanten Sonderfall $\omega_\mathrm{X} = 3\omega_0$. Allerdings kann mit (4.3.25a), (4.3.23) eine obere Abschätzung für das Betragsmaximum angegeben werden

$$0 \leq \hat{I}_\mathrm{z} \leq \frac{\hat{I}_\mathrm{L}}{2} \left(\max\left\{\left|\pm 1 + 2\hat{u}_\mathrm{g}^\circ \cos(\varphi_\mathrm{g}^\circ - \varphi_\mathrm{iL})\right|\right\} + 2\left(\hat{u}_\mathrm{g}^\circ + \hat{u}_\mathrm{X}\right)\right). \tag{4.3.27}$$

Der Effektivwert der Zweigströme im Sonderfall $\omega_\mathrm{X} = 3\omega_0$ folgt mit (4.3.25b), (4.3.23) zu

$$I_\mathrm{z} = \frac{\sqrt{2}}{4} \hat{I}_\mathrm{L} \sqrt{1 + 2\hat{u}_\mathrm{X}^2 + 4\left(\hat{u}_\mathrm{g}^\circ\right)^2 \left(2 + \cos\left(2\left(\varphi_\mathrm{g}^\circ - \varphi_\mathrm{iL}\right)\right)\right) \cdots}$$
$$\overline{\cdots - 4\hat{u}_\mathrm{X}\hat{u}_\mathrm{g}^\circ \cos(\varphi_\mathrm{X} - 2\varphi_\mathrm{iL} - \varphi_\mathrm{g}^\circ)}. \tag{4.3.28}$$

Für die beiden genannten Spezialfälle sind die Größen $\hat{I}_\mathrm{z}$ und I_z für ausgewählte Leiter-Sternpunktspannungen $\hat{U}_\mathrm{LN} = \hat{U}_{k\mathrm{N}}$, $k \in \{1, 2, 3\}$ in Abb. 4.7 zu sehen. Damit die Graphiken für viele Stromrichterkonfigurationen anwendbar sind, sind diese nicht mit Leiterspannungen $\hat{U}_\mathrm{LN}$, sondern mit bezogenen Leiterspannungen $\hat{u}_\mathrm{LN} = \frac{\hat{U}_\mathrm{LN}}{U_\mathrm{d}}$ parametriert. Die mit (4.3.25), (4.3.12), bzw. (4.3.22), (3.2.1), (3.2.2), $\underline{i}_{12} = i_1 + \mathrm{j}\, i_2$, $\underline{i}_{34} = i_3 + \mathrm{j}\, i_4$, $i_5 = 0$, $U_\mathrm{1N} = U_\mathrm{LN}$,

(4.3.17), (4.3.16) und (4.2.11) berechneten Ergebnisse gelten für ein Stromrichtermodell mit Daten nach Tabelle 4.2 unter Vernachlässigung der Verluste und den Parametern $\hat{U}_X = \frac{1}{6}\hat{U}_{LN}$, $\omega_X = 3\omega_0$, $\varphi_X = 3\varphi_U$.

Um die Unterschiede der Maximal- und Effektivwerte der Zweigströme zwischen den beiden Spezialfällen hervorzuheben, sind in dieser Darstellung auch die relativen Größen $\delta I_z = \left(I_{z(II)} - I_{z(I)}\right) I_{z(I)}^{-1}$, $\delta \hat{I}_z = \left(\hat{I}_{z(II)} - \hat{I}_{z(I)}\right) \hat{I}_{z(I)}^{-1}$ enthalten. Dabei beziehen sich die Größen mit Index (I) auf den kreisstromfreien Betrieb, mit Index (II) auf den Fall $y_1 = y_2 = 0$. Aus Abb. 4.7(c), Abb. 4.7(f) folgt, dass bei $y_1 = y_2 = 0$ nicht nur die Effektivwerte der Zweigströme, sondern auch deren Betragsmaxima stets größer als die des kreisstromfreien Betriebs sind. Während die Betragsmaxima bei $2\hat{u}_{LN} < 1{,}1$ um ca. 50 % erhöht sein können, sind die Effektivwerte der Zweigströme um bis zu 20 % größer.

Neben den Betragsmaxima und Effektivwerten der Zweigströme sind die Extrema der zeitabhängigen Anteile der Kondensatorenergien

$$\tilde{w}_{Max} = \tilde{w}_{Max,Czi} = \max_{t\in[0,T_0]} \tilde{w}_{Czi}(t) \tag{4.3.29a}$$

$$\tilde{w}_{Min} = \tilde{w}_{Min,Czi} = \min_{t\in[0,T_0]} \tilde{w}_{Czi}(t) \tag{4.3.29b}$$

und die davon abgeleiteten Größen

$$\Delta W = \tilde{w}_{Max} - \tilde{w}_{Min} \tag{4.3.30a}$$

$$2\bar{W} = \tilde{w}_{Max} + \tilde{w}_{Min} \tag{4.3.30b}$$

weitere interessante Vergleichsgrößen. Diese haben nach [11] maßgeblichen Einfluss auf den Kondensatoraufwand eines Stromrichters. Es wird darauf hingewiesen, dass die Definitionen in (4.3.29) und (4.3.30) unter der Voraussetzung gelten, dass sich die zugeordneten Zweiggrößen nicht unterscheiden. Im Gegensatz zu den Vergleichsgrößen nach (4.3.25) konnten die Vergleichsgrößen nach (4.3.29) bzw. (4.3.30) nur in wenig relevanten Sonderfällen formal berechnet werden – und sind daher nicht angegeben. Jedoch können diese mit den Ergebnissen aus Abschnitt 4.3.1, Abschnitt 4.3.2 mit geringem Aufwand numerisch berechnet werden.

Um die Übersichtlichkeit der Darstellung zu erhöhen, werden an dieser Stelle wichtige Ergebnisse aus [11] angeführt. Nach [11] kann der (Submodul-) Kondensatoraufwand einfach berechnet werden, sofern die Kondensatorspannungen innerhalb fester, vom Arbeitsregime unabhängiger Spannungsgrenzen

$$U_u \leq u_{zi} \leq U_o, \qquad i \in \{1, 2, \ldots, 6\} \tag{4.3.31}$$

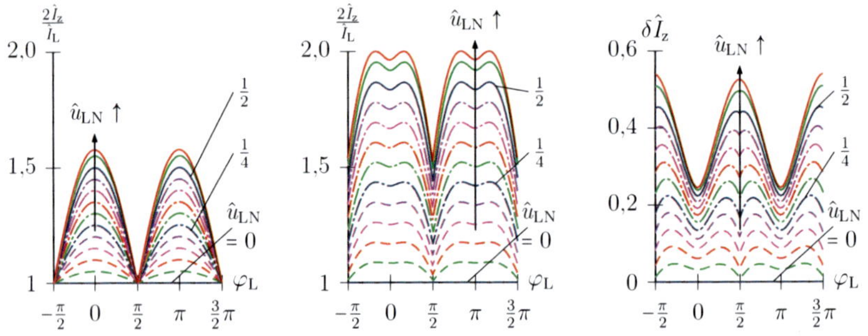

(a) Fall I: Betragsmaximum der Zweigströme $\hat{I}_\mathrm{z}$

(b) Fall II: Betragsmaximum der Zweigströme $\hat{I}_\mathrm{z}$

(c) Relative Differenz der Betragsmaxima $\delta\hat{I}_\mathrm{z}$

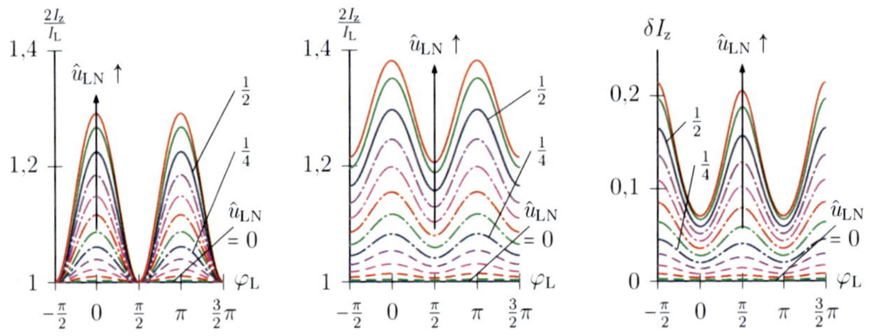

(d) Fall I: Effektivwert der Zweigströme I_z

(e) Fall II: Effektivwert der Zweigströme I_z

(f) Relative Differenz der Effektivwerte δI_z

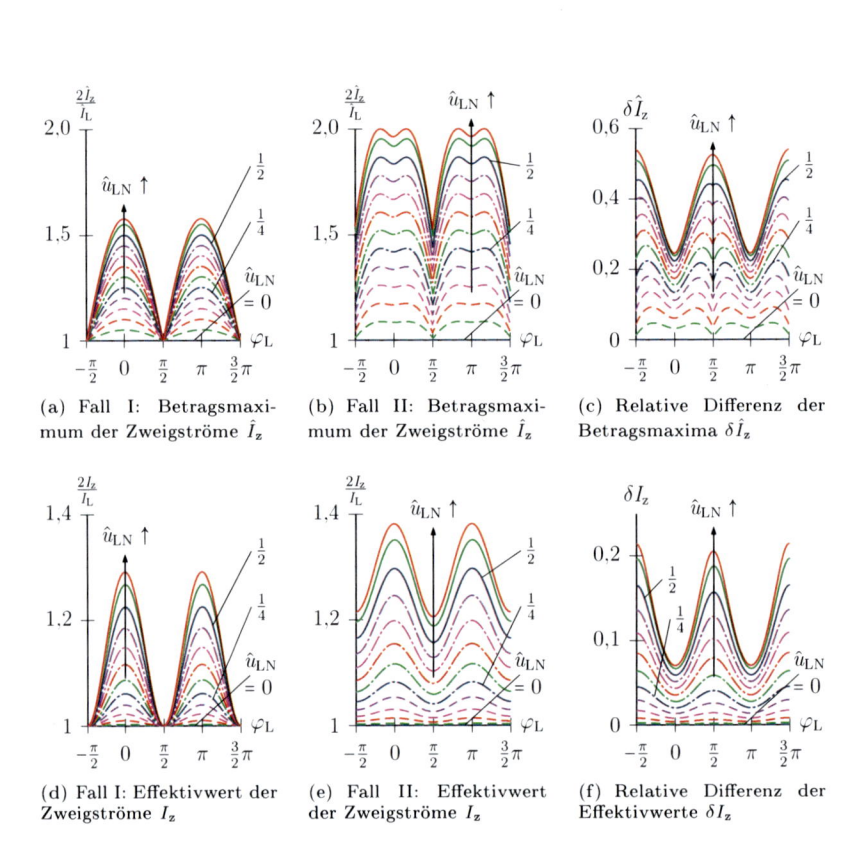

Abb. 4.7.: Maximalwerte des Betrags $\hat{I}_\mathrm{z}$ der Zweigströme und der Effektivwerte I_z der Zweigströme in Abhängigkeit des Lastwinkels φ_L für die Spezialfälle des kreisstromfreien Betriebs (Fall I) und des Betriebs mit $y_1 = y_2 = 0$ (Fall II). Zusätzlich sind deren relative Differenzen $\delta I_\mathrm{z} = I_{\mathrm{z(II)}} I_{\mathrm{z(I)}}^{-1} - 1$, $\delta \hat{I}_\mathrm{z} = \hat{I}_{\mathrm{z(II)}} \hat{I}_{\mathrm{z(I)}}^{-1} - 1$ mit angegeben. Parameter: $\frac{\hat{U}_\mathrm{LN}}{U_\mathrm{d}} = \hat{u}_\mathrm{LN} \in \frac{1}{2}\frac{1}{10}\left\{0, 1, \ldots, 11, \frac{20}{3}\sqrt{3}\right\}$.

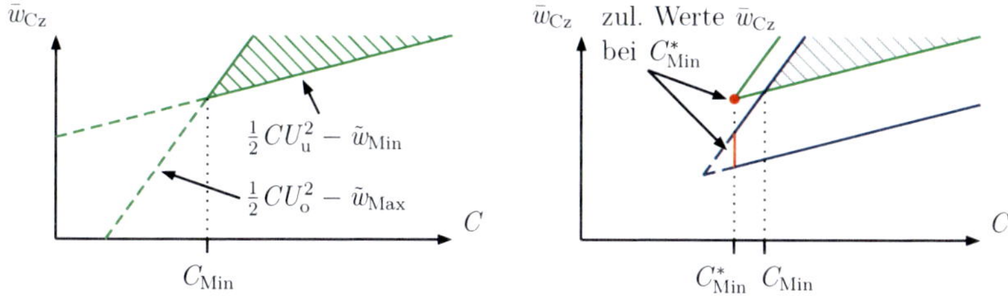

(a) Für ein stationäres Arbeitsregime: zulässiger Bereich grün schraffiert; minimale Kapazität C_{Min} gekennzeichnet

(b) Für zwei verschiedene stationäre Arbeitsregimes: grau schraffiertes Gebiet falls $\bar{w}_{\mathrm{z}}$ nicht an das aktuelle Arbeitsregime angepasst wird. Sonst für $C \geq C^*_{\mathrm{Min}}$ für jedes AR analog zu Abb. 4.8(a).

Abb. 4.8.: Skizze: Zulässiger Bereich der mittleren Kondensatorenergie $\bar{w}_{\mathrm{z}}$ in Abhängigkeit der Submodulkapazität C.

liegen sollen. Multiplikation von (4.3.31) mit $\frac{1}{2}C$ führt in einem stationären Arbeitsregime mit (3.2.18), (4.3.4) auf

$$\frac{1}{2}CU_{\mathrm{u}}^2 \leq \bar{w}_{\mathrm{C}zi} + \tilde{w}_{\mathrm{C}zi} \leq \frac{1}{2}CU_{\mathrm{o}}^2, \qquad i \in \{1, 2, \ldots, 6\}. \tag{4.3.32}$$

Werden die Trajektorien $\mathbf{z}$ durch Vorgabe von gewünschten Trajektorien für $\mathbf{i}$ und u_{X} sowie Integration von (4.3.1) bestimmt, so sind die Größen $\tilde{w}_{\mathrm{C}zi}$ bei einer gegebener Stromrichterkonfiguration durch das Arbeitsregime festgelegt. Ebenso trifft diese Aussage zu, falls beim Leistungsteil eines Stromrichters alle Komponenten bis auf die zu bestimmende Kapazität C bekannt sind. Dies folgt mit (4.3.3), (4.3.5), (3.2.1), (3.2.2), (3.2.21c) und (3.2.21a) aus der Integration von (4.3.1). Aus diesem Grund werden die Größen $\bar{w}_{\mathrm{C}zi}$ und C nun als Dimensionierungsgrößen aufgefasst. Deren zulässiger Bereich ist für $\bar{w}_{\mathrm{Cz}} = \bar{w}_{\mathrm{C}zi}$ in Abb. 4.8(a) für ein stationäres Arbeitsregime (AR) skizziert. Die Bereichsgrenzen folgen mit (4.3.4), (4.3.29) aus (4.3.32). Die Ungleichung (4.3.32) muss für jedes (der Dimensionierung zugrundeliegende) Arbeitsregime erfüllt sein. Zu beachten ist an dieser Stelle, dass $\bar{w}_{\mathrm{C}zi}$ in einem stationären Arbeitsregime nach (4.3.4) unabhängig von der Zeit ist; die Größe jedoch von den Arbeitsregimes abhängen kann. Je nachdem, ob $\bar{w}_{\mathrm{C}zi}$ von den Arbeitsregimes abhängt oder nicht, ergeben sich für $\bar{w}_{\mathrm{C}zi}$ und C unterschiedliche zulässige Wertebereiche und damit auch unterschiedliche Mindestwerte für die erforderliche Kapazität. Dies wird in Abb. 4.8(b) exemplarisch für zwei verschiedene Arbeitsregimes verdeutlicht. Der Mindestwert der erforderlichen Kapazität kann mit (4.3.29), (4.3.30a) aus (4.3.32) abgeleitet werden

$$C \geq C_{\text{Min}} = 2\frac{\Delta W_{\text{Dim}}}{U_o^2 - U_u^2}. \tag{4.3.33}$$

Dabei bezeichnet ΔW_{Dim} die der Dimensionierung zugrunde liegende Energieschwankung. Ist $\bar{w}_{\text{Cz}i}$ vom Arbeitsregime abhängig, so entspricht ΔW_{Dim} dem Maximalwert $\Delta W_{\text{Dim}} = \max_{\forall \text{ARs}} \{\Delta W(\text{AR})\}$ der Energieschwankungen in den in der Dimensionierung betrachteten Arbeitsregimes $\forall$ARs. Falls die Größe $\bar{w}_{\text{Cz}i}$ von Arbeitsregimes unabhängig sein soll, so gilt $\Delta W_{\text{Dim}} = \max_{\forall \text{ARs}} \{\tilde{w}_{\text{Max}}(\text{AR})\} - \min_{\forall \text{ARs}} \{\tilde{w}_{\text{Min}}(\text{AR})\}$.

Für die beiden Spezialfälle der Trajektorien nach Abschnitt 4.3.1 und Abschnitt 4.3.2 sind die Größen $\tilde{w}_{\text{Max}}$, $\tilde{w}_{\text{Min}}$ zusammen mit den davon abgeleiteten Kennwerten ΔW, $\bar{W}$ in Abb. 4.9 für ausgewählte Leiter-Sternpunktspannungen dargestellt. Analog zu Abb. 4.7 sind die Graphiken mit der bezogenen Leiterspannung $\hat{u}_{\text{LN}} = \frac{\hat{U}_{\text{LN}}}{U_{\text{d}}}$ parametriert. Die numerisch berechneten Ergebnisse gelten für ein Stromrichtermodell mit Daten nach Tabelle 4.2 unter Vernachlässigung der Verluste. Sie wurden mit (4.3.11), (4.3.12) bzw. (4.3.21), (4.3.22), (3.2.2), (3.2.18), (3.2.19), (3.2.20), (3.2.23), (3.2.29), (3.2.30) und $\mathbf{z} = (y_0, y_1, y_2, \eta_1, \eta_2, \eta_3)^T$, $i_5 = 0$, $U_{1\text{N}} = U_{\text{LN}}$, (4.2.11), (4.3.10), (4.3.16), (4.3.17), (4.3.29), (4.3.30) bestimmt. Die Parameter in (4.3.7) sind zu $\hat{U}_X = \frac{1}{6}\hat{U}_{\text{LN}}$, $\omega_X = 3\omega_0$, $\varphi_X = 3\varphi_U$ gewählt.

Nach (4.3.33) ist der Mindestwert der Submodulkapazität direkt proportional zu $\Delta W_{\text{Dim}} = \max_{\forall \text{ARs}} \Delta W(\text{AR})$. Um die Unterschiede im Kondensatoraufwand bei Auslegung eines Stromrichters nach den beiden Sonderfällen hervorzuheben, ist die relative Differenz der Energieschwankungen $\delta W = \frac{\Delta W_{(\text{II})} - \Delta W_{(\text{I})}}{\Delta W_{(\text{I})}}$ in Abb. 4.10, Seite 78, dargestellt. Dabei bezeichnet $\Delta W_{(\text{I})}$ die Energieschwankung beim kreisstromfreien Betrieb, $\Delta W_{(\text{II})}$ die Energieschwankung im Spezialfall $y_1 = y_2 = 0$. Zusätzlich sind in Abb. 4.10 die Energieschwankungen an den beiden Sonderfällen mit angegeben, um die Übersichtlichkeit der Darstellung zu erhöhen. Aus Abb. 4.10(c) folgt, dass der Mindestwert der Kapazität im Spezialfall $y_1 = y_2 = 0$ gegenüber dem Mindestwert bei kreisstromfreiem Betrieb für alle Arbeitsregimes stets kleiner oder aber gleich ist. Gilt beispielsweise $\hat{u}_{\text{LN}} \geq \frac{1}{2}$, so ist der Mindestwert bei diesem gegenüber dem kreisstromfreien Betrieb um mehr als 40 % reduziert. Zu beachten ist an dieser Stelle jedoch, dass ein kreisstromfreier Betrieb eines Stromrichters mit minimaler Kapazität eine Änderung von $\bar{w}_{\text{Cz}i}$ in Abhängigkeit des Arbeitsregimes erfordert. Dies folgt aus (4.3.32), (4.3.30) und $\bar{W} \neq 0$ nach Abb. 4.9(g).

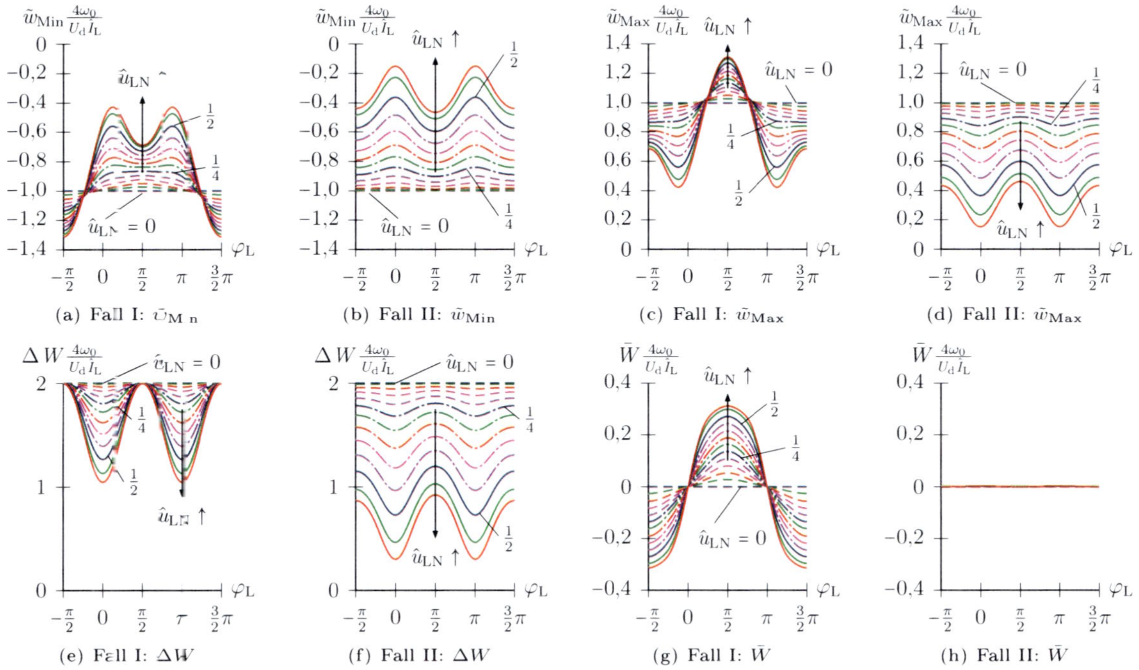

Abb. 4.9.: Gegenüberstellung der Vergleichsgrößen $\tilde{w}_{\mathrm{Max}}$, $\tilde{w}_{\mathrm{Min}}$, $\Delta W = \tilde{w}_{\mathrm{Max}} - \tilde{w}_{\mathrm{Min}}$, $\bar{W} = \frac{1}{2}\left(\tilde{w}_{\mathrm{Max}} + \tilde{w}_{\mathrm{Min}}\right)$ bei kreisstromfreiem Betrieb (Fall I) und $y_1 = y_2 = 0$ (Fall II). Parameter $\frac{\hat{U}_{\mathrm{LN}}}{U_\mathrm{d}} = \hat{u}_{\mathrm{LN}} \in \frac{1}{2}\frac{1}{10}\{0, 1, \ldots, 11, \frac{20}{3}\sqrt{3}\}$; Abszissenachse: Lastwinkel φ_L.

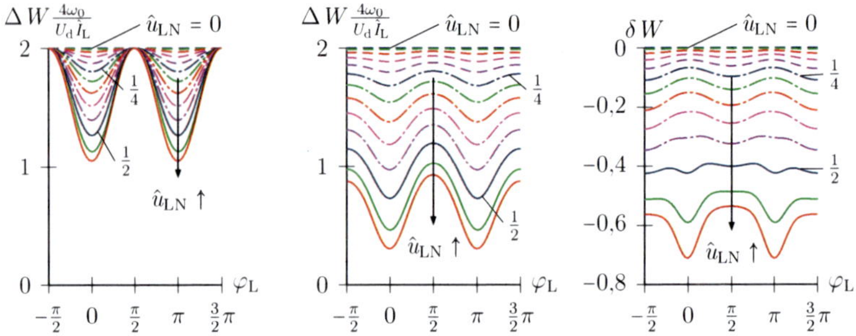

Abb. 4.10.: Energieschwankungen $\Delta W = \tilde{w}_{\text{Max}} - \tilde{w}_{\text{Min}}$ für die Spezialfälle des kreisstromfreien Betriebs (Fall I) und Betrieb mit $y_1 = y_2 = 0$ (Fall II) sowie deren relative Differenz $\delta W = \frac{\Delta W_{(\text{II})} - \Delta W_{(\text{I})}}{\Delta W_{(\text{I})}}$. Parameter $\frac{\hat{U}_{\text{LN}}}{U_d} = \hat{u}_{\text{LN}} \in \frac{1}{2}\frac{1}{10}\{0, 1, \ldots, 11, \frac{20}{3}\sqrt{3}\}$; Abszissenachse: Lastwinkel φ_L.

Soll $\bar{w}_{\text{Cz}i}$ nicht an das jeweilige Arbeitsregime angepasst werden müssen, so führt dieser Wunsch auf einen Mindestwert der Submodulkapazität nach (4.3.33) mit $\Delta W_{\text{Dim}} = \max_{\forall \text{ARs}} \{\tilde{w}_{\text{Max}}(\text{AR})\} - \min_{\forall \text{ARs}} \{\tilde{w}_{\text{Min}}(\text{AR})\}$. In diesem Fall kann der Vergleich des Kondensatoraufwands für den Betrieb mit $y_1 = y_2 = 0$ gegenüber dem kreisstromfreien Betrieb sogar noch günstiger ausfallen als in Abb. 4.10(c) dargestellt, da bei $y_1 = y_2 = 0$ $\Delta W_{\text{Dim}} \approx \max_{\forall \text{ARs}} \Delta W(\text{AR})$ und bei kreisstromfreien Betrieb $\Delta W_{\text{Dim}} \geq \max_{\forall \text{ARs}} \Delta W(\text{AR})$ gilt. Dies folgt z. B. aus der Abhängigkeit von $\bar{W}$ von den Arbeitsregimes nach Abb. 4.9(g) bzw. aus $\bar{W} \approx 0$ nach Abb. 4.9(h).

4.4. Überführungen zwischen stationären Arbeitsregimes

4.4.1. Notation

Ohne Beschränkung der Allgemeinheit wird für die nachfolgenden Betrachtungen angenommen, dass für $t \in [t_{\text{Tr,S}}, t_{\text{Tr,E}}]$ eine Überführung zwischen zwei beliebigen stationären Arbeitsregimes erfolgt. Die zugehörigen Trajektorien in den stationären Arbeitsregimes werden anhand der Indizes „AR1“, „AR2“ voneinander unterschieden; Trajektorien während des Überführungsvorgangs sind durch den Index „Tr“ gekennzeichnet. Sofern benötigt, wird diese Notation auch sinngemäß für Parameter der Trajektorien verwendet.

Mit diesen Bezeichnungen folgt für den Zeitverlauf der Solltrajektorien $\mathbf{y}_\mathrm{d}$

$$\mathbf{y}_\mathrm{d} = \begin{cases} \mathbf{y}_{\mathrm{d,AR1}}, & t < t_{\mathrm{Tr,S}} \\ \mathbf{y}_{\mathrm{d,Tr}}, & t \in [t_{\mathrm{Tr,S}}, t_{\mathrm{Tr,E}}] \\ \mathbf{y}_{\mathrm{d,AR2}}, & t > t_{\mathrm{Tr,E}} \end{cases} \tag{4.4.1}$$

und den Zeitverlauf von $\boldsymbol{\eta}_\mathrm{d}$ nach (5.1.2)

$$\boldsymbol{\eta}_\mathrm{d} = \begin{cases} \boldsymbol{\eta}_{\mathrm{d,AR1}}, & t < t_{\mathrm{Tr,S}} \\ \boldsymbol{\eta}_{\mathrm{d,Tr}}, & t \in [t_{\mathrm{Tr,S}}, t_{\mathrm{Tr,E}}] \\ \boldsymbol{\eta}_{\mathrm{d,AR2}}, & t > t_{\mathrm{Tr,E}}. \end{cases} \tag{4.4.2}$$

Während die Trajektorien der Größen $\boldsymbol{\eta}_{\mathrm{d,AR1}}$ und $\boldsymbol{\eta}_{\mathrm{d,AR2}}$ häufig analytisch berechnet werden können, ist eine Berechnung von $\boldsymbol{\eta}_{\mathrm{d,Tr}}$ meist nur numerisch möglich, so z. B. mit

$$\boldsymbol{\eta}_{\mathrm{d,Tr}}(t) = \boldsymbol{\eta}_{\mathrm{d,AR1}}(t_{\mathrm{Tr,S}}) + \int_{t_{\mathrm{Tr,S}}}^{t} \dot{\boldsymbol{\eta}}_\mathrm{d}(\tau)\,\mathrm{d}\tau, \qquad t \in [t_{\mathrm{Tr,S}}, t_{\mathrm{Tr,E}}], \tag{4.4.3}$$

(4.4.1) und (3.3.16). Bei der abschnittsweisen Beschreibung von $\boldsymbol{\eta}_\mathrm{d}$ nach (4.4.2) mit $\boldsymbol{\eta}_{\mathrm{d,Tr}}$ nach (4.4.3) ist die Stetigkeit von $\boldsymbol{\eta}_\mathrm{d}$ nur bei $t = t_{\mathrm{Tr,S}}$ sichergestellt. Dies folgt aus der Wahl der Integrationskonstanten in (4.4.3). Ist die Stetigkeit von $\boldsymbol{\eta}_\mathrm{d}$ auch bei $t = t_{\mathrm{Tr,E}}$ gewünscht, so ist eine entsprechende Planung von $\mathbf{y}_{\mathrm{d,Tr}}$ erforderlich. Ohne entsprechende Planung gilt i. d. R. $\boldsymbol{\eta}_{\mathrm{d,Tr}}(t_{\mathrm{Tr,E}}) \neq \boldsymbol{\eta}_{\mathrm{d,AR2}}(t_{\mathrm{Tr,E}})$. Diese Eigenschaft ist aus rein theoretischer Sicht unbefriedigend, aus praktischer Sicht jedoch wenig relevant. So bewirkt der „Sprung“ in den Trajektorien $\boldsymbol{\eta}_\mathrm{d}$ bei Implementierung eines Verfahrens zur Beeinflussung von $\boldsymbol{\eta}$ – z. B. wie in Abschnitt 5.1 beschrieben – ein Nachführen von $\boldsymbol{\eta}$ auf $\boldsymbol{\eta}_\mathrm{d}$.

Eine softwaretechnische Implementierung von Überführungen in Echtzeit setzt geeignete Ansätze für die Komponenten von $\mathbf{y}_{\mathrm{d,Tr}}$ voraus. Exemplarisch seien Polynome oder trigonometrische Polynome genannt. Sollen die Trajektorien $\mathbf{y}_{\mathrm{d,Tr}}$ vom System realisiert werden können, so sind deren minimalen Grade bei $L_\mathrm{d} \neq 0$ durch die Anforderung an stetige Differenzierbarkeit (4.0.1), bei $L_\mathrm{d} = 0$ durch (4.0.2) festgelegt. Bestimmungsgleichungen für die Polynomkoeffizienten folgen bei gegebenem Zeitpunkt $t_{\mathrm{Tr,S}}$ und vorgegebener Überführungsdauer $T_{\mathrm{Tr}} = t_{\mathrm{Tr,E}} - t_{\mathrm{Tr,S}}$ aus (4.4.1) und der Anforderung an stetige Differenzierbarkeit (4.0.1), bzw. (4.0.2). Abhängig von den gewählten Ansatzfunktionen sind weitere Bestimmungsgleichungen notwendig. Falls zur Festlegung der Polynomkoeffizienten lediglich (4.4.1) und (4.0.1), bzw. (4.0.2) erforderlich sind, so werden diese Ansätze im Folgenden als „Ansätze minimalen Grades“ bezeichnet. Auf Grund deren hoher Praxisrelevanz werden nachfolgend interessante Ansatzfunktionen minimalen Grades vorgestellt. Diese wurden auch in der Simulation aus Abschnitt 4.1 verwendet.

Es wird darauf hingewiesen, dass bei Ansätzen minimalen Grades und gegebenen Zeiten $t_{Tr,S}$ und $t_{Tr,E}$ i. A. nicht sichergestellt ist, dass (4.0.5) erfüllt ist. In Abschnitt 5.2 wird ein Verfahren zur Planung von Transitionen vorgestellt, mit dem Stellgrößenverletzungen sowie unzulässige Zweigströme und Kondensatorspannungen vermieden werden können. Bei diesem Verfahren werden $t_{Tr,S}$ und $t_{Tr,E}$ als Entwurfsparameter verwendet.

4.4.2. Ansatzfunktionen minimalen Grades

Für eine Bestimmung der Trajektorien $\mathbf{y}_{d,Tr} = (y_{0d,Tr}, y_{1d,Tr}, y_{2d,Tr}, y_{3d,Tr}, y_{4d,Tr}, y_{5d,Tr})^T$ in Echtzeit ist es wichtig, dass diese mit geringem Aufwand berechnet werden können. Aus diesem Grund wird für die Komponenten $y_{ld,Tr}(t)$, $t \in [t_{Tr,S}, t_{Tr,E}]$ der Ansatz

$$y_{ld,Tr} = y_{ld,AR1} p_l + y_{ld,AR2}(1 - p_l), \qquad l \in \{0,1,2\} \tag{4.4.4}$$

gewählt, wobei $p_l\colon\ [t_{Tr,S}, t_{Tr,E}] \to [0,1]$, $t \mapsto p_l(t)$ Polynome in t sind. Deren minimale Grade folgen bei $L_d \neq 0$ aus der Anforderung an stetige Differenzierbarkeit (4.0.1), bzw. bei $L_d = 0$ aus (4.0.2b). Demnach müssen die Polynome p_1 und p_2 stets mindestens dritten Grades sein, wohingegen p_0 bei $L_d \neq 0$ mindestens fünften Grades sein muss. Im Sonderfall $L_d = 0$ ist der erforderliche Mindestgrad von p_0 drei. Werden für den Fall $L_d \neq 0$ für p_0 ein Polynom fünften Grades, für p_1 und p_2 Polynome dritten Grades gewählt, so sind deren Koeffizienten durch

$$p_l(t_{Tr,S}) = 1 \tag{4.4.5a}$$
$$p_l(t_{Tr,E}) = \dot{p}_l(t_{Tr,S}) = \dot{p}_l(t_{Tr,E}) = 0, \qquad l \in \{0,1,2\} \tag{4.4.5b}$$
$$\ddot{p}_0(t_{Tr,S}) = \ddot{p}_0(t_{Tr,E}) = 0 \tag{4.4.5c}$$

eindeutig festgelegt. Vorteilhaft am Ansatz (4.4.4) ist, dass zur Berechnung einer Überführung der Komponenten y_l, $l \in \{0,1,2\}$ nur wenige Rechenoperationen notwendig sind. Dies trifft insbesondere auf Implementierungen zu, bei denen die Trajektorien $y_{ld,AR1}$, $y_{ld,AR2}$, $l \in \{0,1,2\}$ im Speicher hinterlegt sind.

Hintergrund für die Wahl von (4.4.4) und der Polynomgrade ist, dass für das Produkt bzw. die Summe zweier Funktionen $g \in C^n(\mathbb{D})$, $h \in C^m(\mathbb{D})$, $n, m \in \mathbb{N}$, $n \geq m$, $\mathbb{D} \subseteq \mathbb{R}$

$$g + h \in C^m(\mathbb{D})$$
$$g\,h \in C^m(\mathbb{D})$$

gilt. Erfüllen die Trajektorien $y_{ld,AR1}$ und $y_{ld,AR2}$ bei $L_d \neq 0$ die Anforderung an stetige Differenzierbarkeit (4.0.1), bzw. bei $L_d = 0$ die Bedingung

(4.0.2b), so trifft dies beim Ansatz (4.4.4) auch auf $y_{l\mathrm{d,Tr}}$ zu, sofern die Polynome p_l geeignete Grade haben. In diesem Fall kann durch entsprechende Festlegung der Polynomkoeffizienten von p_l sichergestellt werden, dass die Anforderung an stetige Differenzierbarkeit (4.0.1), bzw. bei $L_\mathrm{d} = 0$ (4.0.2b), auch an den Intervallgrenzen $t_\mathrm{Tr,S}$ und $t_\mathrm{Tr,E}$ erfüllt ist. Wegen den zuvor genannten Voraussetzungen werden diese Forderungen somit auch für die gesamte abschnittsweise definierte Trajektorie $\mathbf{y}_\mathrm{d}$ nach (4.4.1) eingehalten.

Zwar ist es naheliegend, den Ansatz (4.4.4) auch sinngemäß für die Komponenten $y_\mathrm{3d,Tr}$, $y_\mathrm{4d,Tr}$ sowie $y_\mathrm{5d,Tr}$ zu verwenden. Für Maschinenanwendungen scheint dieses Vorgehen jedoch wenig geeignet, da es bei einem Zeitverlauf der Komponenten $y_\mathrm{3d} = i_\mathrm{3d}$, $y_\mathrm{4d} = i_\mathrm{4d}$ in den stationären Arbeitsregimes nach (4.2.9) während der Überführung zu unerwünschten Nulldurchgängen der Ströme i_3 und i_4 – und somit zu einem Drehmomenteinbruch – kommen kann. Auch bei Aussteuerung von y_5d zur Erhöhung der Spannungsausnutzung des Stromrichters – so z. B. bei Injektion der dritten Harmonischen – ist dieses Vorgehen nicht sinnvoll. Aus diesem Grund wird für die Komponenten $y_\mathrm{3d} = i_\mathrm{3d}$ und $y_\mathrm{4d} = i_\mathrm{4d}$ der Ansatz

$$\underline{y}_\mathrm{34d,Tr} = \underline{i}_\mathrm{34d} = i_\mathrm{3d} + \mathrm{j}\, i_\mathrm{4d} = \frac{1}{4}\hat{I}_\mathrm{L}(t) \exp\left(\mathrm{j}\,\omega_0 t + \varphi_\mathrm{iL}(t)\right) \tag{4.4.6}$$

gewählt, mit

$$\hat{I}_\mathrm{L}(t) = \hat{I}_\mathrm{L,AR1} p_{34} + \hat{I}_\mathrm{L,AR2}(1 - p_{34}), \qquad t \in [t_\mathrm{Tr,S}, t_\mathrm{Tr,E}] \tag{4.4.7a}$$

$$\varphi_\mathrm{iL}(t) = \varphi_\mathrm{iL,AR1} p_{34} + \varphi_\mathrm{iL,AR2}(1 - p_{34}), \qquad t \in [t_\mathrm{Tr,S}, t_\mathrm{Tr,E}] \tag{4.4.7b}$$

und dem Polynom $p_{34}\colon\ [t_\mathrm{Tr,S}, t_\mathrm{Tr,E}] \to [0, 1]$ mindestens fünften Grades. Dieser Mindestgrad folgt aus der Anforderung an stetige Differenzierbarkeit (4.0.1), bzw. bei $L_\mathrm{d} = 0$ aus (4.0.2b). Wird für p_{34} ein Polynom fünften Grades gewählt, so stimmen die Randbedingungen von p_{34} mit denen von p_0 in (4.4.5) überein.

Soll der Aussteuerbereich des Stromrichters durch Modulation der Spannung u_X vergrößert werden, so sind nach Abschnitt 3.2.1 für die Festlegung des Zeitverlaufs $y_\mathrm{5d} = u_\mathrm{Xd}$ die Spannungsabfälle an den Zweigdrosseln und Widerständen zu beachten. Aus diesem Grund wird für y_5d während der Transition der Ansatz

$$y_\mathrm{5d,Tr} = u_\mathrm{Xd} = \hat{U}_\mathrm{X} \sin(3\omega_0 t + \varphi_\mathrm{X}), \tag{4.4.8}$$

gewählt[2], mit $\hat{U}_\mathrm{X} = \frac{1}{3}\left|\underline{u}_{\alpha\beta\mathrm{d}}\right|$, $\varphi_\mathrm{X} = 3 \arg\left(\underline{u}_{\alpha\beta\mathrm{d}} \exp\left(-\mathrm{j}\,\omega_0 t\right)\right)$ und

$$\underline{u}_{\alpha\beta\mathrm{d}} = u_{\alpha\mathrm{d}} + \mathrm{j}\, u_{\beta\mathrm{d}} = L_2 \dot{\underline{i}}_\mathrm{34d} + R_2 \underline{i}_\mathrm{34d} + u_{\mathrm{g}\beta} + \mathrm{j}\, u_{\mathrm{g}\alpha}. \tag{4.4.9}$$

[2] Um die Lesbarkeit zu erhöhen, wurden die Trajektorien y_5d im Abschnitt 4.3 nach (4.3.7), mit $\hat{U}_\mathrm{X} = \frac{1}{6}\hat{U}_\mathrm{LN}$ und $\varphi_\mathrm{X} = 3\varphi_\mathrm{U}$ berechnet. Diese Trajektorien stimmen bei $R_\mathrm{z} = 0$, $k_{12} = 1$, Gegenspannungen nach (4.2.10) und Strömen i_3d, i_4d nach (4.2.9) mit (4.4.8) überein.

Dabei ist der Zeitverlauf von $\underline{i}_{34\mathrm{d}}$ durch (4.4.6) gegeben. Die Definiton von $\underline{u}_{\alpha\beta\mathrm{d}}$ nach (4.4.9) folgt aus (3.2.33b) sowie (3.2.6a). Die Beziehung zwischen $\hat{U}_\mathrm{X}$, φ_X und $\underline{u}_{\alpha\beta\mathrm{d}}$ kann mit (4.2.9), (4.2.10), (3.2.9) und Berücksichtigung der Spannungsabfälle über den Zweigdrosseln und Zweigwiderständen bestimmt werden. Dabei sind die Faktoren „$\frac{1}{3}$“ und „3“ in Anlehnung an die typischen Faktoren bei Injektion der dritten Harmonischen – $\hat{U}_\mathrm{X} = \frac{1}{6}\hat{U}_\mathrm{LN}$, $\varphi_\mathrm{X} = 3\varphi_\mathrm{U}$ – gewählt.

5. Beeinflussung von η und Planung von Überführungen

5.1. Beeinflussung von η durch geeignete Planung von y_{d}

5.1.1. Vorbetrachtungen

Nach Abschnitt 4.2 ist $\boldsymbol{\eta}_{\mathrm{d}}$ bei geeigneter Wahl der Trajektorie $\mathbf{y}_{\mathrm{d}}$ beschränkt. Auf Grund von Vereinfachungen bei der Modellbildung, Störgrößen, aber auch bei Wechseln zwischen stationären Arbeitsregimes kann es – unter Umständen lediglich zeitweilig – vorkommen, dass $\dot{\boldsymbol{\eta}}$ im Gegensatz zu $\dot{\boldsymbol{\eta}}_{\mathrm{d}}$ nicht mittelwertfrei ist. Für den Betrieb des M2Cs ist es somit zwingend erforderlich, dass $\boldsymbol{\eta}$, bzw. der Mittelwert von $\boldsymbol{\eta}$ „geeignet“ beeinflusst wird. Auf Grund des Aufbaus von (3.3.16) kann diese Beeinflussung nur durch $\mathbf{y}$ erfolgen, was eine entsprechende Planung von $\mathbf{y}_{\mathrm{d}}$ voraussetzt. Der Trajektoriengenerator für $\mathbf{y}_{\mathrm{d}}$ benötigt daher $\boldsymbol{\eta}$ als Eingangsgröße. Dies ist in Abb. 5.1 exemplarisch skizziert.

Für die weiteren Betrachtungen ist es vorteilhaft, die gewünschte Trajektorie $\mathbf{y}_{\mathrm{d}}$ als Summe einer Trajektorie $\mathbf{y}_{\mathrm{dI}}$, welche unabhängig von $\boldsymbol{\eta}$ geplant wird sowie einer Trajektorie $\mathbf{y}_{\mathrm{dS}}$ zur gezielten Beeinflussung von $\boldsymbol{\eta}$ aufzufassen

$$\mathbf{y}_{\mathrm{d}} = \mathbf{y}_{\mathrm{dI}} + \mathbf{y}_{\mathrm{dS}}. \tag{5.1.1}$$

Diese Aufspaltung scheint auch für praktische Realisierungen sinnvoll zu sein, da die Trajektorie $\mathbf{y}_{\mathrm{dI}}$ nicht zwingend im Betrieb berechnet werden muss. Bei getrennter Planung von $\mathbf{y}_{\mathrm{dI}}$ und $\mathbf{y}_{\mathrm{dS}}$ müssen jeweils beide die Anforderung an stetige Differenzierbarkeit (4.0.1) bzw. bei $L_{\mathrm{d}} = 0$ (4.0.2) erfüllen, damit der gewünschte Zeitverlauf $\mathbf{y}_{\mathrm{d}}$ vom System realisiert werden kann.

Da die Trajektorie $\mathbf{y}_{\mathrm{d}} = \mathbf{y}_{\mathrm{dI}} + \mathbf{y}_{\mathrm{dS}}$ maßgeblichen Einfluss auf den Zeitverlauf von $\boldsymbol{\eta}$ hat, ist es naheliegend, den geplanten Zeitverlauf $\boldsymbol{\eta}_{\mathrm{d}} = \int_{t0}^{t} \mathbf{f}_{\eta}(\dot{y}_{0\mathrm{d}}, \ddot{y}_{0\mathrm{d}}, \dot{y}_{1\mathrm{d}}, \dot{y}_{2\mathrm{d}}, y_{3\mathrm{d}}, \dot{y}_{3\mathrm{d}}, \ddot{y}_{3\mathrm{d}}, y_{4\mathrm{d}}, \dot{y}_{4\mathrm{d}}, \ddot{y}_{4\mathrm{d}}, y_{5\mathrm{d}}, \tau)\, \mathrm{d}\tau + \boldsymbol{\eta}_{\mathrm{d}}(t_0)$ analog zu (5.1.1) als Summe eines „idealen Zeitverlaufs“ $\boldsymbol{\eta}_{\mathrm{dI}} = \int_{t0}^{t} \mathbf{f}_{\eta}(\dot{y}_{0\mathrm{dI}}, \ddot{y}_{0\mathrm{dI}}, \dot{y}_{1\mathrm{dI}}, y_{2\mathrm{dI}}, y_{3\mathrm{dI}}, \dot{y}_{3\mathrm{dI}}, \ddot{y}_{3\mathrm{dI}}, y_{4\mathrm{dI}}, \dot{y}_{4\mathrm{dI}}, \ddot{y}_{4\mathrm{dI}}, y_{5\mathrm{dI}}, \tau)\, \mathrm{d}\tau + \boldsymbol{\eta}_{\mathrm{dI}}(t_0)$ sowie eines „durch Planung im Betrieb“ verursachten Zeitverlaufs $\boldsymbol{\eta}_{\mathrm{dS}}$ aufzufassen

$$\boldsymbol{\eta}_{\mathrm{d}} = \boldsymbol{\eta}_{\mathrm{dI}} + \boldsymbol{\eta}_{\mathrm{dS}}. \tag{5.1.2}$$

Hierbei sind die Komponenten von $\mathbf{f}_{\eta} = (f_{\eta 1}, f_{\eta 2}, f_{\eta 3})^{\mathrm{T}}$ durch (3.3.16) und (3.3.18f) bis (3.3.18h) bestimmt.

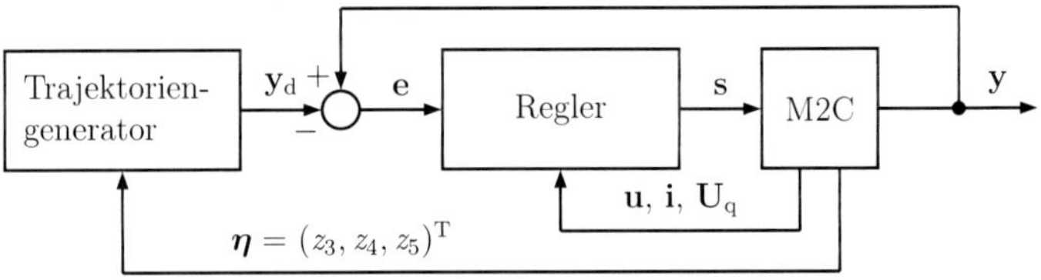

Abb. 5.1.: Prinzipskizze des geregelten Systems

5.1.1.1. Fehlerbestimmung zu Beginn der Planung

Für eine Planung der Trajektorie $\mathbf{y}_\mathrm{dS}$ ist die Kenntnis über die Abweichung von $\boldsymbol{\eta}$ in Bezug auf $\boldsymbol{\eta}_\mathrm{d}$ zu Beginn der Planung eine notwendige Voraussetzung. Hierfür ist die Verwendung der Fehlerdefinition

$$\mathbf{e}_\eta = (e_{1\eta}, e_{2\eta}, e_{3\eta})^\mathrm{T} = \boldsymbol{\eta} - \boldsymbol{\eta}_\mathrm{d} \tag{5.1.3}$$

naheliegend. Jedoch ist eine Bestimmung von $\mathbf{e}_\eta$ bei praktischen Implementierungen nicht ohne Weiteres möglich, wie im Punkt 1 der nachfolgenden Übersicht gezeigt wird. Daher werden in dieser verschiedene Fehlerdefinitionen vorgestellt und bezüglich ihrer praktischen Eignung bewertet:

1. Ein naheliegender Ansatz ist, (5.1.3) als Fehlerdefinition zu verwenden – ohne weitere Anfordungen an den Zeitverlauf von $\mathbf{y}_\mathrm{dS}$ zu stellen. Dies folgt z. B. aus dem Wunsch, den (ursprünglich) geplanten Verlauf von $\mathbf{y}_\mathrm{dS}$ in Abhängigkeit von $\mathbf{e}_\eta$ kontinuierlich zu ändern.

   Damit $\mathbf{e}_\eta$ nach (5.1.3) berechnet werden kann, muss $\boldsymbol{\eta}_\mathrm{d}(t) = \boldsymbol{\eta}_\mathrm{dI}(t) + \boldsymbol{\eta}_\mathrm{dS}(t)$ bekannt sein. Während $\boldsymbol{\eta}_\mathrm{dI}$ häufig sogar analytisch berechnet werden kann, ist eine analytische Berechnung von $\boldsymbol{\eta}_\mathrm{dS}$ im Betrieb nur in Spezialfällen möglich. Folglich muss $\boldsymbol{\eta}_\mathrm{dS}$ i. A. durch numerische Integration bestimmt werden. Bei praktischen Anwendungen ist eine numerische Integration über einen längeren Zeitraum wegen sich aufsummierender Fehler nicht zu empfehlen. Aus diesem Grund wird dieser Ansatz nicht weiter verfolgt.

2. Aus den Betrachtungen im Abschnitt 4.2 folgt, dass die Trajektorien $\mathbf{y}_\mathrm{dI}$ in stationären Arbeitsregimes so zu planen sind, dass $\dot{\boldsymbol{\eta}}_\mathrm{d}$ bei $\mathbf{y} = \mathbf{y}_\mathrm{dI}$ mittelwertfrei ist ($\bar{\dot{\boldsymbol{\eta}}}_\mathrm{d} = \frac{1}{T_{\eta\mathrm{d}}} \int_{t-T_{\eta\mathrm{d}}}^{t} \dot{\eta}_\mathrm{d}\,\mathrm{d}\tau = 0$). Wird das Verhalten des realen Stromrichters durch das Modell hinreichend wiedergegeben, so weicht der Zeitverlauf von $\dot{\boldsymbol{\eta}}$ lediglich unwesentlich vom Zeitverlauf $\dot{\boldsymbol{\eta}}_\mathrm{d}$ des Modells ab. Insbesondere gilt in stationären Arbeitsregimes $\bar{\dot{\boldsymbol{\eta}}} = \frac{1}{T_\eta} \int_{t-T_\eta}^{t} \dot{\boldsymbol{\eta}}\,\mathrm{d}\tau \approx 0$. Dabei bezeichnet T_η die Periodendauer von $\dot{\boldsymbol{\eta}}$ und

$T_{\eta\mathrm{d}}$ die Periodendauer von $\dot{\boldsymbol{\eta}}_\mathrm{d}$ bzw. $\boldsymbol{\eta}_\mathrm{d}$. Diese Vorbetrachtungen sind Motivation für die Fehlerdefinition

$$\mathbf{e}_{\bar{\eta}} = \bar{\boldsymbol{\eta}} - \bar{\boldsymbol{\eta}}_\mathrm{d} = \frac{1}{T_\eta}\int_{t-T_\eta}^{t} \boldsymbol{\eta}\,\mathrm{d}\tau - \frac{1}{T_{\eta\mathrm{d}}}\int_{t-T_{\eta\mathrm{d}}}^{t} \boldsymbol{\eta}_\mathrm{d}\,\mathrm{d}\tau. \tag{5.1.4}$$

Im stationären Betrieb reduziert sich (5.1.4) auf

$$\mathbf{e}_{\bar{\eta}} = \bar{\boldsymbol{\eta}}, \tag{5.1.5}$$

falls $\boldsymbol{\eta}_\mathrm{d}$ mittelwertfrei ist ($\bar{\boldsymbol{\eta}}_\mathrm{d} = \frac{1}{T_{\eta\mathrm{d}}}\int_{t-T_{\eta\mathrm{d}}}^{t} \boldsymbol{\eta}_\mathrm{d}\,\mathrm{d}\tau = 0$). Diese Eigenschaft ist bei vielen Anwendungen in der Praxis näherungsweise gegeben.

Zwei mögliche Arten der Mittelwertbildung werden an dieser Stelle näher erläutert:

- Im stationären Betrieb kann eine näherungsweise Bestimmung des Mittelwerts $\mathbf{e}_{\bar{\eta}}$ durch den Einsatz von Tiefpassfiltern erfolgen. Jedoch ist dabei zu beachten, dass die Eckfrequenz f_g der Filter deutlich unterhalb der geringsten Frequenzkomponente $f_{\eta,\mathrm{Min}}$ von $\boldsymbol{\eta}$ liegen muss. Bei Ansätzen für die Ströme i_3 und i_4 sowie der Spannungen $u_{\mathrm{g}\alpha}$ und $u_{\mathrm{g}\beta}$ nach (4.2.10) folgt aus (3.3.16) $f_{\eta,\mathrm{Min}} \leq f_0$ und damit $f_\mathrm{g} \ll f_0$. Diese Eigenschaft sowie die zu beachtende Einschwingzeit der Filter führen dazu, dass $|\mathbf{e}_{\bar{\eta}}|$ bei einer Bestimmung von $\bar{\boldsymbol{\eta}}$ mittels Tiefpassfilter lediglich langsam verringert werden kann.
- Bei periodischem Verlauf der Größe $\mathbf{y} = \mathbf{y}_\mathrm{dI}$ sowie der Spannungen $u^\circ_{\mathrm{g}\alpha}$, $u^\circ_{\mathrm{g}\beta}$ ist der Zeitverlauf der Größe $\boldsymbol{\eta}_\mathrm{d}$ ebenfalls periodisch. Dies motiviert, den gleitenden Mittelwert von $\boldsymbol{\eta}$ mit

  $$\bar{\boldsymbol{\eta}}(t) \approx \frac{1}{T_{\eta\mathrm{d}}}\int_{t-T_{\eta\mathrm{d}}}^{t} \boldsymbol{\eta}(\tau)\,\mathrm{d}\tau, \qquad t \in \mathbb{I}_\mathrm{d} \setminus [0, T_{\eta\mathrm{d}}[\tag{5.1.6}$$

  näherungsweise zu bestimmen. Ist $\boldsymbol{\eta}$ ebenfalls periodisch mit $T_{\eta\mathrm{d}}$, so gilt (5.1.6) sogar exakt. Hervorzuheben ist, dass (5.1.6) bei praktischen Realisierungen gut implementiert werden kann.

Ein wesentlicher Nachteil der Fehlerdefintion (5.1.4) ist, dass Abweichungen $\mathbf{e}_\eta \neq 0$ mit zeitlicher Verzögerung in $\boldsymbol{e}_{\bar{\eta}}$ eingehen. Um Stabilitätsprobleme zu vermeiden, kann eine Beeinflussung von $\boldsymbol{\eta}$ folglich nur entsprechend verzögert erfolgen. Dies ist insbesondere bei Grundschwingungsfrequenzen $f_0 \approx 0$ zu beachten.

3. Problematisch an der Fehlerdefinition (5.1.3) ist, dass eine Berechnung des Fehlers $\mathbf{e}_\eta$ die Kenntnis von $\boldsymbol{\eta}_{\mathrm{d}} = \boldsymbol{\eta}_{\mathrm{dI}} + \boldsymbol{\eta}_{\mathrm{dS}}$ voraussetzt. Während $\boldsymbol{\eta}_{\mathrm{dS}}$ nur im Betrieb bestimmt werden kann, ist eine Berechnung von $\boldsymbol{\eta}_{\mathrm{dI}}$ auch im Voraus durch Integration von (3.3.16) möglich. Letzteres ist häufig sogar analytisch möglich. Diese Eigenschaft motiviert, an Stelle einer Fehlerdefinition nach (5.1.3) die Definition

$$\mathbf{e}_{\eta\mathrm{I}} = (e_{1\eta\mathrm{I}}, e_{2\eta\mathrm{I}}, e_{3\eta\mathrm{I}})^{\mathrm{T}} = \boldsymbol{\eta} - \boldsymbol{\eta}_{\mathrm{dI}} \tag{5.1.7}$$

zu verwenden. Es wird darauf hingewiesen, dass $\mathbf{e}_{\eta\mathrm{I}}$ bei $\mathbf{y}_{\mathrm{dS}} \neq 0$ stark von $\mathbf{e}_\eta$ abweichen kann. Dies folgt aus (5.1.2), (5.1.3) und (5.1.7).

Bei praktischen Anwendungen hat eine Verwendung der Fehlerdefinitionen nach den Punkten 1 und 2 erhebliche Nachteile. Aus diesem Grund beziehen sich alle nachfolgenden Betrachtungen zur Fehlerbestimmung auf das Verfahren nach Punkt 3.

5.1.1.2. Notation / Einschränkung der Trajektorien $\mathbf{y}_{\mathrm{dS}}$

Bisher wurden mögliche Trajektorien für $\mathbf{y}_{\mathrm{dS}}$ nicht weiter spezifiziert. Da bei Antriebsanwendungen, aber auch bei Netzanwendungen typischerweise hohe Anforderungen an die Zeitverläufe der Lastströme gestellt werden, werden nachfolgend ausschließlich Trajektorien

$$\mathbf{y}_{\mathrm{dS}} = (y_{0\mathrm{dS}}, y_{1\mathrm{dS}}, y_{2\mathrm{dS}}, y_{3\mathrm{dS}}, y_{4\mathrm{dS}}, y_{5\mathrm{dS}})^{\mathrm{T}} \tag{5.1.8}$$

mit

$$y_{3\mathrm{dS}} = y_{4\mathrm{dS}} = 0 \tag{5.1.9}$$

weiter betrachtet. Einsetzen von (5.1.1), (5.1.8), $\mathbf{y}_{\mathrm{dI}} = (y_{0\mathrm{dI}}, y_{1\mathrm{dI}}, y_{2\mathrm{dI}}, y_{3\mathrm{dI}}, y_{4\mathrm{dI}}, y_{5\mathrm{dI}})^{\mathrm{T}}$, und (5.1.9) in (3.3.16) liefert mit (5.1.2) für die Komponenten von $\boldsymbol{\eta}_{\mathrm{dS}} = (\eta_{1\mathrm{dS}}, \eta_{2\mathrm{dS}}, \eta_{3\mathrm{dS}})^{\mathrm{T}}$ im Sonderfall $L_{\mathrm{d}} = 0$

$$\begin{aligned}\dot{\eta}_{1\mathrm{dS}} = \frac{2}{U_{\mathrm{d}}}\big(&-\mathring{u}_{\mathrm{g}\beta}\dot{y}_{0\mathrm{dS}} + \dot{y}_{1\mathrm{dS}}(\mathring{u}_{\mathrm{g}\alpha} - y_{5\mathrm{dI}}) + \mathring{u}_{\mathrm{g}\beta}\dot{y}_{2\mathrm{dS}} - i_3 y_{5\mathrm{dS}}^2 \\ &+ y_{5\mathrm{dS}}\left(2\mathring{u}_{\mathrm{g}\alpha}i_3 + 2\mathring{u}_{\mathrm{g}\beta}i_4 - 2i_3 y_{5\mathrm{dI}} - \dot{y}_{1\mathrm{dI}} - \dot{y}_{1\mathrm{dS}}\right)\big)\end{aligned} \tag{5.1.10a}$$

$$\begin{aligned}\dot{\eta}_{2\mathrm{dS}} = \frac{2}{U_{\mathrm{d}}}\big(&-\mathring{u}_{\mathrm{g}\alpha}\dot{y}_{0\mathrm{dS}} + \mathring{u}_{\mathrm{g}\beta}\dot{y}_{1\mathrm{dS}} - \dot{y}_{2\mathrm{dS}}(\mathring{u}_{\mathrm{g}\alpha} + y_{5\mathrm{dI}}) - i_4 y_{5\mathrm{dS}}^2 \\ &- y_{5\mathrm{dS}}\left(2\mathring{u}_{\mathrm{g}\alpha}i_4 - 2\mathring{u}_{\mathrm{g}\beta}i_3 + 2i_4 y_{5\mathrm{dI}} + \dot{y}_{2\mathrm{dI}} + \dot{y}_{2\mathrm{dS}}\right)\big)\end{aligned} \tag{5.1.10b}$$

$$\begin{aligned}\dot{\eta}_{3\mathrm{dS}} = -\frac{2}{U_{\mathrm{d}}}\big(&\dot{y}_{0\mathrm{dS}}(y_{5\mathrm{dI}} + y_{5\mathrm{dS}}) + 2\mathring{u}_{\mathrm{g}\beta}\dot{y}_{1\mathrm{dS}} + 2\mathring{u}_{\mathrm{g}\alpha}\dot{y}_{2\mathrm{dS}} \\ &+ y_{5\mathrm{dS}}\left(\dot{y}_{0\mathrm{dI}} + 4\mathring{u}_{\mathrm{g}\beta}i_3 + 4\mathring{u}_{\mathrm{g}\alpha}i_4\right)\big).\end{aligned} \tag{5.1.10c}$$

Diese Darstellung erleichtert in Kombination mit (5.1.2) eine Planung der Trajektorie $\mathbf{y}_{\mathrm{dS}}$ erheblich. Um den Umfang der Darstellung zu begrenzen, wird der Fall $L_{\mathrm{d}} \neq 0$ an dieser Stelle nicht weiter betrachtet.

Bei der nachfolgend beschriebenen Methode zur Beeinflussung von $\boldsymbol{\eta}$ wird $\mathbf{y}_{\mathrm{dS}}$ zeitdiskret geplant. Eine weitere Methode ist im Anhang C skizziert. Bei dieser wird $\mathbf{y}_{\mathrm{dS}}$ zeitkontinuierlich berechnet.

5.1.2. Zeitdiskrete Planung von $\mathbf{y}_{\mathrm{dS}}$

Ohne Beschränkung der Allgemeinheit wird für die nachfolgenden Betrachtungen angenommen, dass $\mathbf{y}_{\mathrm{dS}} = 0$ für $t < t_{\mathrm{S}}$ gilt und zum Zeitpunkt t_{S} eine Abweichung $\mathbf{e}_{\eta\mathrm{I}}(t_{\mathrm{S}}) \neq 0$ festgestellt wird. Diese soll durch geeignete Planung von $\mathbf{y}_{\mathrm{dS}}(t)$, $t \in [t_{\mathrm{S}}, t_{\mathrm{E}}]$ gezielt beeinflusst werden. Um die Betrachtungen zu vereinfachen, wird die zur Planung erforderliche Zeit zunächst nicht berücksichtigt.

Gibt das Modell des Stromrichters dessen Systemverhalten für $t \geq t_{\mathrm{S}}$ exakt wieder, so kann ein Fehler $\mathbf{e}_{\eta\mathrm{I}}(t_{\mathrm{S}}) \neq 0$ durch geeignete Planung von $\mathbf{y}_{\mathrm{dS}}(t)$, $t \in [t_{\mathrm{S}}, t_{\mathrm{E}}]$ in endlicher Zeit auf $\mathbf{e}_{\eta\mathrm{I}}(t) = 0$, $t \geq t_{\mathrm{E}}$ reduziert werden. Dies führt zu der Frage, welche Bedingungen $\mathbf{y}_{\mathrm{dS}}$ neben (4.0.1) bzw. bei $L_{\mathrm{d}} = 0$ (4.0.2) erfüllen muss, damit eine Abweichung $\mathbf{e}_{\eta\mathrm{I}}(t_{\mathrm{S}})$ zu einer gewünschten Abweichung $\mathbf{e}_{\eta\mathrm{I}}(t_{\mathrm{E}})$ geändert wird. Diese können anhand von $\dot{\boldsymbol{\eta}}_{\mathrm{dS}}(t)$, $t \in [t_{\mathrm{S}}, t_{\mathrm{E}}]$ abgeleitet werden. Aus $\boldsymbol{\eta}(t_{\mathrm{E}}) = \boldsymbol{\eta}(t_{\mathrm{S}}) + \int_{t_{\mathrm{S}}}^{t_{\mathrm{E}}} \dot{\boldsymbol{\eta}}(t)\,\mathrm{d}t$, (5.1.2), (5.1.3), (5.1.7) folgt

$$\begin{aligned}\int_{t_{\mathrm{S}}}^{t_{\mathrm{E}}} \dot{\boldsymbol{\eta}}_{\mathrm{dS}}(t)\,\mathrm{d}t &= \boldsymbol{\eta}(t_{\mathrm{E}}) - \boldsymbol{\eta}(t_{\mathrm{S}}) - \int_{t_{\mathrm{S}}}^{t_{\mathrm{E}}} \dot{\boldsymbol{\eta}}_{\mathrm{dI}}(t)\,\mathrm{d}t - \int_{t_{\mathrm{S}}}^{t_{\mathrm{E}}} \dot{\mathbf{e}}_{\eta}(t)\,\mathrm{d}t \\ &= \mathbf{e}_{\eta\mathrm{I}}(t_{\mathrm{E}}) - \mathbf{e}_{\eta\mathrm{I}}(t_{\mathrm{S}}) - \int_{t_{\mathrm{S}}}^{t_{\mathrm{E}}} \dot{\mathbf{e}}_{\eta}(t)\,\mathrm{d}t. \end{aligned} \tag{5.1.11}$$

Die Trajektorie $\mathbf{y}_{\mathrm{dS}}(t)$, $t \in [t_{\mathrm{S}}, t_{\mathrm{E}}]$ ist also so zu wählen, dass (5.1.11) erfüllt ist. Dies kann durch Parametrierung eines geeigneten Ansatzes erfolgen. Nach Erreichen der gewünschten Abweichung $\mathbf{e}_{\eta\mathrm{I}}(t_{\mathrm{E}})$ ist eine weitere Beeinflussung von $\boldsymbol{\eta}$ nicht erforderlich; somit gilt

$$\mathbf{y}_{\mathrm{dS}}(t) = 0, \qquad t \geq t_{\mathrm{E}}. \tag{5.1.12}$$

Problematisch an (5.1.11) ist, dass zur Planung von $\mathbf{y}_{\mathrm{dS}}(t)$, $t \in [t_{\mathrm{S}}, t_{\mathrm{E}}]$ die Größe $\int_{t_{\mathrm{S}}}^{t_{\mathrm{E}}} \dot{\mathbf{e}}_{\eta}(t)\,dt$ bekannt sein muss. Dies ist bei realen Systemen jedoch nicht möglich, da die Planung zum Zeitpunkt t_{S} erfolgt. Allerdings kann die Größe $\int_{t_{\mathrm{S}}}^{t_{\mathrm{E}}} \dot{\mathbf{e}}_{\eta}(t)\,dt$ in guter Näherung zu Null gesetzt werden, falls das Modell des Stromrichters dessen Systemverhalten im Intervall $[t_{\mathrm{S}}, t_{\mathrm{E}}]$ hinreichend nachbildet. Dies folgt unmittelbar aus dem (theoretischen) Sonderfall einer exakten Nachbildung des Systemverhaltens. In diesem Fall gelten $\mathbf{y}(t) = \mathbf{y}_\mathrm{d}(t)$ und $\dot{\boldsymbol{\eta}}(t) = \dot{\boldsymbol{\eta}}_\mathrm{d}(t)$, $t \in [t_\mathrm{S}, t_\mathrm{E}]$. Wegen (5.1.3) gilt somit

$$\dot{\mathbf{e}}_\eta(t) = 0, \qquad t \in [t_\mathrm{S}, t_\mathrm{E}] \tag{5.1.13}$$

und folglich ist $\int_{t_\mathrm{S}}^{t_\mathrm{E}} \dot{\mathbf{e}}_\eta(t)\,\mathrm{d}t = 0$.

An dieser Stelle wird angemerkt, dass bei praktischen Realisierungen die gewünschte Abweichung $\mathbf{e}_{\eta\mathrm{I}}(t_\mathrm{E}) = \mathbf{e}_{\eta\mathrm{I}}(t)$, $t \geq t_\mathrm{E}$ bestenfalls temporär erreicht werden kann. Mögliche Ursachen dafür sind Modellungenauigkeiten und Störungen. Damit die Trajektorie $\mathbf{y}_\mathrm{d}$ nur vorübergehend von der gewünschten Trajektorie $\mathbf{y}_\mathrm{dI}$ abweicht, ist es bei praktischen Anwendungen sinnvoll, die Trajektorienplanung beim Überschreiten einer Hystereseschwelle zu beginnen. Auf Neuplanungen von $\mathbf{y}_\mathrm{dS}(t)$, $t \in [t_\mathrm{S}, t_\mathrm{E}]$ – also bei $\mathbf{y}_\mathrm{dS}(t) \neq 0$ – wird im Abschnitt 5.1.2.2 näher eingegangen.

Bisher wurden mögliche Trajektorien für $\mathbf{y}_\mathrm{dS}$ nicht weiter spezifiziert. Ein naheliegender Ansatz ist, $\mathbf{y}_\mathrm{dS}$ stückweise auf Basis „geeigneter“ Ansatzfunktionen – z. B. Polynomen in t, oder trigonometrischer Funktionen – zu berechnen. Die unbekannten Koeffizienten können aus $\mathbf{e}_\eta(t_\mathrm{S})$, $\Delta t = t_\mathrm{E} - t_\mathrm{S}$ und der Forderung $\mathbf{e}_\eta(t_\mathrm{E})$ mit (5.1.11), (5.1.12), (5.1.13) und der Bedingung an stetige Differenzierbarkeit (4.0.1) bzw. bei $L_\mathrm{d} = 0$ (4.0.2) bestimmt werden. Weitere Forderungen, so z. B. (4.0.5) können in Abhängigkeit des Grades der gewählten Ansatzfunktionen und der zur Berechnung der Koeffizienten verfügbaren Zeit ebenfalls berücksichtigt werden. Eine mögliche Implementierung bei Berücksichtigung von (4.0.5) kann ähnlich zu dem in Abschnitt 5.2.1 beschriebenen Algorithmus erfolgen. Dieses Verfahren wird an dieser Stelle jedoch nicht weiter verfolgt, da hier ein Überführen von $\boldsymbol{\eta}(t_\mathrm{S}) \neq \boldsymbol{\eta}_\mathrm{dI}(t_\mathrm{S})$ auf $\boldsymbol{\eta}(t_\mathrm{E}) = \boldsymbol{\eta}_\mathrm{dI}(t_\mathrm{E})$ mit geringem Rechenbedarf angestrebt wird.

Da in stationären Arbeitsregimes alle Zeitverläufe der Systemgrößen des M2Cs zeitlich periodisch sind, ist es naheliegend, für die noch unbestimmten Komponenten von $\mathbf{y}_\mathrm{dS} = (y_{0\mathrm{dS}}, y_{1\mathrm{dS}}, y_{2\mathrm{dS}}, 0, 0, y_{5\mathrm{dS}})^\mathrm{T}$ Ansatzfunktionen mit trigonometrischer Basis zu wählen, also Ansatzfunktionen der Art

$$y_{l\mathrm{dS}} = \sum_{k=0}^{k_{l\mathrm{Max}}} A_{lk} \sin(\omega_{lk} t + \varphi_{ik}), \qquad l \in \{0, 1, 2, 5\} \tag{5.1.14}$$

mit k, $k_{l\mathrm{Max}}$, A_{lk}, $\omega_{lk} \in \mathbb{R}^+$ und $\varphi_{lk} \in [0, 2\pi]$.

Soll eine Abweichung $\mathbf{e}_\eta(t) \neq 0$, $t \leq t_\mathrm{S}$ zeitnah beeinflusst werden, so dürfen zur Bestimmung der Koeffizienten des Ansatzes (5.1.14) keine aufwendigen Berechnungen erforderlich sein. Dies wird an dieser Stelle besonders hervorgehoben, da selbst im Sonderfall $y_{l\mathrm{dS}} = 0$, $l \in \{0, 3, 4, 5\}$, $y_{1\mathrm{dS}}$, $y_{2\mathrm{dS}} \neq 0$ das Lösen eines Gleichungssystems von mindestens elfter Ordnung nötig ist, was aus (5.1.11), (5.1.12) und (4.0.1) bzw. (4.0.2) folgt. Weiter wird angemerkt, dass zum Lösen von (5.1.11) trigonometrische Berechnungen notwendig sind. Aus diesem Grund wird hier ein interessanter Sonderfall betrachtet, bei dem der Rechenaufwand zur Bestimmung der Koeffizienten reduziert ist.

5.1.2.1. Sonderfall: $\Delta t = t_\mathrm{E} - t_\mathrm{S} = n_\mathrm{dS} T_\mathrm{dS}$, $n_\mathrm{dS} \in \mathbb{N} \setminus \{0\}$

Ein interessanter Sonderfall besteht, falls die Planungsintervalle $\Delta t = t_\mathrm{E} - t_\mathrm{S}$ ganzzahligen Vielfachen der Periodendauer von $\dot{\boldsymbol{\eta}}_\mathrm{dS}$ entsprechen, also $\Delta t = n_\mathrm{dS} T_\mathrm{dS}$, $n_\mathrm{dS} \in \mathbb{N} \setminus \{0\}$ gilt, mit

$$\dot{\boldsymbol{\eta}}_\mathrm{dS}(t) = \dot{\boldsymbol{\eta}}_\mathrm{dS}(t + T_\mathrm{dS}), \qquad t \in [t_\mathrm{S}, t_\mathrm{E} - T_\mathrm{dS}]\,. \tag{5.1.15}$$

Werden in diesem Fall an Stelle des allgemeinen Ansatzes (5.1.14) Basisfunktionen mit Kreisfrequenz $n\omega_\mathrm{dS}$, $n \in \mathbb{N}$, $\omega_\mathrm{dS} = \frac{2\pi}{T_\mathrm{dS}}$ betrachtet, so können die Koeffizienten der Ansatzfunktionen $y_{l\mathrm{dS}}$, $l \in \{0, 1, 2, 5\}$ einfach berechnet werden, falls T_dS dem kleinsten gemeinsamen Vielfachen der Periodendauern von $u^\circ_{\mathrm{g}\alpha}$, $u^\circ_{\mathrm{g}\beta}$, $\mathbf{y}_\mathrm{dI}$ entspricht. Zur Verdeutlichung wird zunächst der Ansatz

$$y_{l\mathrm{dS}} = \sum_{n=0}^{n_{l\mathrm{Max}}} A_{ln} \sin(n\omega_\mathrm{dS} t + \varphi_{ln}), \qquad l \in \{1, 2\} \tag{5.1.16a}$$

$$y_{0\mathrm{dS}} = y_{3\mathrm{dS}} = y_{4\mathrm{dS}} = y_{5\mathrm{dS}} = 0 \tag{5.1.16b}$$

betrachtet, mit $n, n_{l\mathrm{Max}} \in \mathbb{N}$, $A_{ln} \in \mathbb{R}^+$, $\varphi_{ln} \in [0, 2\pi]$. Einsetzen von (5.1.16b) in (5.1.10) liefert

$$U_\mathrm{d}\dot{\eta}_{1\mathrm{dS}} = 2\big(\big(u^\circ_{\mathrm{g}\alpha} - y_{5\mathrm{dI}}\big)\,\dot{y}_{1\mathrm{dS}} + u^\circ_{\mathrm{g}\beta}\dot{y}_{2\mathrm{dS}}\big) \tag{5.1.17a}$$

$$U_\mathrm{d}\dot{\eta}_{2\mathrm{dS}} = 2\big(u^\circ_{\mathrm{g}\beta}\dot{y}_{1\mathrm{dS}} - \big(u^\circ_{\mathrm{g}\alpha} + y_{5\mathrm{dI}}\big)\,\dot{y}_{2\mathrm{dS}}\big) \tag{5.1.17b}$$

$$U_\mathrm{d}\dot{\eta}_{3\mathrm{dS}} = -4\big(u^\circ_{\mathrm{g}\beta}\dot{y}_{1\mathrm{dS}} + u^\circ_{\mathrm{g}\alpha}\dot{y}_{2\mathrm{dS}}\big). \tag{5.1.17c}$$

Dabei werden die Komponenten $y_{1\mathrm{dS}}$, $y_{2\mathrm{dS}}$ nicht durch die Ansätze in (5.1.16) ersetzt, um die Übersichtlichkeit der Darstellung zu erhöhen.

Aus (5.1.17), (5.1.16), (5.1.15), (5.1.13), (5.1.11), $\Delta t = t_\mathrm{E} - t_\mathrm{S} = n_\mathrm{dS} T_\mathrm{dS}$ folgt, dass nur Kreisfrequenzen $n\omega_\mathrm{dS}$, $n \in \mathbb{N}$ zur Beeinflussung von $\mathbf{e}_{\eta\mathrm{I}}(t_\mathrm{S})$ auf $\mathbf{e}_{\eta\mathrm{I}}(t_\mathrm{E})$ verwendet werden können, welche im Intervall $[t_\mathrm{S}, t_\mathrm{E}]$ auch in $u^\circ_{\mathrm{g}\alpha}$, $u^\circ_{\mathrm{g}\beta}$ und $y_{5\mathrm{dI}}$ enthalten sind. Bei einem Zeitverlauf der Lastströme und Gegenspannungen der Last nach (4.2.10) sowie einem angenommenen Zeitverlauf $y_{5\mathrm{dI}} = \hat{U}_\mathrm{X} \sin(3\omega_0 t + \varphi_\mathrm{X})$ sind dies lediglich die Kreisfrequenzen ω_0 und $3\omega_0$. Alle anderen können dazu verwendet werden, neben der notwendigen Bedingung (5.1.12) und der Anforderung an stetige Differenzierbarkeit (4.0.1) bzw. (4.0.2) bei $L_\mathrm{d} = 0$ auch eventuelle weitere zu erfüllen.

Eine Erweiterung des Ansatzes (5.1.16) stellt

$$y_{0\mathrm{dSI}} = k_{\mathrm{S5},u_\mathrm{X}} \tilde{U}_\mathrm{X} + h_0 \tag{5.1.18a}$$

$$y_{1\mathrm{dSI}} = k_{\mathrm{S3}} U^\circ_{\mathrm{g}\alpha} + k_{\mathrm{S4}} U^\circ_{\mathrm{g}\beta} + k_{\mathrm{S5}} U^\circ_{\mathrm{g}\beta} + k_{\mathrm{S3,uX}} \tilde{U}_\mathrm{X} + h_1 \tag{5.1.18b}$$

$$y_{2\mathrm{dSI}} = k_{\mathrm{S3}} U^\circ_{\mathrm{g}\beta} - k_{\mathrm{S4}} U^\circ_{\mathrm{g}\alpha} + k_{\mathrm{S5}} U^\circ_{\mathrm{g}\alpha} + k_{\mathrm{S4,uX}} \tilde{U}_\mathrm{X} + h_2 \tag{5.1.18c}$$

$$y_{3\mathrm{dSI}} = y_{4\mathrm{dSI}} = y_{5\mathrm{dSI}} = 0 \tag{5.1.18d}$$

dar, mit $k_{\mathrm{S}w}$, $k_{\mathrm{S}w,\mathrm{uX}} \in \mathbb{R}$, $v \in \{0, 1, 2\}$, $w = v + 3$ und

$$h_l = \sum_{n=0}^{n_{l\mathrm{O}}} A_{ln} \sin(n\omega_{\mathrm{dS}} t + \varphi_{ln}), \qquad \omega_{\mathrm{dS}} = \frac{2\pi}{T_{\mathrm{dS}}}, l \in \{0, 1, 2\}\,. \tag{5.1.19}$$

Hierbei bezeichnen die Größen $U^\circ_{\mathrm{g}\alpha}$, $U^\circ_{\mathrm{g}\beta}$, $\tilde{U}_\mathrm{X}$ mittelwertfreie Stammfunktionen der Größen $u^\circ_{\mathrm{g}\alpha}$, $u^\circ_{\mathrm{g}\beta}$, $\tilde{u}_\mathrm{X}$. Zur Vereinfachung der weiteren Betrachtungen wird vorausgesetzt, dass

$$\langle u^\circ_{\mathrm{g}\alpha}, u^\circ_{\mathrm{g}\beta} \rangle \big|_{t_\mathrm{S}}^{t_\mathrm{E}} = 0 \tag{5.1.20a}$$

$$\langle u^\circ_{\mathrm{g}\alpha}, u^\circ_{\mathrm{g}\alpha} \rangle \big|_{t_\mathrm{S}}^{t_\mathrm{E}} = \langle u^\circ_{\mathrm{g}\beta}, u^\circ_{\mathrm{g}\beta} \rangle \big|_{t_\mathrm{S}}^{t_\mathrm{E}} \tag{5.1.20b}$$

$$\langle u^\circ_{\mathrm{g}\beta}, \tilde{u}_\mathrm{X} \rangle \big|_{t_\mathrm{S}}^{t_\mathrm{E}} = \langle u^\circ_{\mathrm{g}\alpha}, \tilde{u}_\mathrm{X} \rangle \big|_{t_\mathrm{S}}^{t_\mathrm{E}} = 0 \tag{5.1.20c}$$

$$\langle \dot{h}_l, u^\circ_{\mathrm{g}\alpha} \rangle \Big|_{t_\mathrm{S}}^{t_\mathrm{E}} = \langle \dot{h}_l, u^\circ_{\mathrm{g}\beta} \rangle \Big|_{t_\mathrm{S}}^{t_\mathrm{E}} = \langle \dot{h}_l, \tilde{u}_\mathrm{X} \rangle \Big|_{t_\mathrm{S}}^{t_\mathrm{E}} = 0 \tag{5.1.20d}$$

$$y_{5\mathrm{dI}} = \tilde{u}_\mathrm{X} \tag{5.1.20e}$$

erfüllt sind. Dabei stellen diese Annahmen keine wesentlichen Einschränkungen dar – sie sind z. B. bei einem Zeitverlauf der Ströme i_3, i_4 sowie der Spannungen $u^\circ_{\mathrm{g}\alpha}$, $u^\circ_{\mathrm{g}\beta}$ nach (4.2.12), (4.2.10) bei $\omega_0 \neq 0$ stets, bei U/f-Steuerung der Last bei $\omega_0 = 0$ (u. U. näherungsweise) erfüllt, falls $\tilde{u}_\mathrm{X}$ keinen Spektralanteil der Kreisfrequenz ω_0 enthält. Durch die Bedingung (5.1.20d) sind manche der Amplituden A_{ln} in (5.1.19) zu Null und / oder manche Phasenwinkel φ_{ln} festgelegt.

Bedingungen zur Bestimmung der Koeffizienten in (5.1.18) ergeben sich aus (5.1.11) und der Forderung an stetige Differenzierbarkeit (4.0.1) bzw. bei $L_\mathrm{d} = 0$ (4.0.2). Im Sonderfall $\Delta t = n_{\mathrm{dS}} T_{\mathrm{dS}}$, $n_{\mathrm{dS}} \in \mathbb{N} \setminus \{0\}$ mit T_{dS} nach (5.1.15) sind unter der Voraussetzung (5.1.20) für die Bestimmung von $\int_{t_\mathrm{S}}^{t_\mathrm{E}} \dot{\boldsymbol{\eta}}_{\mathrm{dS}}(t)\,\mathrm{d}t = \Delta\boldsymbol{\eta}_{\mathrm{dS}} = (\Delta\eta_{1\mathrm{dS}}\, \Delta\eta_{2\mathrm{dS}}\, \Delta\eta_{3\mathrm{dS}})^\mathrm{T}$ keine aufwändigen Berechnungen notwendig, es gilt

$$U_\mathrm{d} \Delta\eta_{1\mathrm{dS}} = 2n_{\mathrm{dS}} T_{\mathrm{dS}} \left(2k_{\mathrm{S3}} \langle u^\circ_{\mathrm{g}\alpha}, u^\circ_{\mathrm{g}\alpha} \rangle \big|_{t_\mathrm{S}}^{t_\mathrm{E}} - k_{\mathrm{S3},u_\mathrm{X}} \langle \tilde{u}_\mathrm{X}, \tilde{u}_\mathrm{X} \rangle \big|_{t_\mathrm{S}}^{t_\mathrm{E}} \right) \tag{5.1.21a}$$

$$U_\mathrm{d} \Delta\eta_{2\mathrm{dS}} = 2n_{\mathrm{dS}} T_{\mathrm{dS}} \left(2k_{\mathrm{S4}} \langle u^\circ_{\mathrm{g}\alpha}, u^\circ_{\mathrm{g}\alpha} \rangle \big|_{t_\mathrm{S}}^{t_\mathrm{E}} - k_{\mathrm{S4},u_\mathrm{X}} \langle \tilde{u}_\mathrm{X}, \tilde{u}_\mathrm{X} \rangle \big|_{t_\mathrm{S}}^{t_\mathrm{E}} \right) \tag{5.1.21b}$$

$$U_\mathrm{d} \Delta\eta_{3\mathrm{dS}} = 2n_{\mathrm{dS}} T_{\mathrm{dS}} \left(-k_{\mathrm{S5},u_\mathrm{X}} \langle \tilde{u}_\mathrm{X}, \tilde{u}_\mathrm{X} \rangle \big|_{t_\mathrm{S}}^{t_\mathrm{E}} - 4k_{\mathrm{S5}} \langle u^\circ_{\mathrm{g}\alpha}, u^\circ_{\mathrm{g}\alpha} \rangle \big|_{t_\mathrm{S}}^{t_\mathrm{E}} \right). \tag{5.1.21c}$$

Dies folgt aus dem Einsetzen von (5.1.18), (5.1.10), (5.1.13) in $\Delta\boldsymbol{\eta}_{\mathrm{dS}} = \int_{t_\mathrm{S}}^{t_\mathrm{E}} \dot{\boldsymbol{\eta}}_{\mathrm{dS}}(t)\,dt$. Bemerkenswert an (5.1.21) ist, dass die Terme $\langle\,\cdot\,,\cdot\,\rangle|_{t_\mathrm{S}}^{t_\mathrm{E}}$ bei einem stationären Arbeitsregime von den Zeitpunkten t_S, $t_\mathrm{E} = t_\mathrm{S} + n_{\mathrm{dS}}T_{\mathrm{dS}}$ unabhängig sind; sie sind durch das Arbeitsregime der Last und $\mathbf{y}_{\mathrm{dI}}$ festgelegt. Somit müssen sie für jedes stationäre Arbeitsregime nur einmal berechnet und im Arbeitsspeicher hinterlegt werden.

Bei gewünschter Änderung $\Delta\boldsymbol{\eta}_{\mathrm{dS}}$, bzw. $\mathbf{e}_{\eta\mathrm{I}}(t_\mathrm{E}) - \mathbf{e}_{\eta\mathrm{I}}(t_\mathrm{S})$ beschreiben die Gleichungen (5.1.21) drei lineare Gleichungen in jeweils zwei Unbekannten. Zur eindeutigen Bestimmung der Unbekannten sind neben (5.1.20), (5.1.21) und $\Delta\boldsymbol{\eta}_{\mathrm{dS}} = \int_{t_\mathrm{S}}^{t_\mathrm{E}} \dot{\boldsymbol{\eta}}_{\mathrm{dS}}(t)$ drei weitere Gleichungen erforderlich. Diese können beispielsweise dazu verwendet werden, $\dot{i}_\mathrm{d} = 0$ zu erzielen und die Effektivwerte der Ströme i_1, i_2 im Intervall Δt zu minimieren. Dabei ist zu beachten, dass der Wunsch $\dot{i}_\mathrm{d} = 0$ eventuell nicht für alle Arbeitsregimes erfüllt werden kann, da dies bei gewünschter Änderung $\Delta\eta_{3,\mathrm{dS}}$ und „kleinen" Werten von $n_{\mathrm{dS}}T_{\mathrm{dS}}\langle u_{\mathrm{g}\alpha}^{\circ}, u_{\mathrm{g}\alpha}^{\circ}\rangle$ zu unzulässigen Strömen i_1, i_2 führen kann.

Bisher wurde die Forderung (4.0.1) an stetige Differenzierbarkeit bzw. (4.0.2) bei $L_\mathrm{d} = 0$ nicht weiter berücksichtigt. Diese kann durch geeignete Wahl des Ansatzes (5.1.19) einfach erfüllt werden. Es wird darauf hingewiesen, dass die Forderung an stetige Differenzierbarkeit (4.0.1) bzw. (4.0.2) bei $L_\mathrm{d} = 0$ wegen $\Delta t = t_\mathrm{E} - t_\mathrm{S} = n_{\mathrm{dS}}T_{\mathrm{dS}}$ nur an einer der beiden Intervallgrenzen von $[t_\mathrm{S}, t_\mathrm{E}]$ gelöst werden muss. Dies bedeutet, dass der Rechenaufwand um die Hälfte reduziert ist.

Anmerkung 8 *In diesem Abschnitt wurde gezeigt, dass im Sonderfall* $\Delta t = n_{\mathrm{dS}}T_{\mathrm{dS}}$, $n_{\mathrm{dS}} \in \mathbb{N} \setminus \{0\}$ *unter den dort aufgeführten Randbedingungen für die Bestimmung der Parameter des Ansatzes* (5.1.18) *keine aufwändigen Berechnungen erforderlich sind. Jedoch kann die Voraussetzung* $\Delta t = n_{\mathrm{dS}}T_{\mathrm{dS}}$ *insbesondere bei Grundschwingungsfrequenzen* $f_0 \approx 0$ *zu „langen" Planungsintervallen führen. Lange Planungsintervalle sind jedoch bei praktischen Realisierungen auf Grund der damit verbundenen geringen Reaktionszeit nachteilig.*

Unter der Voraussetzung, dass (5.1.11) *keine „harte Forderung" ist – also der gewünschte Fehler* $\mathbf{e}_{\eta\mathrm{I}}(t_\mathrm{E})$ *nicht exakt erreicht werden muss – können die Parameter des Ansatzes* (5.1.18) *auch bei* $f_0 \approx 0$ *mit wenigen trigonometrischen Berechnungen bestimmt werden. Dies kann beispielsweise durch die Festlegung* $\Delta t = T_\mathrm{X}$ *bei geeigneter Wahl von* T_X, *z. B.* $T_\mathrm{X} \ll T_0$ *erreicht werden. Dabei bezeichnet* T_X *die Periodendauer von* $y_{\mathrm{dI}} = \tilde{u}_\mathrm{X}$. *Um den Umfang der Darstellung zu begrenzen, wird die Herleitung an dieser Stelle nicht angegeben.*

5.1.2.2. Neuplanung von $\mathbf{y}_{\mathrm{dS}}$

Das bisher beschriebene Verfahren basiert darauf, dass die Größe $\boldsymbol{\eta}$ durch „Echtzeit"-Planung der Trajektorie $\mathbf{y}_{\mathrm{d}}$ gezielt beeinflusst wird. Dieser Ansatz scheint besonders geeignet, falls das Modell des Stromichters dessen Systemverhalten hinreichend wiedergibt. Änderungen des realen Systems – z. B. in Folge von Fehlerfällen wie Spannungseinbrüchen an der Last oder Kurzschlüssen – erfordern eine zeitnahe Neuplanung von $\mathbf{y}_{\mathrm{dS}}$. Diese Änderungen können z. B. durch Auswerten der Fehleränderung $\Delta\mathbf{e}_{\eta}(t, t_{\mathrm{S}}) = \mathbf{e}_{\eta}(t) - \mathbf{e}_{\eta}(t_{\mathrm{S}})$, $t \in [t_{\mathrm{S}}, t_{\mathrm{E}}]$ im Planungsintervall erfasst werden. Überschreiten die Komponenten von $|\Delta\mathbf{e}_{\eta}(t, t_{\mathrm{S}})|$ zuvor festgelegte Schwellwerte, so wird eine Neuplanung veranlasst. Vorteilhaft an dieser Methode ist, dass $\Delta\mathbf{e}_{\eta}(t, t_{\mathrm{S}})$ wegen

$$\begin{aligned}\Delta\mathbf{e}_{\eta}(t, t_{\mathrm{S}}) = \mathbf{e}_{\eta}(t) - \mathbf{e}_{\eta}(t_{\mathrm{S}}) = \boldsymbol{\eta}(t) - \boldsymbol{\eta}(t_{\mathrm{S}}) - \int_{t_{\mathrm{S}}}^{t} \dot{\boldsymbol{\eta}}_{\mathrm{d}}(t)\,\mathrm{d}t \\ = \mathbf{e}_{\eta\mathrm{I}}(t) - \mathbf{e}_{\eta\mathrm{I}}(t_{\mathrm{S}}) - \int_{t_{\mathrm{S}}}^{t} \dot{\boldsymbol{\eta}}_{\mathrm{dS}}(t)\,\mathrm{d}t \qquad (5.1.22)\end{aligned}$$

mit geringem Aufwand numerisch berechnet werden kann. Dies ist insbesondere für eine Implementierung in realen Systemen von Bedeutung. Die Formel (5.1.22) folgt aus $\Delta\mathbf{e}_{\eta}(t, t_{\mathrm{S}}) = \mathbf{e}_{\eta}(t) - \mathbf{e}_{\eta}(t_{\mathrm{S}})$ und (5.1.2), (5.1.3), (5.1.7).

Für die nachfolgenden Betrachtungen wird angenommen, dass zum Zeitpunkt t_{N}, $t_{\mathrm{S}} < t_{\mathrm{N}} < t_{\mathrm{E}}$ – also bei $\mathbf{y}_{\mathrm{dS}} \neq 0$ – eine erforderliche Neuplanung festgestellt wird. Zwar ist es möglich, die Neuplanung bereits zum Zeitpunkt $t_{\mathrm{N}} = t_{\mathrm{S}}^{*}$ zu beginnen[1]. Dies hat aber in der Praxis einen entscheidenden Nachteil, falls $\boldsymbol{\eta}_{\mathrm{d}}$, bzw. die Fehleränderung $\Delta\mathbf{e}_{\eta}(t, t_{\mathrm{S}})$ durch numerische Integration bestimmt wird. Dadurch, dass der ursprüngliche Integrationszeitraum von $\Delta t = t_{\mathrm{E}} - t_{\mathrm{S}}$ auf $\Delta t^{*} = t_{\mathrm{E}}^{*} - t_{\mathrm{S}}$ geändert und daher unter Umständen deutlich verlängert wird, können starke Abweichungen zwischen den numerisch bestimmten Werten und den exakten Werten auftreten. Im schlimmsten Falle werden durch Integrationsfehler Neuplanungen veranlasst.

Ein praxisorientierter Lösungsansatz zur Umgehung dieses Problems ist, vor Beginn einer Neuplanung

$$\mathbf{y}_{\mathrm{dS}}(t) = 0, \qquad t \in [t_{\mathrm{N0}}, t_{\mathrm{S}}^{*}[\,, t_{\mathrm{N0}} > t_{\mathrm{N}} \qquad (5.1.23)$$

zu erzwingen, also die gleiche Ausgangslage wie bei einer „normalen" Planung zu schaffen. Dies kann beispielsweise durch Multikplikation der (veralteten) Trajektorie $\mathbf{y}_{\mathrm{dS}}(t)$, $t \in [t_{\mathrm{S}}, t_{\mathrm{E}}]$ mit einer geeigneten „Rückführfunktion"

[1] Um die Lesbarkeit zu erhöhen, werden die Zeiten der „veralteten" Trajektorie weiterhin mit t_{S}, t_{E} und Δt bezeichnet. Zur Unterscheidung von diesen haben Zeiten der „neuen" Trajektorie hochgestellte Indizes „$*$".

$f_{\mathrm{R}}(t)\colon\ [t_{\mathrm{N}}, t_{\mathrm{N0}}] \to [0, 1]$ realisiert werden. Im einfachsten Fall kann die Rückführfunktion $f_{\mathrm{R}}(t)$ ein Polynom sein, wobei der minimale Grad des Polynoms durch die Forderung an stetige Differenzierbarkeit (4.0.1) bzw. bei $L_{\mathrm{d}} = 0$ durch (4.0.2) festgelegt ist. Wird als Ansatz ein Polynom fünften Grades gewählt, so können die Polynomkoeffizienten unter Beachtung von (5.1.23) und der Stetigkeitsanforderung an den Rändern mit

$$f_{\mathrm{R}}(t_{\mathrm{N}}) = 1$$
$$f_{\mathrm{R}}(t_{\mathrm{N0}}) = \dot{f}_{\mathrm{R}}(t_{\mathrm{N0}}) = \dot{f}_{\mathrm{R}}(t_{\mathrm{N}}) = \ddot{f}_{\mathrm{R}}(t_{\mathrm{N0}}) = \ddot{f}_{\mathrm{R}}(t_{\mathrm{N}}) = 0$$

bestimmt werden.

5.1.3. Simulationsbeispiel

Aus Übersichtsgründen wird das Simulationsbeispiel des Abschnitts 4.1 erneut aufgegriffen, wobei $\boldsymbol{\eta}$ nun durch zeitdiskrete Planung von $\mathbf{y}_{\mathrm{dS}}$ beeinflusst wird. Die Modellparameter und Reglerkoeffizienten stimmen mit denen aus Abschnitt 4.1.3 überein. Da die bisherigen Betrachtungen zur zeitdiskreten Beeinflussung von $\boldsymbol{\eta}$ allgemein gehalten sind, wird das in der Simulation implementierte Verfahren zur Berechnung von $\mathbf{y}_{\mathrm{dS}}$ zunächst näher beschrieben und die Berechnung von $\boldsymbol{\eta}_{\mathrm{d}}$ skizziert. Anschließend werden ausgewählte Simulationsergebnisse diskutiert.

5.1.3.1. Planung von $\mathbf{y}_{\mathrm{dS}}$

Die Trajektorien $\mathbf{y}_{\mathrm{dS}}$ werden mit der Ansatzfunktion (5.1.18) und $k_{\mathrm{S}w,\mathrm{uX}} = 0$, $w \in \{3, 4, 5\}$ für den Sonderfall aus Abschnitt 5.1.2.1 berechnet. Obwohl dieser Sonderfall für den Fall $L_{\mathrm{d}} = 0$ hergeleitet wurde, wird er hier verwendet, da die Trajektorie $y_{0\mathrm{d}}$ so geplant ist, dass $\dot{i}_{0\mathrm{d}} = 0$ in stationären Arbeitsregimes gilt. Zudem erfolgt keine Beeinflussung von $\boldsymbol{\eta}$ durch $y_{0\mathrm{dS}}$. Somit ist der Term $6L_{\mathrm{d}}\dot{i}_0$ in (3.3.16) gegenüber der Spannung U_{d} vernachlässigbar, falls das Modell das Systemverhalten des realen Stromrichters hinreichend genau beschreibt.

Der (allgemeine) Ansatz für h_l, $l \in \{0, 1, 2\}$ nach (5.1.19) wird auf Kreisfrequenzen $5\omega_0$ eingeschränkt. Die Fehleränderung $\mathbf{e}_{\eta\mathrm{I}}(t_{\mathrm{E}}) - \mathbf{e}_{\eta\mathrm{I}}(t_{\mathrm{S}})$ ist durch den Fehler $\mathbf{e}_{\eta\mathrm{I}}(t_{\mathrm{S}})$ und die Forderung $\mathbf{e}_{\eta\mathrm{I}}(t_{\mathrm{E}}) \overset{!}{=} 0$ vorgegeben, wohingegen die Zeitdauer der Beeinflussung $\Delta t = t_{\mathrm{E}} - t_{\mathrm{S}}$ ein Entwurfsparameter ist. Wegen $T_{\mathrm{dS}} = T_0$ werden die Intervalle $\Delta t = t_{\mathrm{E}} - t_{\mathrm{S}}$ zu ganzzahligen Vielfachen von T_0 gewählt, also zu $\Delta t = n_{\mathrm{dS}} T_0$, $n_{\mathrm{dS}} \in \mathbb{N} \setminus \{0\}$. Auf die Wahl des Entwurfsparameters n_{dS} wird später eingegangen. Zunächst wird die Berechnung von $\boldsymbol{\eta}_{\mathrm{d}}$ und das Auslösen einer Neuplanung kurz beschrieben.

Überschreiten die Komponenten von $\mathbf{e}_\eta = \boldsymbol{\eta} - \boldsymbol{\eta}_{\mathrm{d}}$ zuvor festgelegte Hysteresegrenzen, so wird eine Neuplanung von $\mathbf{y}_{\mathrm{dS}}$ ausgelöst. Die Bestimmung des Fehlers $\mathbf{e}_\eta$ setzt jedoch die Kenntnis der Solltrajektorie $\boldsymbol{\eta}_\mathrm{d}$ voraus. In stationären Arbeitsregimes gilt $\mathbf{y}_\mathrm{d} = \mathbf{y}_\mathrm{dI}$, $\mathbf{y}_\mathrm{d} = \mathbf{y}_\mathrm{dS} = 0$ und somit nach (5.1.2) $\boldsymbol{\eta}_\mathrm{d} = \boldsymbol{\eta}_\mathrm{dI}$. Aus diesem Grund können die Komponenten von $\boldsymbol{\eta}_\mathrm{d}$ in stationären Arbeitsregimes mit (4.3.21d) und (4.3.21e) berechnet werden. Bei Transitionen von $\mathbf{y}_\mathrm{dI}$ wird $\boldsymbol{\eta}_\mathrm{dI}$ durch numerische Integration von (3.3.16) bestimmt. Dabei sind die Startwerte der numerischen Integration so gewählt, dass $\boldsymbol{\eta}_\mathrm{dI}$ zu Beginn der numerischen Integration stetig ist. Weil die Trajektorien $\mathbf{y}_\mathrm{dI}$ bei Überführungen ohne Forderungen an $\boldsymbol{\eta}_\mathrm{d}$ festgelegt werden, ist $\boldsymbol{\eta}_\mathrm{dI}$ nach Transitionen i. A. nicht stetig. Da $\boldsymbol{\eta}$ jedoch stetig ist, führen die „Sprünge" in $\boldsymbol{\eta}_\mathrm{dI}$ zu Sprüngen des Fehlers $\mathbf{e}_\eta = \boldsymbol{\eta} - \boldsymbol{\eta}_\mathrm{dI}$. Dies bedeutet, dass auf Überführungen von $\mathbf{y}_\mathrm{dI}$ zwischen stationären Arbeitsregimes meist eine Beeinflussung von $\boldsymbol{\eta}$ folgt. Um auch bei Beeinflussung von $\boldsymbol{\eta}$ durch $\mathbf{y}_\mathrm{dS} \neq 0$ auf Änderungen des Systems reagieren zu können, ist die Kenntnis von $\boldsymbol{\eta}_\mathrm{d} \neq \boldsymbol{\eta}_\mathrm{dI}$ erforderlich. Für den Fall $\mathbf{y}_\mathrm{dS} \neq 0$ werden die Trajektorien $\boldsymbol{\eta}_\mathrm{d}$ daher durch numerische Integration von (3.3.16) bestimmt. Die Startwerte sind so gewählt, dass $\boldsymbol{\eta}_\mathrm{d}$ zu Beginn der Integration mit $\boldsymbol{\eta}$ übereinstimmt. Diese Wahl erleichtert die Implementierung des Algorithmus zum Auslösen von Neuplanungen; so sind z. B. zu Null symmetrische Schwellwerte der Fehler möglich.

Eine Neuberechnung der Trajektorien $\mathbf{y}_\mathrm{dS}$ erfolgt, falls eine Komponente des Fehlers $\mathbf{e}_\eta = \boldsymbol{\eta} - \boldsymbol{\eta}_\mathrm{d}$ die aktuell gültigen Schwellwerte überschreitet. Sowohl bei der Wahl der Schwellwerte als auch bei der Planung von $\mathbf{y}_\mathrm{dS}$ werden die beiden Fälle $\mathbf{y}_\mathrm{dS} = 0$ und $\mathbf{y}_\mathrm{dS} \neq 0$ unterschieden:

- Im Fall $\mathbf{y}_\mathrm{dS} = 0$ gelten die Schwellwerte ± 50 J; bei deren Überschreiten wird eine Neuplanung von $\mathbf{y}_\mathrm{dS}$ veranlasst. Während der Berechnung von $\mathbf{y}_\mathrm{dS}$ dürfen die Komponenten des Fehlers $\mathbf{e}_\eta$ von den Werten zu Beginn der Berechnung um maximal ± 50 J abweichen, damit die Berechnung nicht abgebrochen wird und eine weitere Neuplanung ausgelöst wird.

- Im Fall $\mathbf{y}_\mathrm{dS} \neq 0$ werden die Schwellwerte zu ± 200 J gewählt, um „Rückführungen" von $\mathbf{y}_\mathrm{dS} \neq 0$ auf $\mathbf{y}_\mathrm{dS} = 0$ und Neuplanungen bei geringen Änderungen des Systems wie Störungen zu vermeiden. Bei Überschreiten der Schwellwerte wird $\mathbf{y}_\mathrm{dS} \neq 0$ durch Multiplikation mit einer Rückführfunktion $f_\mathrm{R}(t)$, $t \in [t_\mathrm{N}, t_\mathrm{N0}]$ auf $\mathbf{y}_\mathrm{dS}(t_\mathrm{N0}) = 0$ geändert, wobei am Ende der Rückführung eine Neuplanung veranlasst wird. Als Rückführfunktionen werden in der Simulation Polynome fünften Grades verwendet, wobei die Rückführzeit $\Delta t_\mathrm{RF} = t_\mathrm{E} - t_\mathrm{S}$ stets $\Delta t_\mathrm{RF} = 1$ ms beträgt. Die Polynomkoeffizienten sind so gewählt, dass $\mathbf{y}_\mathrm{dS}$ und $\dot{\mathbf{y}}_\mathrm{dS}$ stetig sind.

Da die Bestimmung der Koeffizienten des Ansatzes (5.1.18) Rechenzeit erfordert, ist der Beginn der Intervalle $[t_\mathrm{S}, t_\mathrm{E}]$ bezüglich der Anforderung der Neuplanung bei realen Systemen zeitlich verschoben. Dies trifft insbesondere dann zu, wenn bei der Planung von $\mathbf{y}_\mathrm{dS}$ auch „Zusatzanforderungen" wie

(4.0.5) eingehalten werden sollen, da in diesem Fall der Zeitverlauf der Systemgrößen im Voraus berechnet werden muss. Bei Grenzverletzungen von (4.0.5) ist der Entwurfsparameter Δt anzupassen und eine etwaige Grenzverletzung erneut zu überprüfen. Ein dazu ähnliches Verfahren wird in Kapitel 5.2.1 beschrieben. Dieses kann mit geringen Modifikationen auch auf die Planung von $\mathbf{y}_{\mathrm{dS}}$ übertragen werden. Um Mehrfachnennungen zu vermeiden und wegen des hohen Rechenaufwandes wird es hier nicht weiter ausgeführt.

Bei vielen Echtzeitanwendungen ist es wünschenswert, dass eine Abweichung $\boldsymbol{\eta} - \boldsymbol{\eta}_{\mathrm{d}} \neq 0$ rasch auf $\boldsymbol{\eta} - \boldsymbol{\eta}_{\mathrm{d}} = 0$ reduziert wird. Dies bedeutet, dass die Zeit zur Planung von $\mathbf{y}_{\mathrm{dS}}$ gering sein muss. Folglich wird in diesem Simulationsbeispiel eine etwaige Verletzung von (4.0.5) nicht überprüft; stattdessen wird ein einfaches Verfahren implementiert, mit dem die Betragsmaxima der durch $\mathbf{y}_{\mathrm{dS}} \neq 0$ bedingten Kreisstromkomponenten mit geringem Aufwand begrenzt werden können. Um die Übersichtlichkeit der nachfolgenden Abbildungen zu erhöhen, ist die zur Planung erforderliche Rechenzeit in der Simulation konservativ zu konstant 5 ms angesetzt. Diese „Totzeit" wird auch in die Berechnung von $\mathbf{y}_{\mathrm{dS}}$ mit einbezogen. Für die Festlegung des Entwurfsparameters $\Delta t = n_{\mathrm{dS}} T_0$ wird berücksichtigt, dass die zu einer gewünschten Änderung $\mathbf{e}_{\eta\mathrm{I}}(t_{\mathrm{E}}) - \mathbf{e}_{\eta\mathrm{I}}(t_{\mathrm{S}})$ gehörigen Anteile der Kreis- bzw. Zweigströme vom Überführungszeitraum Δt abhängen. Dies folgt z. B. aus (3.3.17), (5.1.1), (5.1.18), (5.1.13) und (5.1.21). Einer (numerischen) Vorausberechnung der zu erwartenden Betragsmaxima der Kreis- bzw. Zweigströme im Intervall $[t_{\mathrm{S}}, t_{\mathrm{S}} + \Delta t]$ zum Zeitpunkt der Planung steht jedoch der Wunsch eines geringen Rechenaufwandes entgegen. Aus diesem Grund werden die Betragsmaxima der durch $\mathbf{y}_{\mathrm{dS}} \neq 0$ bedingten Kreisströme mit

$$\frac{U_{\mathrm{d}}}{2} \hat{I}_{1\mathrm{dS,Appr}} = \sqrt{\left(k_{\mathrm{S}3} \hat{U}_{\mathrm{g}}^{\circ}\right)^2 + \left((k_{\mathrm{S}4} + k_{\mathrm{S}5}) \hat{U}_{\mathrm{g}}^{\circ}\right)^2} + |a_{1,\mathrm{k}5}| \, (5\omega_0)$$

$$\frac{U_{\mathrm{d}}}{2} \hat{I}_{2\mathrm{dS,Appr}} = \sqrt{\left((k_{\mathrm{S}4} - k_{\mathrm{S}5}) \hat{U}_{\mathrm{g}}^{\circ}\right)^2 + \left(k_{\mathrm{S}3} \hat{U}_{\mathrm{g}}^{\circ}\right)^2} + |a_{2,\mathrm{k}5}| \, (5\omega_0)$$

nach oben abgeschätzt. Diese Abschätzung folgt bei Spannungen $u_{\mathrm{g}\alpha}^{\circ}$, $u_{\mathrm{g}\beta}^{\circ}$ nach (4.2.12) aus (3.3.17), (5.1.1), (5.1.18), $k_{\mathrm{S}w,\mathrm{uX}} = 0$, $w \in \{3, 4, 5\}$, (5.1.20) sowie (5.1.19) wegen der Spektralkomponenten bei ω_0 und $5\omega_0$.

Die Koeffizienten des Ansatzes (5.1.18) werden zunächst mit $\mathbf{e}_{\eta\mathrm{I}}(t_{\mathrm{E}}) \overset{!}{=} 0$ und dem Startwert für die Überführungszeit $\Delta t = T_{\mathrm{dS}} = T_0$ bestimmt. Überschreitet die Größe $\hat{I}_{\mathrm{Appr}} = \max\left\{\hat{I}_{1\mathrm{dS,Appr}}, \hat{I}_{2\mathrm{dS,Appr}}\right\}$ den Grenzwert von $\hat{I}_{12,\mathrm{Grenz}} = 150$ A, so wird das zuvor angesetzte Planungsintervall $\Delta t = T_0$ auf $\Delta t = \mathrm{ceil}\left(\frac{\hat{I}_{\mathrm{Appr}}}{\hat{I}_{12,\mathrm{Grenz}}}\right) T_0$ vergrößert. Dabei ordnet $y = \mathrm{ceil}(x)$ einer Zahl $x \in \mathbb{R}$ die nächstgrößere Zahl $y \in \mathbb{Z}$ zu. An dieser Stelle wird angemerkt, dass für die Bestimmung der Koeffizienten des Ansatzes (5.1.18) bei Verlängerung des Zeitraumes Δt keine aufwändigen Berechnungen notwendig sind. Auf Grund von (5.1.18), (5.1.21) und $k_{\mathrm{S5,u_X}} = 0$ müssen die zuvor berechneten „alten" Koeffizienten lediglich mit dem Faktor $\left(\mathrm{ceil}\left(\frac{\hat{I}_{\mathrm{Appr}}}{\hat{I}_{12,\mathrm{Grenz}}}\right)\right)^{-1}$ multipliziert werden.

5.1.3.2. Ergebnisse

Die Überführung der Ausgangskomponenten ist in Abb. 5.2 zu sehen. Da die gewünschte Beeinflussung von $\boldsymbol{\eta}$ allein durch die Komponenten $y_{1\mathrm{d}}$ und $y_{2\mathrm{d}}$ erfolgt ($y_{0\mathrm{dS}} = y_{3\mathrm{dS}} = y_{4\mathrm{dS}} = y_{5\mathrm{dS}} = 0$), stimmen die Zeitverläufe der Komponenten $y_{0\mathrm{d}}$, $y_{3\mathrm{d}}$, $y_{4\mathrm{d}}$, $y_{5\mathrm{d}}$ mit den korrespondierenden aus Abb. 4.2 überein. Um die Übersichtlichkeit der Darstellung zu erhöhen, sind die Summanden der Solltrajektorien $y_{l\mathrm{d}} = y_{l\mathrm{dI}} + y_{l\mathrm{dS}}$, $l \in \{1, 2\}$ aus Abb. 5.2(b) in Abb. 5.2(c) dargestellt. Auch sind die Sollwerte der Amplitude $|\underline{i}_{34}|$ und der Phasenlage $\varphi_{\mathrm{iL}} = \arg\left(\underline{i}_{34}\exp(-\mathrm{j}\,\omega_0 t)\right)$ der transformierten Lastströme sowie der geforderte Lastwinkel φ_{Ld} nach (4.1.10) in Abb. 5.2(e) angegeben.

Wichtige Ereignisse bei der zeitdiskreten Planung von $y_{1\mathrm{dS}}$ und $y_{2\mathrm{dS}}$ bzw. charakteristische Zeitabschnitte sind in Abb. 5.3 durch logische Variablen visualisiert. In dieser und den folgenden Grafiken sind Transitionen von $\mathbf{y}_{\mathrm{dI}}$ zwischen stationären Arbeitsregimes durch vertikale punktierte Linien markiert. Da die durch die logischen Variablen visualisierten Ereignisse vom Fehler $\mathbf{e}_\eta$ abhängen, sind die Komponenten des Fehlers in Abb. 5.3(d) bzw. als Ausschnittvergrößerung in Abb. 5.3(e) dargestellt. Überschreitet eine der Komponenten von $\mathbf{e}_\eta$ bei $\mathbf{y}_{\mathrm{dS}} = 0$ die Hysteresschwelle von ± 50 J, so wird eine Neuplanung veranlasst. Das Auslösen einer Neuplanung wird durch die logische Variable $f_{\mathrm{Neuplanung}} = 1$, eine Beeinflussung von $\boldsymbol{\eta}$ durch $\mathbf{y}_{\mathrm{dS}} \neq 0$ wird durch $f_{\mathrm{Beeinflussung}} = 1$ angezeigt. Zu Beginn des Abschnitts 5.1.2 wurde die Annahme getroffen, dass die einzige Beeinflussung von $\boldsymbol{\eta}$ im Intervall $[t_{\mathrm{S}}, t_{\mathrm{E}}]$ erfolgt. In der Simulation finden aber mehrere solche Beeinflussungen statt; die jeweiligen Intervalle $[t_{\mathrm{S}}, t_{\mathrm{E}}]$ können anhand von $f_{\mathrm{Beeinflussung}} = 1$ identifiziert werden. Da die Bestimmung der Koeffizienten des Ansatzes (5.1.18) Rechenzeit erfordert, ist der Beginn der Intervalle $[t_{\mathrm{S}}, t_{\mathrm{E}}]$ bezüglich der Anforderung der Neuplanung – visualisiert durch $f_{\mathrm{Neuplanung}} = 1$ – zeitlich verschoben. Die erforderliche Rechenzeit wurde in der Simulation konstant zu 5 ms angesetzt. Überschreitet eine der Komponenten von $\Delta\mathbf{e}_\eta(t, t_{\mathrm{S}})$ nach (5.1.22) für $t \in [t_{\mathrm{S}}, t_{\mathrm{E}}]$ die bei Beeinflussung von $\boldsymbol{\eta}$ gültigen Hysteresegrenzen von ± 200 J, so wird $\mathbf{y}_{\mathrm{dS}}$ durch Multiplikation mit einer Rückführfunktion $f_{\mathrm{R}}(t)$, $t \in [t_{\mathrm{N}}, t_{\mathrm{N0}}]$ auf $\mathbf{y}_{\mathrm{dS}}(t_{\mathrm{N0}}) = 0$ geändert, wobei am Ende der Rückführung eine Neuplanung veranlasst wird. Die Zeitbereiche, in denen solche Rückführungen stattfinden, sind in Abb. 5.3(c) durch $f_{\mathrm{Rückführung}} = 1$ mar-

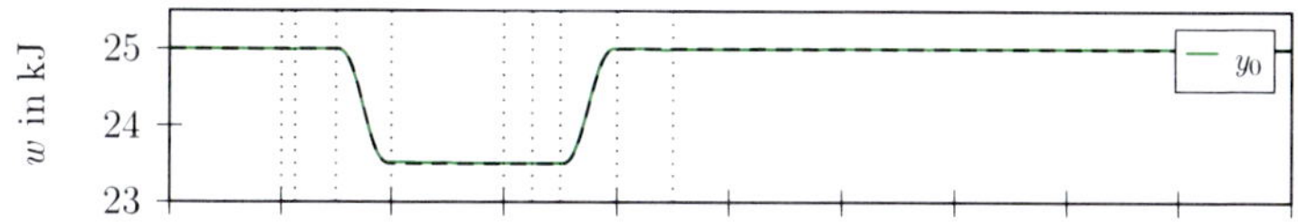

(a) $y_0 = z_0$

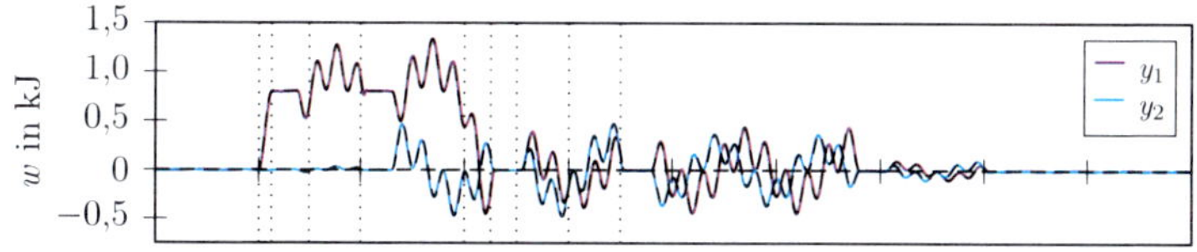

(b) $y_1 = z_1$, $y_1 = z_2$

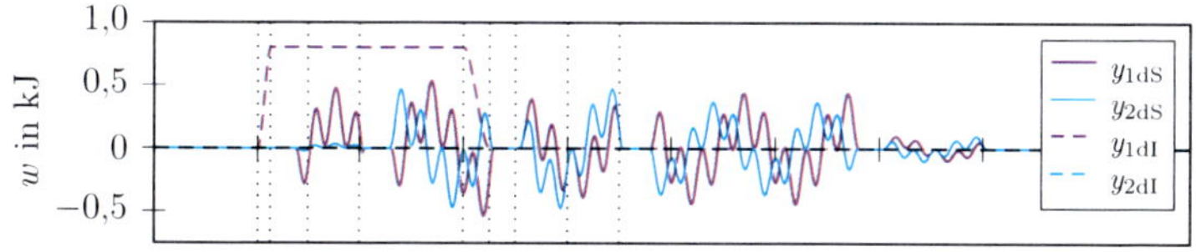

(c) Summanden der Solltrajektorien $y_{l\mathrm{d}} = y_{l\mathrm{dI}} + y_{l\mathrm{dS}}$, $l \in \{1, 2\}$

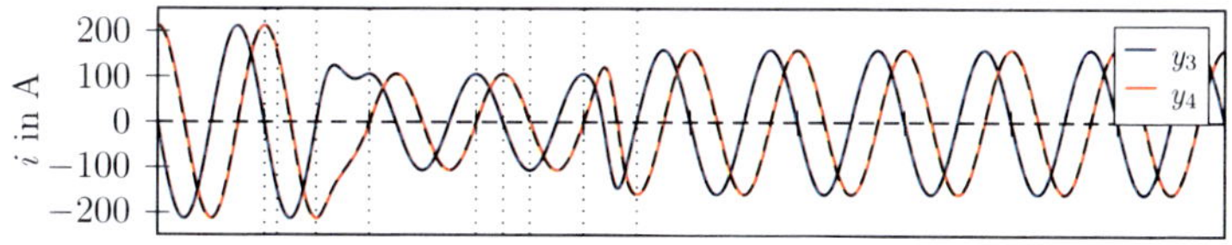

(d) $y_3 = i_3$, $y_4 = i_4$

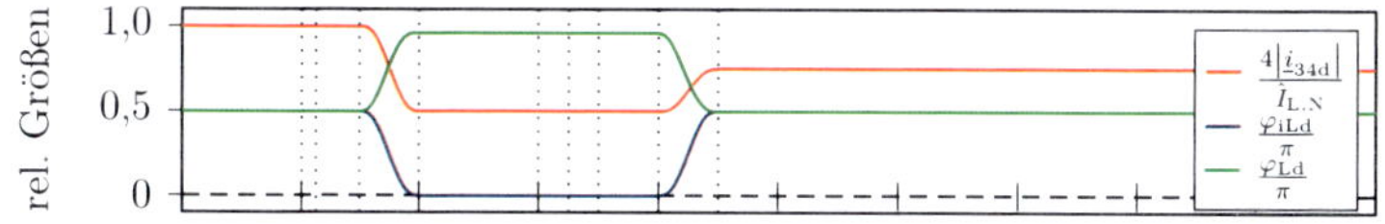

(e) Sollwerte von Amplitude $|\underline{i}_{34}|$ und Phasenlage $\varphi_{\mathrm{iL}} = \arg\left(\underline{i}_{34}\exp(-\mathrm{j}\,\omega_0 t)\right)$ der transformierten Lastströme $\underline{i}_{34} = i_3 + \mathrm{j}\, i_4$ sowie des Lastwinkels φ_{L}

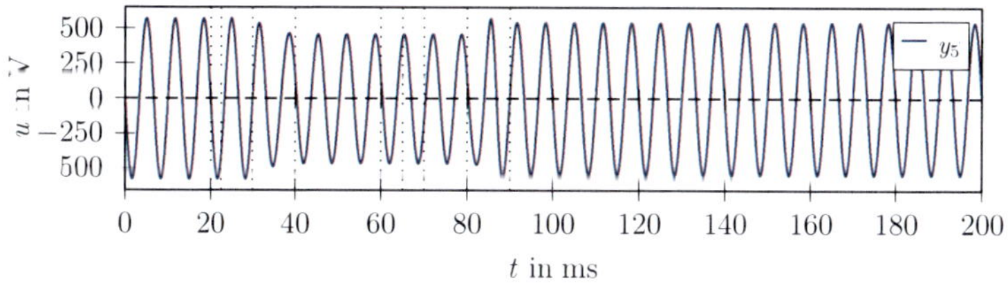

(f) $y_5 = u_{\mathrm{X}}$

Abb. 5.2.: Zeitverläufe der Ausgangskomponenten y_i, $i \in \{0, 1, \ldots, 5\}$ bei Solltrajektorien $y_{i\mathrm{dI}}$ analog zu Abb. 4.2 und Beeinflussung von $\boldsymbol{\eta}$ durch zeitdiskrete Planung von $y_{1\mathrm{dS}}$, $y_{2\mathrm{dS}}$. Trajektorien y_i durchgezogene Linien; Solltrajektorien $y_{i\mathrm{d}}$ gestrichelte Linien.

kiert. Dass $\Delta t = t_E - t_S$ ein Entwurfsparameter ist, kann z. B. anhand von Abb. 5.3(b) gesehen werden. So sind die durch $f_{Beeinflussung} = 1$ markierten Intervalle $[t_S, t_E]$ zur „Beeinflussung von η“ auch ohne Rückführungen ($f_{Rückführung} = 0$) unterschiedlich lang.

Der Zeitverlauf von η ist in Abb. 5.4(a) zu sehen. Um die Übersichtlichkeit der Darstellung zu erhöhen, ist der Verlauf von η_{dI} ebenfalls mit angegeben. Gut zu erkennen ist, dass η durch die zeitdiskrete Planung von y_{1dS}, $y_{2dS} \neq 0$ für $t > 150$ ms nur gering von η_{dI} abweicht. Die „Sprünge“ in den Komponenten von η_{dI} nach dem Ende eines jeden Überführungsvorgangs sind durch die Wahl der Integrationskonstanten bedingt. Der Zeitverlauf der transformierten Zweigströme i_0, i_1 und i_2 ist in Abb. 5.4(b) zu sehen. Um die Übersichtlichkeit der Darstellung zu erhöhen, sind die Komponenten i_3 und i_4 nicht mit dargestellt. Während der Beeinflussung von η weichen die Ströme i_1 und i_2 deutlich von ihren Trajektorien in den zugehörigen stationären Arbeitsregimes ab, wohingegen dies nicht für die Stromkomponente i_0 gilt. Daraus folgt, dass die Beeinflussung von η wie gewünscht keine wesentlichen Auswirkungen auf den Strom im DC-Zwischenkreis hat.

Nach (3.3.18) sind alle Systemgrößen des M2Cs durch $\mathbf{y}$ und η charakterisiert. Da aus praktischer Sicht eine Beurteilung des Resultats der Beeinflussung von η anhand der Submodulkondensatorspannungen, (Zweig-)Ströme und Schaltfunktionen naheliegender ist, ist deren Verlauf in Abb. 5.5 angegeben. Der Zeitverlauf ausgewählter Lastgrößen ist in Abb. 5.6 zu sehen. Aus dieser Darstellung folgt, dass Änderungen in den Trajektorien von y_{0d}, y_{1d} und y_{2d} keine, bzw. nur vernachlässigbare Auswirkungen auf die Lastgrößen haben. Dies bedeutet insbesondere, dass die Beeinflussung von η – wie gewünscht – keine Auswirkung auf die Lastgrößen hat.

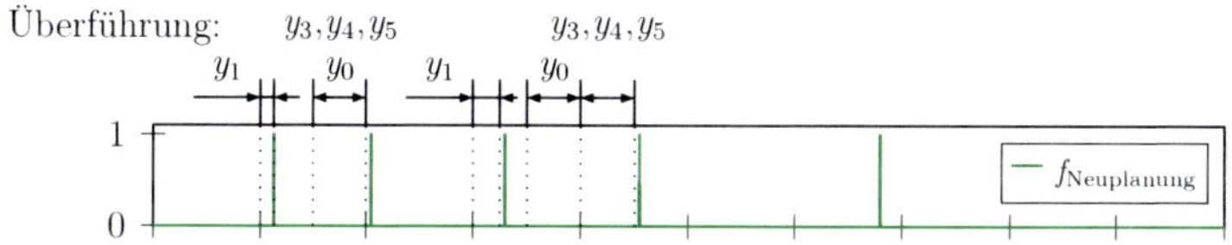

(a) Boolsche Variable $f_{\text{Neuplanung}} \in \{0, 1\}$ zur Visualisierung des Auslösens einer Neuplanung. $f_{\text{Neuplanung}} = 1 \rightarrow$ Auslösen einer Neuplanung von $\mathbf{y}_{\text{dS}}$, falls eine Komponente des Fehlers $\mathbf{e}_\eta$ die aktuell gültigen Hystereseschwellen überschreitet.

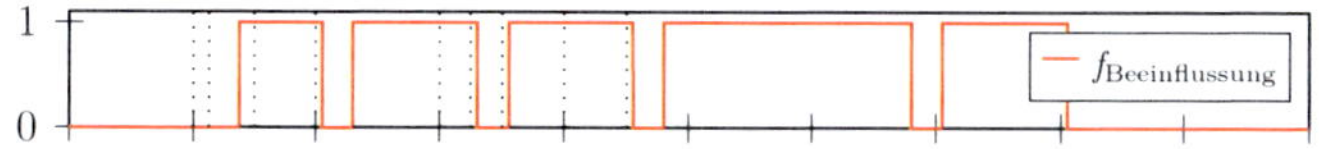

(b) Boolsche Variable $f_{\text{Beeinflussung}} \in \{0, 1\}$ zur Visualisierung der (geplanten) Beeinflussung von $\boldsymbol{\eta}$. $f_{\text{Beeinflussung}} = 1 \rightarrow$ Beeinflussung von $\boldsymbol{\eta}$ durch $y_{\text{d1S}}, y_{\text{d2S}} \neq 0$; $f_{\text{Beeinflusung}} = 0 \rightarrow y_{\text{d1S}} = y_{\text{d2S}} = 0$ (keine Beeinflussung).

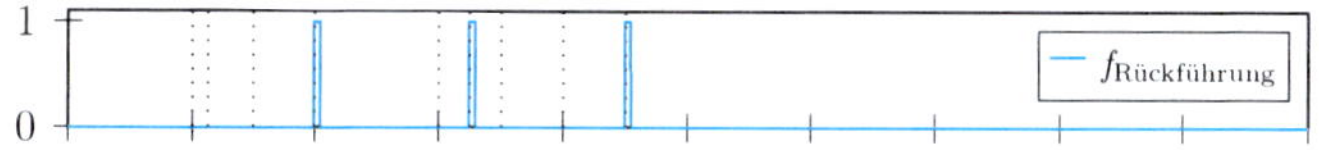

(c) Boolsche Variable $f_{\text{Rückführung}} \in \{0, 1\}$ zur Visualisierung des Abbruchs der aktuellen Beeinflussung von $\boldsymbol{\eta}$. $f_{\text{Rückführung}} = 1 \rightarrow$ Abbruch der veralteten Planung und Rückführung von $y_{\text{d1S}}, y_{\text{d2S}} \neq 0$ auf $y_{\text{d1S}}, y_{\text{d2S}} = 0$.

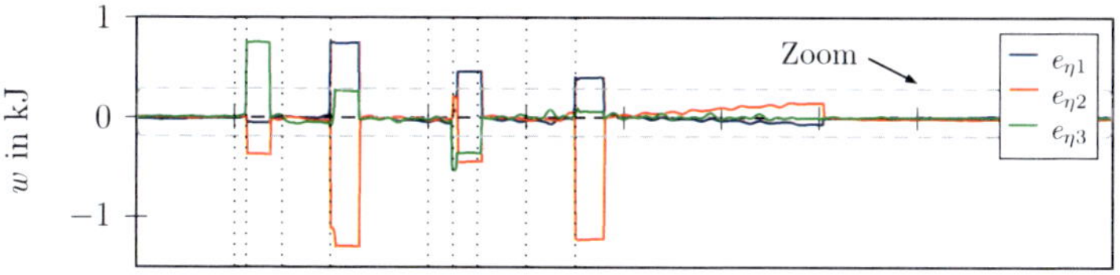

(d) Komponenten des Fehlers $\mathbf{e}_\eta = (e_{\eta 1}, e_{\eta 2}, e_{\eta 3})^{\mathrm{T}} = \boldsymbol{\eta} - \boldsymbol{\eta}_{\mathrm{d}}$

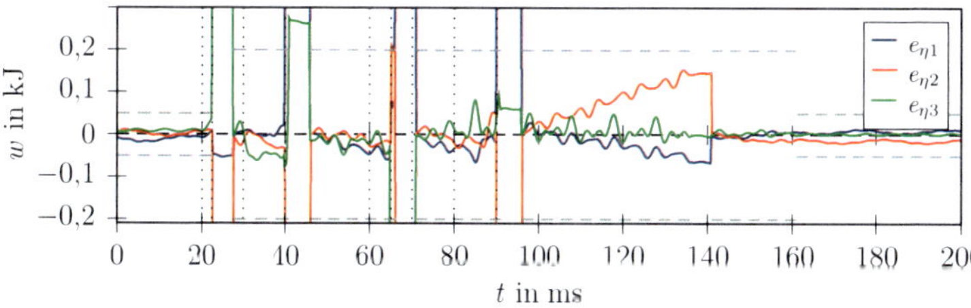

(e) Komponenten des Fehlers $\mathbf{e}_\eta = (e_{\eta 1}, e_{\eta 2}, e_{\eta 3})^{\mathrm{T}} = \boldsymbol{\eta} - \boldsymbol{\eta}_{\mathrm{d}}$ (Zoom). Die horizontalen gestrichelten Linien kennzeichnen die aktuell gültigen Schwellwerte. Aus Übersichtsgründen sind die Schwellwerte, welche bei Neuplanungen von $\mathbf{y}_{\text{dS}}$ gelten, nicht eingezeichnet.

Abb. 5.3.: Zeitdiskrete Planung von $\mathbf{y}_{\text{dS}}$: Visualisierung wichtiger Zeitabschnitte bei der Beeinflussung von $\boldsymbol{\eta}$ durch boolsche Variablen. Zusätzlich ist der Zeitverlauf der Komponenten des Fehlers $\mathbf{e}_\eta = \boldsymbol{\eta} - \boldsymbol{\eta}_{\mathrm{d}}$ mit angegeben.

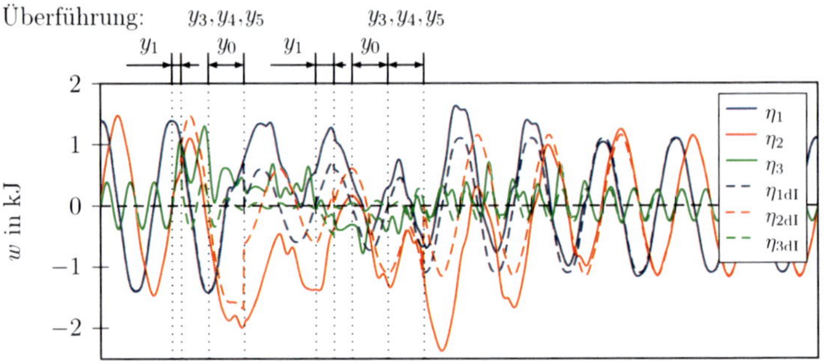

(a) Komponenten von $\boldsymbol{\eta} = (\eta_1, \eta_2, \eta_3)^\mathrm{T}$ und der idealen Trajektorie $\boldsymbol{\eta}_{\mathrm{dI}} = (\eta_{1\mathrm{dI}}, \eta_{2\mathrm{dI}}, \eta_{3\mathrm{dI}})^\mathrm{T}$

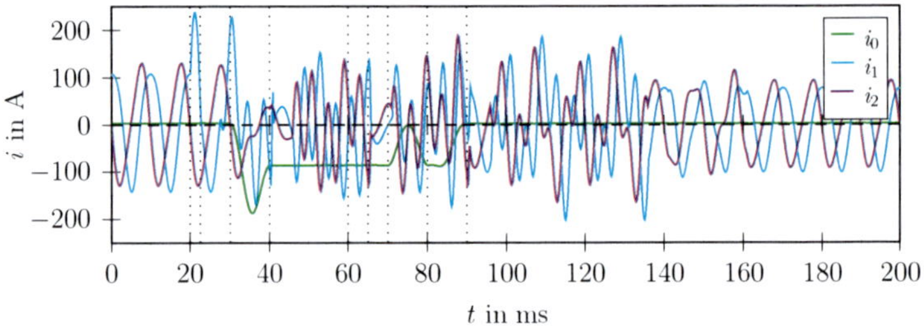

(b) Komponenten i_0, i_1 und i_2 der transformierten Zweigströme $\mathbf{i} = (i_0, i_1, i_2, i_3, i_4, i_5)^\mathrm{T} = \mathbf{T}_\mathrm{N}\mathbf{i}_\mathrm{z}$, mit $i_5 = 0$. Aus Übersichtsgründen sind die Komponenten i_3, i_4 nicht dargestellt; deren Verlauf ist in Abb. 5.2(d) zu sehen.

Abb. 5.4.: Zeitdiskrete Planung von $\mathbf{y}_{\mathrm{dS}}$: Komponenten von $\boldsymbol{\eta}$ und des transformierten Zweigstromes $\mathbf{i} = \mathbf{T}_\mathrm{N}\mathbf{i}_\mathrm{z}$ bei $\mathbf{y}$ nach Abb. 5.2.

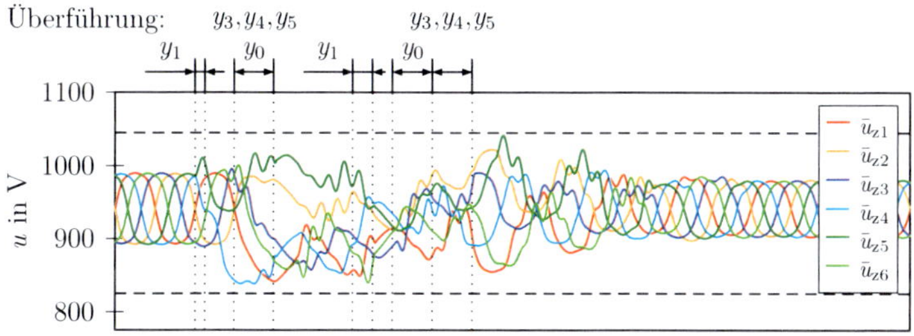

(a) Submodulspannungen $\bar{u}_{\mathbf{z}i} = \frac{1}{n} u_{\mathbf{z}i}$, $i \in \{1, 2, \ldots, 6\}$. Gestrichelte horizontale Linien: Auslegungsgrenzen der Kondensatorspannungen für den stationären kreisstromfreien Betrieb

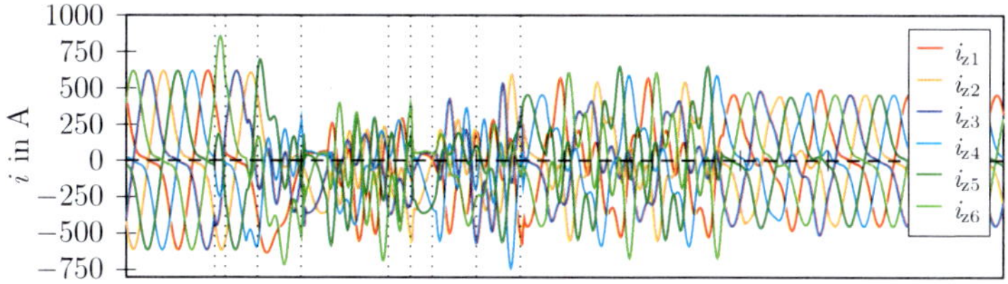

(b) Zweigströme $i_{\mathbf{z}i}$, $i \in \{1, 2, \ldots, 6\}$

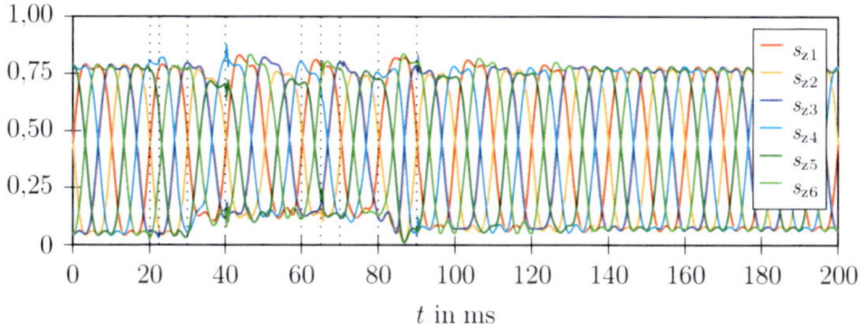

(c) Schaltfunktionen $s_{\mathbf{z}i}$, $i \in \{1, 2, \ldots, 6\}$

Abb. 5.5.: Zeitdiskrete Planung von $\mathbf{y}_{\mathrm{dS}}$: Ausgewählte Größen des M2Cs in „Zweigkoordinaten“ bei $\mathbf{y}$ nach Abb. 5.2 und $\boldsymbol{\eta}$ nach Abb. 5.4(a).

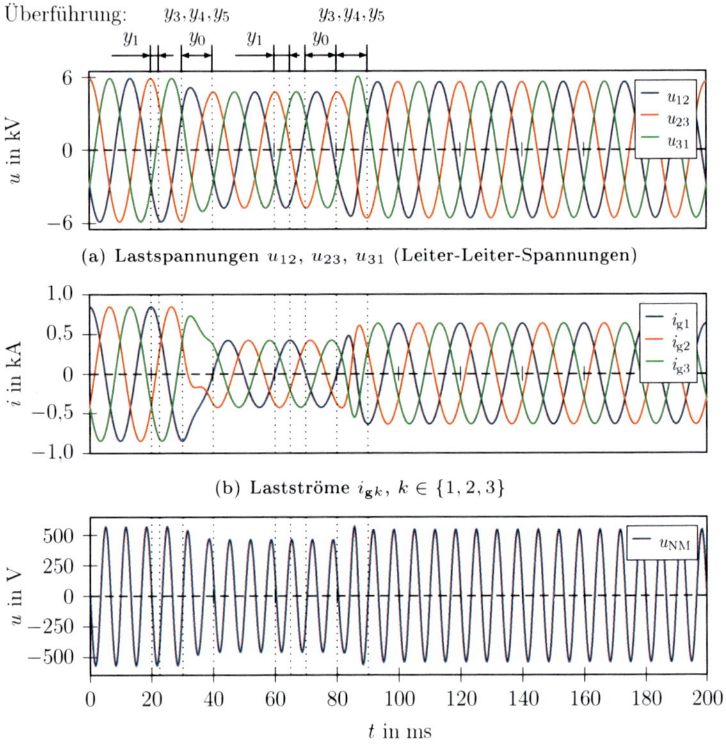

(a) Lastspannungen u_{12}, u_{23}, u_{31} (Leiter-Leiter-Spannungen)

(b) Lastströme $i_{\mathbf{g}k}$, $k \in \{1, 2, 3\}$

(c) Sternpunktverlagerungsspannung u_{NM}

Abb. 5.6.: Zeitdiskrete Planung von $\mathbf{y}_{\mathrm{dS}}$: Lastgrößen bei $\mathbf{y}$ nach Abb. 5.2 und $\boldsymbol{\eta}$ nach Abb. 5.4(a).

5.2. Planung von Überführungen: Überführung zwischen stationären Arbeitsregimes unter Berücksichtigung von Systembeschränkungen

Erste Betrachtungen zu Überführungen zwischen stationären Arbeitsregimes sind in Abschnitt 4.4 enthalten. Dort werden für die Solltrajektorien des Ausgangs während Überführungen Ansätze minimalen Grades verwendet. Vorteilhaft an Ansätzen minimalen Grades ist der geringe Rechenaufwand zur Koeffizientenbestimmung im Vergleich zu Ansätzen höheren Grades. Nachteilig ist jedoch, dass bei vorgegebenem Beginn der Überführung und vorgegebener Überführungsdauer $T_{\mathrm{Tr}} = t_{\mathrm{Tr,E}} - t_{\mathrm{Tr,S}}$ nicht sichergestellt ist, dass (4.0.5) erfüllt ist. Um bei praktischen Anwendungen Stellgrößenverletzungen und ein Überschreiten von zulässigen Systemgrenzen zu vermeiden, ist ein naheliegendes Vorgehen, den Stromrichter für beliebige Transitionen der Dauer $T_{\mathrm{Tr}} > T_{\mathrm{Tr,Min}}$ auszulegen. Dieses Vorgehen führt jedoch i. d. R. zu einer Überdimensionierung des Stromrichters und somit zu erhöhten Kosten.

Wird für die Planung von $\mathbf{y}_{\mathrm{dI,Tr}}$ ein höherer (Rechen-)Aufwand betrieben, so kann eine solche Überdimensionierung vermieden werden. Dieser zusätzliche Aufwand für Rechenoperationen ist bei vielen Anwendungen unkritisch. Exemplarisch seien Anwendungen genannt, bei denen der exakte Zeitpunkt der Überführung nicht relevant ist – so z. B. bei typischen Pumpen- und Lüfteranwendungen. Auch bei Anwendungen, bei denen die Transitionen hinreichend lange im Voraus bekannt sind, ist der Mehraufwand i. A. nicht von Bedeutung.

Nach Abschnitt 3.3.4 können die Kondensatorspannungen u_{zi}, $i \in \{1, 2, \ldots, 6\}$ und die Zweigströme i_{zi} des Modells bei bekanntem Verlauf von $\mathbf{y}_{\mathrm{dI}}$, $\boldsymbol{\eta}_{\mathrm{dI}}$ mit (3.2.1), (3.2.2), $\boldsymbol{\eta} = (z_3, z_4, z_5)^{\mathrm{T}}$, $i_5 = 0$, (3.2.20), (3.2.23), (3.2.29), (3.2.30), (3.3.13), (3.3.15) und (3.3.17) berechnet werden. Für die Berechnung der Schaltfunktionen s_{zi} ist weiter (3.2.6a) erforderlich, wobei die Zeitableitungen der Ströme zusätzlich benötigt werden. Demnach kann bei bekanntem Verlauf von $\mathbf{y}_{\mathrm{dI}} = \mathbf{y}_{\mathrm{dI,Tr}}$, $\boldsymbol{\eta}_{\mathrm{dI}} = \boldsymbol{\eta}_{\mathrm{dI,Tr}}$ bereits zum Zeitpunkt der Planung überprüft werden, ob die Forderung (4.0.5) für das Modell des M2Cs für diese Transition erfüllt sein wird. Ist das nicht der Fall, so ist die Überführung zu ändern. Im anderen Fall kann sie durchgeführt werden.

5.2.1. Algorithmus

Aus dem Grad der Ansatzfunktionen für die Komponenten von $\mathbf{y}_{\mathrm{dI,Tr}}$ ergeben sich für die Planung der Überführung eine Anzahl freier Parameter. Werden für die Komponenten von $\mathbf{y}_{\mathrm{dI,Tr}}$ Ansätze höheren als minimalen Grades gewählt, so können deren Koeffizienten durch Lösen eines zu spezifizierenden

Optimierungsproblems und (4.4.1), der Anforderung an stetige Differenzierbarkeit (4.0.1) bei $L_\mathrm{d} \neq 0$, bzw. (4.0.2) bei $L_\mathrm{d} = 0$ bestimmt werden. Unter Umständen muss die Lösung numerisch erfolgen. Eine mögliche Nebenbedingung des Optimierungsproblems ist durch (4.0.5) beschrieben. Zusätzlich zu (4.0.5) kann ein stetiger Verlauf von $\boldsymbol{\eta}_{\mathrm{dI,Tr}}$ nach (4.4.2) bei $t_{\mathrm{Tr,S}}$ und $t_{\mathrm{Tr,E}}$ gefordert sein. Bei einem Verlauf von $\boldsymbol{\eta}_{\mathrm{dI,Tr}}$ nach (4.4.3) ist Letzteres gleichbedeutend mit $\mathbf{e}_{\eta\mathrm{dI,Tr}} \overset{!}{=} 0$, wobei

$$\mathbf{e}_{\eta\mathrm{dI,Tr}} = \boldsymbol{\eta}_{\mathrm{dI,Tr}}(t_{\mathrm{Tr,E}}) - \boldsymbol{\eta}_{\mathrm{dI,AR2}}(t_{\mathrm{Tr,E}}) \tag{5.2.1}$$

gilt. Da der erforderliche Rechenaufwand als hoch eingeschätzt wird, wird dieser Ansatz an dieser Stelle jedoch nicht weiter verfolgt.

Werden die beiden Aufgaben

- Ändern des stationären Arbeitsregimes und
- Sicherstellen eines stetigen Verlaufs von $\boldsymbol{\eta}_{\mathrm{dI}}$

getrennt voneinander durchgeführt, so sind für die Planung der Überführung keine aufwändigen Berechnungen notwendig. Bei getrennter Durchführung der beiden Teilaufgaben in der eben genannten Reihenfolge kann die Solltrajektorie $\mathbf{y}_{\mathrm{dI}}$ abschnittsweise durch

$$\mathbf{y}_{\mathrm{dI}} = \begin{cases} \mathbf{y}_{\mathrm{dI,AR1}}, & \text{für } t < t_{\mathrm{Tr,S}} \\ \mathbf{y}_{\mathrm{dI,Tr}}, & \text{für } t \in [t_{\mathrm{Tr,S}}, t_{\mathrm{Tr,E}}] \\ \mathbf{y}_{\mathrm{dI,AR2}} + \mathbf{y}_{\mathrm{dI,RF}}, & \text{für } t \in]t_{\mathrm{Tr,E}}, t_{\mathrm{RF,E}}] \\ \mathbf{y}_{\mathrm{dI,AR2}}, & \text{für } t > t_{\mathrm{RF,E}} \end{cases} \tag{5.2.2}$$

beschrieben werden. Die abschnittsweise Beschreibung von $\boldsymbol{\eta}_{\mathrm{dI}}$ folgt sinngemäß zu (5.2.2) durch formales Ersetzen des Bezeichners „$\mathbf{y}$“ durch „$\boldsymbol{\eta}$“ und wird daher nicht gesondert angegeben.

Die Notation (5.2.2) kann als Erweiterung von (4.4.1) betrachtet werden. Mit $\mathbf{y}_{\mathrm{dI,AR1}}$ und $\mathbf{y}_{\mathrm{dI,AR2}}$ werden die Solltrajektorien in den stationären Arbeitsregimes beschrieben. Der eigentliche Wechsel zwischen den Arbeitsregimes erfolgt durch $\mathbf{y}_{\mathrm{dI,Tr}}$. Da die Überführung ohne die Forderung an einen stetigen Verlauf von $\boldsymbol{\eta}_{\mathrm{dI}}$ geplant wird, gilt i. d. R. $\boldsymbol{\eta}_{\mathrm{dI,Tr}}(t_{\mathrm{Tr,E}}) \neq \boldsymbol{\eta}_{\mathrm{dI,AR2}}(t_{\mathrm{Tr,E}})$. Durch Planung von $\mathbf{y}_{\mathrm{dI,RF}}$ wird der gewünschte stetige Verlauf von $\boldsymbol{\eta}_{\mathrm{dI}}$ erzielt. Die Trajektorien $\boldsymbol{\eta}_{\mathrm{dI,AR1}}$ und $\boldsymbol{\eta}_{\mathrm{dI,AR2}}$ in den stationären Arbeitsregimes können häufig sogar analytisch berechnet werden. Im Gegensatz dazu muss der Zeitverlauf von $\boldsymbol{\eta}_{\mathrm{dI}}(t)$, $t \in [t_{\mathrm{Tr,S}}, t_{\mathrm{RF,E}}]$ meist durch numerische Integration bestimmt werden

$$\boldsymbol{\eta}_{\mathrm{dI}}(t) = \boldsymbol{\eta}_{\mathrm{dI,AR1}}(t_{\mathrm{Tr,S}}) + \int_{t_{\mathrm{Tr,S}}}^{t} \dot{\boldsymbol{\eta}}_{\mathrm{dI}}(\tau)\,\mathrm{d}\tau, \qquad t \in [t_{\mathrm{Tr,S}}, t_{\mathrm{RF,E}}]\,. \tag{5.2.3}$$

Ausgehend von diesen Vorüberlegungen wird nun ein einfacher Algorithmus zur Planung von Transitionen skizziert. Um die Übersicht zu erhöhen, werden die beiden Teilaufgaben getrennt dargestellt.

5.2.1.1. Teil 1: Arbeitsregimewechsel ohne besondere Anforderungen an $\eta_{\mathrm{dI}}(t_{\mathrm{Tr,E}})$

Um den Umfang der nachfolgenden Ausführungen zu beschränken, wird für $\mathbf{y}_{\mathrm{dI,Tr}}$ ein Ansatz minimalen Grades vorausgesetzt. Da die stationären Arbeitsregimes vor und nach der Überführung (AR1 bzw. AR2) festgelegt sind, gibt es in diesem Fall für die Planung einer Transition lediglich die zwei freien Parameter $t_{\mathrm{Tr,S}}$ und $t_{\mathrm{Tr,E}}$. Somit ist es aus praktischer Sicht naheliegend, verschiedene Überführungen durchzuprobieren:

- Dazu wird der gewählte Ansatz $\mathbf{y}_{\mathrm{dI,Tr}}$ minimalen Grades mit den Arbeitsregimes AR1, AR2 und verschiedenen Tupel $(t_{\mathrm{Tr,S}j}, t_{\mathrm{Tr,E}j})$, mit $t_{\mathrm{Tr,S}j} \in \mathbb{R}^{>t}$, $t_{\mathrm{Tr,E}j} - t_{\mathrm{Tr,S}j} = T_{\mathrm{Tr}j} \in \mathbb{R}^{+}$, $j \in \{1, 2, \ldots, n\}$ parametriert.
- Für jede dieser Überführungen wird überprüft, ob (4.0.5) erfüllt ist.
- Ist (4.0.5) für ein oder mehrere $t \in [t_{\mathrm{Tr,S}j}, t_{\mathrm{Tr,E}j}]$ nicht der Fall, so wird das entsprechende Tupel $(t_{\mathrm{Tr,S}j}, t_{\mathrm{Tr,E}j})$ als „ungültig", im anderen Fall als „gültig" bewertet.

In der Regel können auf die skizzierte Art und Weise mehrere Tupel $(t_{\mathrm{Tr,S}j}, t_{\mathrm{Tr,E}j})$ bestimmt werden, bei denen (4.0.5) nicht verletzt wird. Welches dieser „gültigen" Tupel für die angestrebte Überführung verwendet wird, kann z. B. anhand eines zu spezifizierenden Gütefunktionals entschieden werden. Da jedoch die Bestimmung eines gültigen Tupels mit Rechenaufwand verbunden ist, wird man davon in der Praxis nur wenige ermitteln, oder aber sogar gleich das erste gültige Tupel für die Parametrierung von $\mathbf{y}_{\mathrm{dI,Tr}}$ verwenden.

Anmerkung 9 *An dieser Stelle sei erwähnt, dass* (4.0.5) *in der Praxis nur für diskrete Zeitpunkte* $t_{\mathrm{T}} \in \{t_0, t_1, \ldots, t_n\} \subset [t_{\mathrm{Tr,S}j}, t_{\mathrm{Tr,E}j}]$ *überprüft werden kann. Wird die Dichte der „Testzeitpunkte"* t_{T} *hinreichend hoch gewählt, so ist dieser Aspekt von untergeordneter Bedeutung. Zu beachten ist jedoch, dass die Dichte der Testzeitpunkte den erforderlichen Rechenaufwand beeinflusst.*

Anmerkung 10 *Bei der Bestimmung gültiger Tupel* $(t_{\mathrm{Tr,S}j}, t_{\mathrm{Tr,E}j})$ *kann die Periodizität der Systemgrößen des Stromrichters in stationären Arbeitsregimes ausgenutzt werden. Beispielsweise liefern Überführungen mit der Überführungsdauer* $T_{\mathrm{Tr}0} = T_{\mathrm{Tr}k} = t_{\mathrm{Tr,E}k} - t_{\mathrm{Tr,S}k}$, $k \in \mathbb{N}$ *und Beginn der Überführung bei* $t_{\mathrm{Tr,S}0}$ *bzw.* $t_{\mathrm{Tr,S}k} = t_{\mathrm{Tr,S}0} + kT_{0,12}$, *mit* $T_{0,12} = \mathrm{kgV}\,\{T_{0,\mathrm{AR1}}, T_{0,\mathrm{AR2}}\}$ *für* $t \geq kT_{0,12}$ *die gleichen Zeitverläufe der Systemgrößen. Dabei bezeichnet*

$T_{0,\mathrm{AR1}}$, $T_{0,\mathrm{AR2}}$ die Periodizität der Systemgrößen im AR1 bzw. AR2. Zwei Folgen dieser Eigenschaft werden kurz genannt:

- *Sollen verschiedene Tupel $(t_{\mathrm{Tr,S}l}, t_{\mathrm{Tr,E}l})$, $l \subseteq \{1, 2, \ldots, n\}$ mit gleicher Überführungsdauer $T_{\mathrm{Tr}L} = T_{\mathrm{Tr}l}$ berechnet werden, so kann die Auswahl von $t_{\mathrm{Tr,S}l}$ z. B. auf $t_{\mathrm{Tr,S}l} \in \mathbb{W}_l \subset [t_{\mathrm{Tr,S}L}, t_{\mathrm{Tr,S}L} + T_{0,12}]$ beschränkt werden. Dabei bezeichnet $t_{\mathrm{Tr,S}L}$ den gewünschten Beginn der Überführung.*
- *Ist eine „gültige Transition“ wegen der zur Planung erforderlichen Rechenzeit zum Zeitpunkt der Ausführung nicht mehr realisierbar ($t_{\mathrm{Tr,S}} < t$), so sind zur Bestimmung einer weiteren „gültigen Transition“ keine umfangreichen Berechnungen erforderlich. In diesem Fall genügt eine Zeitverschiebung der ursprünglich geplanten Transition um $pT_{0,12}$, $p \in \mathbb{N} \setminus \{0\}$.*

5.2.1.2. Teil 2: Sicherstellen eines stetigen Verlaufs von η_{dI}

Werden die Zeitpunkte $t_{\mathrm{Tr,S}}$ und $t_{\mathrm{Tr,E}}$ auf die im Abschnitt 5.2.1.1 genannte Art und Weise festgelegt, so ist nicht sichergestellt, dass $\boldsymbol{\eta}_{\mathrm{dI}}$ nach (4.4.2) bei $t = t_{\mathrm{Tr,E}}$ stetig ist. Jedoch kann ein stetiger Verlauf von $\boldsymbol{\eta}_{\mathrm{dI}}$ durch geeignete Planung von $\mathbf{y}_{\mathrm{dI,RF}}$ erzielt werden.

Abhängig vom gewählten Ansatz für $\mathbf{y}_{\mathrm{dI,RF}}$ sind neben der Rückführzeit T_{RF}, $\boldsymbol{\eta}_{\mathrm{dI}}(t_{\mathrm{Tr,E}}) \neq \boldsymbol{\eta}_{\mathrm{dI,AR2}}(t_{\mathrm{Tr,E}})$, $\boldsymbol{\eta}_{\mathrm{dI}}(t_{\mathrm{RF,E}}) = \boldsymbol{\eta}_{\mathrm{dI,AR2}}(t_{\mathrm{RF,E}})$, und der Anforderung an stetige Differenzierbarkeit (4.0.1) bei $L_{\mathrm{d}} \neq 0$ bzw. (4.0.2) bei $L_{\mathrm{d}} = 0$ weitere Gleichungen erforderlich, damit eine Rückführung eindeutig festgelegt ist. Stellen Rückführzeit $T_{\mathrm{RF}} = t_{\mathrm{RF,E}} - t_{\mathrm{Tr,E}}$ und $\mathbf{e}_{\eta\mathrm{dI,Tr}} = \boldsymbol{\eta}_{\mathrm{dI,Tr}}(t_{\mathrm{Tr,E}}) - \boldsymbol{\eta}_{\mathrm{dI,AR2}}(t_{\mathrm{Tr,E}})$ die einzigen Entwurfsparameter dar, so wird solch ein Ansatz für $\mathbf{y}_{\mathrm{dI,RF}}$ im Folgenden als „Ansatz minimalen Grades“ bezeichnet. Um den Umfang zu begrenzen, werden weiter Ansätze minimalen Grades vorausgesetzt.

Bei praktischen Anwendungen ist $\mathbf{e}_{\eta\mathrm{dI,Tr}}$ meist zu $\mathbf{e}_{\eta\mathrm{dI,Tr}} = 0$ festgelegt. In diesen Fällen ist die Rückführzeit $T_{\mathrm{RF}} = t_{\mathrm{RF,E}} - t_{\mathrm{Tr,E}}$ bei einem Ansatz minimalen Grades der einzige Entwurfsparameter. Analog zum Verfahren aus Abschnitt 5.2.1.1 ist es daher naheliegend, verschiedene Rückführungen durchzuprobieren:

- Für jedes nach Abschnitt 5.2.1.1 bestimmte gültige Tupel $(t_{\mathrm{Tr,S}j}, t_{\mathrm{Tr,E}j})$ wird der Ansatz $\mathbf{y}_{\mathrm{dI,RF}}$ minimalen Grades mit $\mathbf{e}_{\eta\mathrm{dI,Tr}} = 0$ und verschiedenen Rückführzeiten $T_{\mathrm{RF}jk} = t_{\mathrm{RF,E}jk} - t_{\mathrm{Tr,E}j}$ parametriert.
- Für jede dieser Rückführungen wird überprüft, ob (4.0.5) erfüllt ist.
- Ist (4.0.5) für ein oder mehrere $t \in [t_{\mathrm{Tr,E}j}, t_{\mathrm{RF,E}jk}]$ nicht der Fall, so wird die entsprechende Rückführung als „ungültig“, im anderen Fall als „gültig“ bewertet.

In der Regel können auf die skizzierte Art und Weise mehrere Tupel ($t_{\mathrm{Tr,E}j}$, $t_{\mathrm{RF,E}jk}$) bestimmt werden, bei denen (4.0.5) nicht verletzt wird. Da jedoch die Bestimmung eines gültigen Tupels mit Rechenaufwand verbunden ist, wird man davon in der Praxis nur wenige ermitteln, oder aber sogar gleich das erste gültige Tupel zur Parametrierung von $\mathbf{y}_{\mathrm{dI,RF}}$ verwenden. Die Aussagen aus den Anmerkungen 9 und 10 gelten auch hier sinngemäß.

5.2.2. Simulationsbeispiele

Da die bisherigen Betrachtungen eher allgemein gehalten sind, werden zur Verdeutlichung des Verfahrens zwei Simulationsbeispiele angeführt. Im ersten Simulationsbeispiel werden Arbeitsregimewechsel der Last für den stationären kreisstromfreien Betrieb gezeigt. Im zweiten finden Arbeitsregimewechsel zwischen den beiden stationären Betriebsarten des Stromrichters – kreisstromfreier Betrieb und Betrieb mit $y_{1\mathrm{dI}} = y_{2\mathrm{dI}} = 0$ – statt. In beiden Simulationsbeispielen ist das gleiche Verfahren zur Vorausplanung der Überführungen implementiert. Aus diesem Grund wird zunächst auf die Implementierung des Algorithmus aus Abschnitt 5.2.1 näher eingegangen.

Die Trajektorien $\mathbf{y}_{\mathrm{dI,AR1}}$ und $\mathbf{y}_{\mathrm{dI,AR2}}$ aus (5.2.2) sind durch die gewünschten stationären Arbeitsregimes eindeutig festgelegt. In Abschnitt 4.3.1 bzw. in Abschnitt 4.3.2 sind Formeln zu deren Beschreibung gegeben. Zur Beschreibung der Trajektorien der Überführung $\mathbf{y}_{\mathrm{dI,Tr}}$ und der „Rückführung“ $\mathbf{y}_{\mathrm{dI,RF}}$ werden in den Simulationen Ansätze minimalen Grades gewählt. Die implementierten Ansätze für die Komponenten von $\mathbf{y}_{\mathrm{dI,Tr}} = (y_{0\mathrm{dI,Tr}}, y_{1\mathrm{dI,Tr}}, y_{2\mathrm{dI,Tr}}, y_{3\mathrm{dI,Tr}}, y_{4\mathrm{dI,Tr}}, y_{5\mathrm{dI,Tr}})^{\mathrm{T}}$ entsprechen $y_{l\mathrm{dI,Tr}}$, $l \in \{0,1,2\}$ nach (4.4.4), $y_{3\mathrm{dI,Tr}}$, $y_{4\mathrm{dI,Tr}}$ nach (4.4.6) und $y_{5\mathrm{dI,Tr}}$ nach (4.4.8). Für die Polynome p_l, $l \in \{0,1,2\}$ aus (4.4.4) werden Polynome fünften Grades gewählt. Deren Koeffizienten sind durch

$$
\begin{aligned}
p_l(t_{\mathrm{Tr,S}}) &= 1 \\
p_l(t_{\mathrm{Tr,E}}) &= \dot{p}_l(t_{\mathrm{Tr,S}}) = \dot{p}_l(t_{\mathrm{Tr,E}}) \\
&= \ddot{p}_l(t_{\mathrm{Tr,S}}) = \ddot{p}_l(t_{\mathrm{Tr,E}}) = 0, \qquad\qquad l \in \{0,1,2\}
\end{aligned}
$$

eindeutig festgelegt. Da bei dieser Wahl die Polynome p_l übereinstimmen, ist für jeden Entwurf nur die Berechnung eines Polynoms erforderlich. Die Ansätze für die Komponenten von $\mathbf{y}_{\mathrm{dI,RF}}$ werden gemäß (5.1.18) gewählt. Damit $\mathbf{y}_{\mathrm{dI,RF}} = (y_{0\mathrm{dSI}}, y_{1\mathrm{dSI}}, y_{2\mathrm{dSI}}, 0, 0, 0)^{\mathrm{T}}$ ein Ansatz minimalen Grades ist, werden $k_{\mathrm{S3,uX}} = k_{\mathrm{S4,uX}} = k_{\mathrm{S5,uX}} = 0$ festgelegt. Weiter wird der Ansatz (5.1.19) für h_l, $l \in \{0,1,2\}$ auf $n = 5$ beschränkt. Wegen $k_{\mathrm{S5,uX}} = 0$ gilt somit $y_{0\mathrm{dI,RF}} = y_{0\mathrm{dSI}} = h_0 = 0$. Dies bedeutet, dass die Sicherstellung des stetigen Verlaufs von $\boldsymbol{\eta}_{\mathrm{dI}}$ allein durch Planung der Komponenten $y_{1\mathrm{dI,RF}}$, $y_{2\mathrm{dI,RF}} \neq 0$ erfolgt.

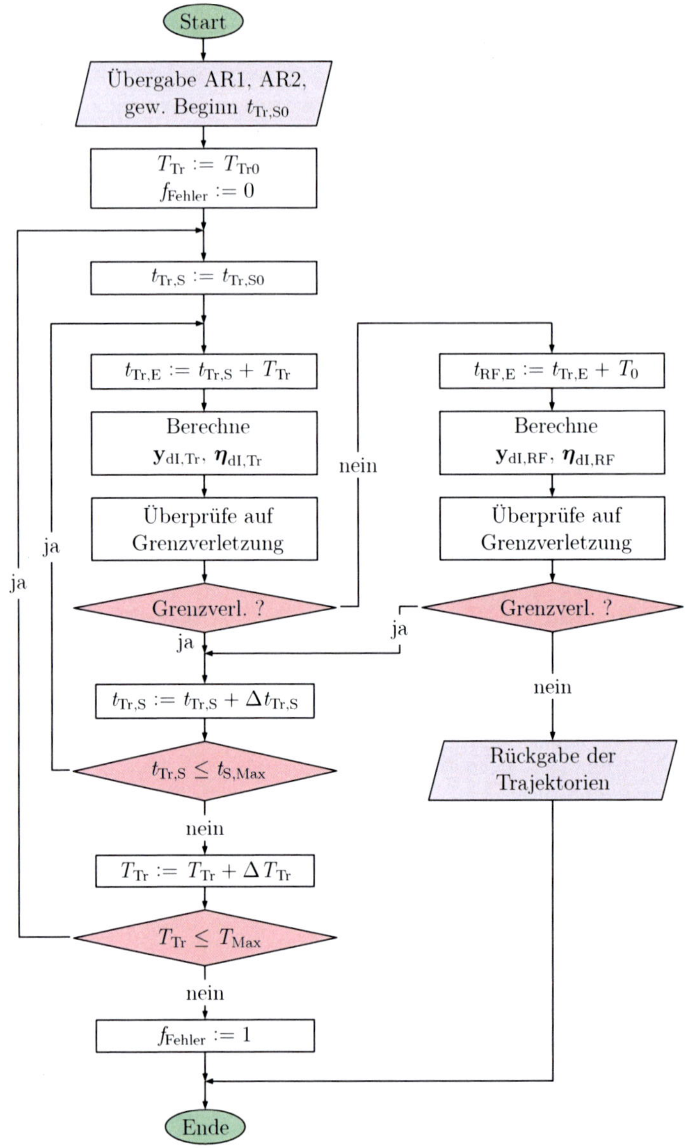

Abb. 5.7.: Prinzipskizze des Algorithmus zur Planung von Überführungen

Ein Flussdiagramm des implementierten Algorithmus ist in Abb. 5.7 zu sehen. Bis auf die Variable $f_{\text{Fehler}} \in \{0, 1\}$ wurden die im Flussdiagramm verwendeten Bezeichner bereits im Text eingeführt. Über die Variable f_{Fehler} werden Fehler in der Trajektorienplanung signalisiert. Kann keine realisierbare Transition geplant werden, so wird $f_{\text{Fehler}} = 1$ gesetzt. Auf diesen Wert kann in weiteren, hier nicht dargestellten Programmteilen reagiert werden. So kann im einfachsten Fall eine Fehlermeldung ausgegeben werden. Es ist aber auch denkbar, dass die zuvor anvisierte Transition in mehrere Schritte zerlegt wird und für jede dieser Transitionen eine Planung erfolgt. Sind alle (Teil-)Transitionen erfolgreich geplant, so kann die eigentliche Transition durchgeführt werden.

In der inneren Schleife von Abb. 5.7 wird die Startposition bezüglich des jeweils gewünschten Startpunkts der Transition zeitlich um $\Delta t_{\text{Tr,S}} = \frac{T_0}{10}$ nach hinten verschoben. In Folge der Periodizität der Systemgrößen in den stationären Arbeitsregimes mit T_0 ist dieses „Verschieben" nur innerhalb einer Periode T_0 sinnvoll. Mit der Wahl von $t_{\text{S,Max}} = t_{\text{Tr,S0}} + \frac{9}{10}T_0$ werden in der inneren Schleife bis zu zehn verschiedene Startpositionen getestet. Die Transitionsdauer $T_{\text{Tr}j} = t_{\text{Tr,E}j} - t_{\text{Tr,S}j}$ wird in der äußeren Schleife von dem Startwert $T_{\text{Tr0}} = T_0$ ausgehend mit jedem Schleifendurchlauf um den Wert $\Delta T_{\text{Tr}} = \frac{1}{4}T_0$ verlängert. Sobald bei einem Tupel $(t_{\text{S}j}, t_{\text{E}j})$ die Bedingung (4.0.5) $\forall t \in t_{\text{S}j} + \{0, T_{\text{S}}, 2T_{\text{S}}, \ldots, T_{\text{Tr}}\}$ mit Abtastzeit $T_{\text{S}} = \frac{1}{200}T_0$ erfüllt ist, wird der zweite Teil des Algorithmus aus Abschnitt 5.2.1 durchgeführt. In der Simulation ist die Zeitdauer der „Rückführungen" $T_{\text{RF}j} = t_{\text{RF,E}j} - t_{\text{Tr,E}j}$ der Einfachheit halber konstant zu $T_{\text{RF}} = T_0$ festgelegt. Dies bedeutet, dass der zweite Teil des Algorithmus auf das Überprüfen der Bedingung (4.0.5) reduziert ist. Ist (4.0.5) $\forall t \in t_{\text{Tr,E}j} + \{0, T_{\text{S}}, 2T_{\text{S}}, \ldots, T_{\text{RF}j}\}$ erfüllt, so wird die Transition durchgeführt. Andernfalls wird ein weiteres gültiges Tupel $\left(t_{\text{S}(j+1)}, t_{\text{E}(j+1)}\right)$ bestimmt. Kann kein gültiges Tupel bestimmt werden, so wird $f_{\text{Fehler}} = 1$ gesetzt.

5.2.2.1. Arbeitsregimewechsel für kreisstromfreien Betrieb in stationären Arbeitsregimes bei Nennstrom

Als besondere Stärke einer Vorausberechnung von Transitionen kann die Eigenschaft angesehen werden, dass es damit möglich ist, die Systemgrenzen unter Beachtung von Sicherheitsreserven voll auszunutzen. Zur Verdeutlichung werden in dem nachfolgenden akademischen Beispiel Arbeitsregimewechsel eines Stromrichters betrachtet, dessen Submodulkapazitäten „minimal" sind. Dies bedeutet eine Kondensatordimensionierung nach (4.3.33) mit $\Delta W_{\text{Dim}} = \max_{\forall \text{ARs}} \{\Delta W(\text{AR})\}$ und einer vom Arbeitsregime der Last abhängigen Kondensatorenergie $\bar{w}_{\text{Cz}}$. Die Trajektorien in den stationären Arbeitsregimes entsprechen denen des (symmetrischen) kreisstromfreien Betriebs aus Ab-

Tabelle 5.1.: Einzuhaltende Grenzwerte der Zweiggrößen und Spannung u_X nach (4.0.5) bei der Planung von Überführungen

$u_{z,Min} = 6$ kV	$s_{z,Min} = 0{,}02$	$\lvert i_{z,Min} \rvert = i_{z,Max} = 750$ A
$u_{z,Max} = 8{,}8$ kV	$s_{z,Max} = 0{,}98$	$\lvert u_{X,Min} \rvert = u_{X,Max} = 750$ V

schnitt 4.3.1. Für einen Stromrichter nach Tabelle 4.2 beträgt der minimale Kapazitätswert der Submodulkondensatoren[2] $C_{SM,Min} = 5{,}42$ mF. Dieser Wert ist im Vergleich zu dem aus Tabelle 4.2 um ca. 23 % geringer.

Abgesehen vom Kapazitätswert $C_{SM} = C_{SM,Min} = 5{,}42$ mF stimmen die Daten des in der Simulation verwendeten Stromrichtermodells mit den Daten in Tabelle 4.2 überein. Abweichungen $\mathbf{e}_{\eta I} = \boldsymbol{\eta} - \boldsymbol{\eta}_{dI} \neq 0$ werden durch zeitdiskrete Planung von $\mathbf{y}_{dS}$ nach Abschnitt 5.1.2 reduziert. Die Reglerparameter entsprechen denen des Simulationsbeispiels aus Abschnitt 5.1.3. Die Trajektorien in stationären Arbeitsregimes sind durch (4.3.15), (4.3.11) sowie (4.3.12) bis auf $\bar{w}_{Cz}$ eindeutig festgelegt. In der Simulation wird $\bar{w}_{Cz} = \frac{1}{2}CU_u^2 - \tilde{w}_{Min}(\mathrm{AR})$ gewählt. Diese Wahl folgt bei symmetrischem Betrieb des Stromrichters mit (4.3.29) aus der unteren Grenze von (4.3.32). Durch diese Festlegung wird in stationären Arbeitsregimes eine geringe Spannungsbelastung der Kondensatoren erreicht.

Da die periodische Energieänderung ΔW eines Submodulkondensators in stationären Arbeitsregimes nach (4.3.11), bzw. Abb. 4.9(e) stark von der Amplitude des Laststromes abhängt, werden zur Visualisierung der besonderen Stärke einer Vorausplanung akademisch interessante Arbeitsregimewechsel bei Nennstrom $\hat{I}_L = \sqrt{2} \cdot 600$ A durchgeführt. Durch Änderung des Phasenwinkels der Lastströme φ_{iLd} werden die Lastwinkel $\varphi_{Ld} \in \left\{\frac{\pi}{2}, 0, -\frac{\pi}{2}, \pi\right\}$ in eben dieser Reihenfolge angenommen. Die Grenzwerte nach (4.0.5), welche bei der Planung der Transitionen berücksichtigt werden, sind in Tabelle 5.1 zusammengefasst.

Für den genannten Wechsel zwischen den stationären Arbeitsregimes ist der Zeitverlauf der Komponenten von $\mathbf{y}$ und der Solltrajektorien $\mathbf{y}_{dI}$ in Abb. 5.8 dargestellt. Zusätzlich sind in dieser Graphik die Größen $|\underline{i}_{34d}|$, $\arg(\underline{i}_{34d})$ sowie der Lastwinkel φ_{Ld} enthalten. Letzterer wird nach (4.1.10) berechnet. Um die Übersichtlichkeit zu erhöhen, sind die charakteristischen Zeitpunkte $t_{Tr,S}$, $t_{Tr,E}$, $t_{RF,E}$ der Transitionen durch vertikale gestrichelte Linien markiert. Der gewünschte Beginn einer jeden Transition ist durch vertikale Pfeile markiert; dieser ist in Abb. 5.7 mit $t_{Tr,S0}$ bezeichnet. Aus Abb. 5.8

[2] Bei einer Dimensionierung der Kondensatoren für stationäre Arbeitsregimes der Last charakterisiert mit $f_0 = f_N$, $\hat{U}_{LN} \in \left[0, \hat{U}_{LN,N}\right]$, $\hat{I}_L \in \left[0, \hat{I}_{L,N}\right]$, $\varphi_L \in [0, 2\pi]$ und Spannungsgrenzen der Submodulkondensatoren $U_{u,SM} = \frac{U_d}{n}$, $U_{o,SM} = 1{,}045$ kV.

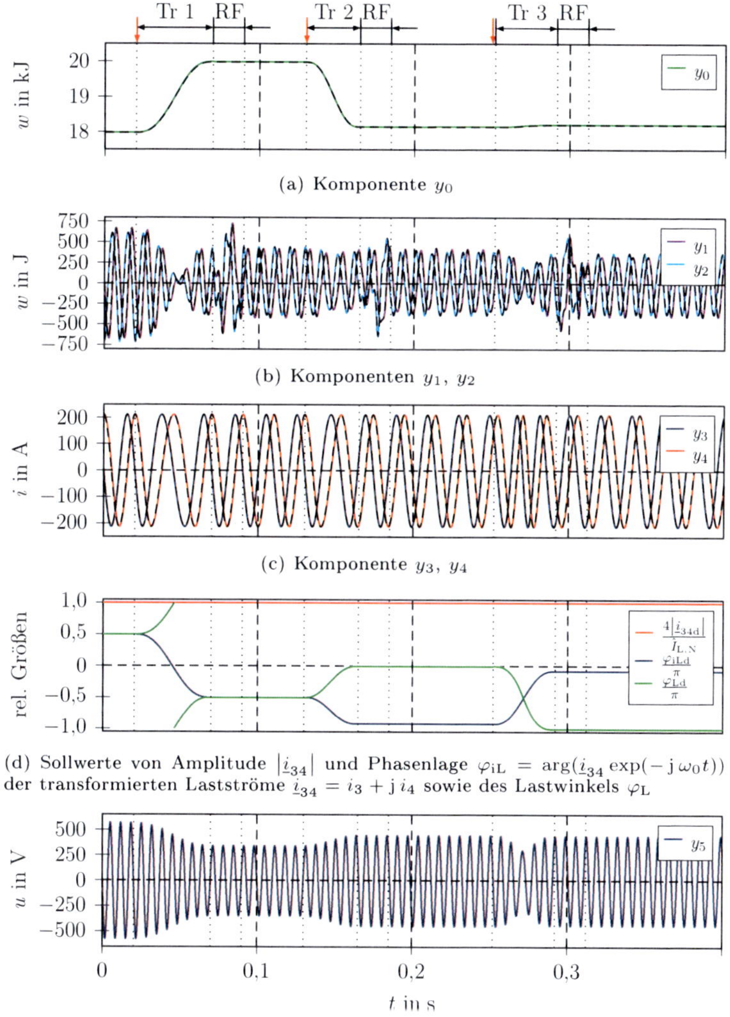

(a) Komponente y_0

(b) Komponenten y_1, y_2

(c) Komponente y_3, y_4

(d) Sollwerte von Amplitude $|\underline{i}_{34}|$ und Phasenlage $\varphi_{\mathrm{iL}} = \arg(\underline{i}_{34} \exp(-\mathrm{j}\,\omega_0 t))$ der transformierten Lastströme $\underline{i}_{34} = i_3 + \mathrm{j}\, i_4$ sowie des Lastwinkels φ_{L}

(e) Komponente y_5

Abb. 5.8.: Stromrichter mit minimaler SM-Kapazität: AR-Wechsel der Last für den Sonderfall des kreisstromfreien Betriebs in stationären ARs. Beeinflussung von $\boldsymbol{\eta}$ durch zeitdiskrete Planung der Komponenten $y_{1\mathrm{dS}}$, $y_{2\mathrm{dS}}$. Trajektorien y_i, $i \in \{0, 1, \ldots, 5\}$ durchgezogene Linien; Solltrajektorien gestrichelte Linien; char. Überführungszeitpunkte vertikale punktierte Linien.

ist gut zu erkennen, dass der gewünschte Beginn einer Transition nicht mit dem tatsächlich realisierten übereinstimmen muss.

Die Zeitverläufe der Kondensatorspannungen, Zweigströme und Schaltfunktionen sind in Abb. 5.9 zu sehen. In dieser Graphik sind die Grenzen nach Tabelle 5.1 durch gestrichelte Linien markiert. Gut zu erkennen ist, dass die dargestellten Zweiggrößen stets innerhalb der spezifierten Grenzen bleiben. In Abb. 5.9(a) sind auch die Auslegungsgrenzen 825 V und 1045 V der Kondensatoren durch gestrichelte Linien dargestellt. Anhand dieser Graphik ist gut zu erkennen, dass beide Auslegungsgrenzen in den stationären Arbeitsregimes bei $\varphi_{\mathrm{Ld}} = \pm\frac{\pi}{2}$ touchiert werden, wohingegen bei $\varphi_{\mathrm{Ld}} \neq \pm\pi$ zur oberen Grenze Abstand ist. Dies stimmt mit den Kurven aus Abb. 4.9(e) überein, da nach Abb. 4.9(e) bei gegebenem Laststrom die Energieschwankung ΔW bei $\varphi_{\mathrm{L}} = \pm\frac{\pi}{2}$ am größten ist.

Der zu Abb. 5.8 gehörige Zeitverlauf der Komponenten von $\boldsymbol{\eta}$ ist zusammen mit den Komponenten der gewünschten Solltrajektorie $\boldsymbol{\eta}_{\mathrm{dI}}$ in Abb. 5.10(a) zu sehen. Demnach stimmt der Verlauf von $\boldsymbol{\eta}$ mit dem geplanten Verlauf $\boldsymbol{\eta}_{\mathrm{dI}}$ stets gut überein. Gut zu erkennen ist auch, dass $\boldsymbol{\eta}_{\mathrm{dI}}$ stetig ist. Die Komponenten der transfomierten Zweigströme $\mathbf{i} = \mathbf{T}_{\mathrm{N}}\mathbf{i}_{\mathrm{z}}$ sind in Abb. 5.10(b) zu sehen. In stationären Arbeitsregimes kann der Strom i_0 als konstant betrachtet werden. Dies entspricht der gewünschten Eigenschaft $\dot{i}_{0\mathrm{d}} = 0$. Die beiden Kreisströme i_1, i_2 sind in stationären Arbeitsregimes nahezu Null – und nur bei den Transitionen wesentlich von Null verschieden. Gut zu erkennen sind in dieser Darstellung die unterschiedlichen Stromformen in den Überführungsintervallen $[t_{\mathrm{Tr,S}}, t_{\mathrm{Tr,E}}]$ und $[t_{\mathrm{Tr,E}}, t_{\mathrm{RF,E}}]$ nach (5.2.2). Eine der Ursachen für die Abweichung von dem gewünschten Verlauf $i_{1\mathrm{d}} = i_{2\mathrm{d}} = 0$ in stationären Arbeitsregimes ist die Berechnung der Trajektorien (4.3.11) für das verlustlose Modell. Darüber hinaus wurde simulativ festgestellt, dass die Abweichung sowohl durch Verringerung der Abtastzeit des Reglers als auch durch Erhöhen des Induktivitätswertes der Zweigdrosseln reduziert werden kann.

Aus Gründen der Vollständigkeit ist der Zeitverlauf der Klemmenspannungen der Last, der Lastströme und der Gleichtaktspannung in Abb. 5.11 dargestellt.

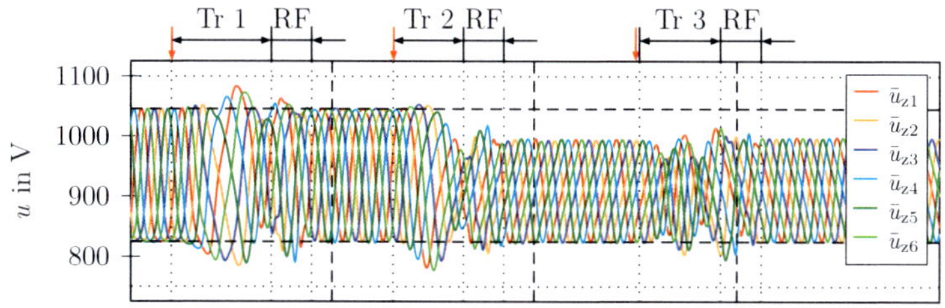

(a) Kondensatorspannungen $\bar{u}_{zi} = \frac{1}{n} u_{zi}$

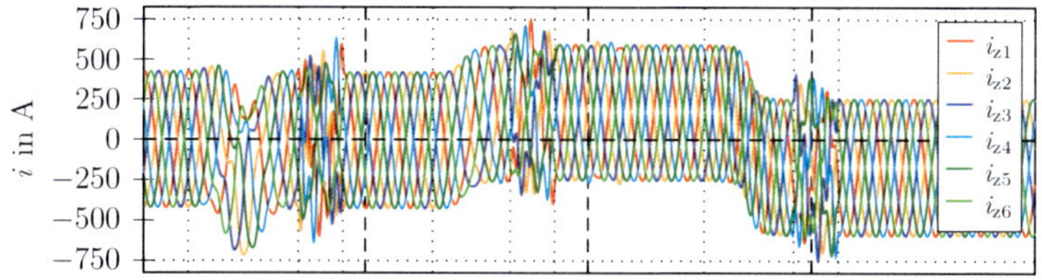

(b) Zweigströme i_{zi}

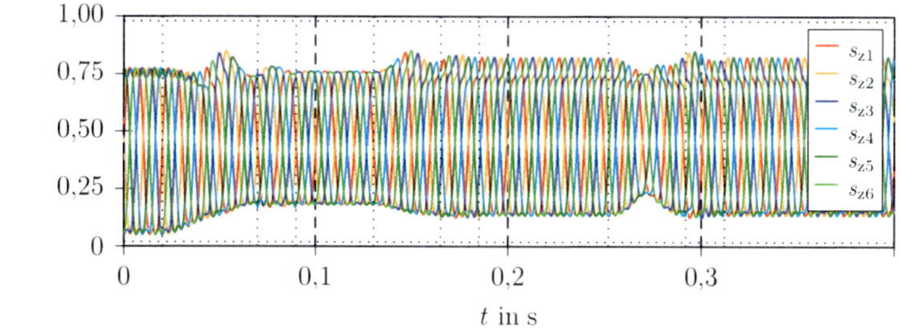

(c) Schaltfunktionen s_{zi}

Abb. 5.9.: Zeitverlauf der Kondensatorspannungen $\frac{1}{n} u_{zi}$, Zweigströme i_{zi} und Schaltfunktionen s_{zi}, $i \in \{1, 2, \ldots, 6\}$ bei zeitdiskreter Beeinflussung von $\boldsymbol{\eta}$ und Arbeitsregimewechsel nach Abb. 5.8. Die charakteristischen Überführungszeitpunkte sind durch punktierte vertikale Linien markiert.

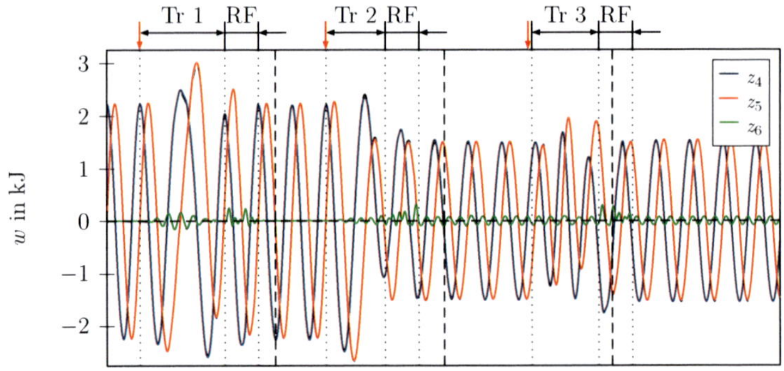

(a) Zeitverlauf der Komponenten von $\boldsymbol{\eta} = (\eta_1, \eta_2, \eta_3)^{\mathrm{T}}$ – durchgezogene Linien – und der geplanten „idealen Solltrajektorien“ $\boldsymbol{\eta}_{\mathrm{dI}} = (\eta_{1\mathrm{dI}}, \eta_{2\mathrm{dI}}, \eta_{3\mathrm{dI}})^{\mathrm{T}}$ – gestrichelte Linien

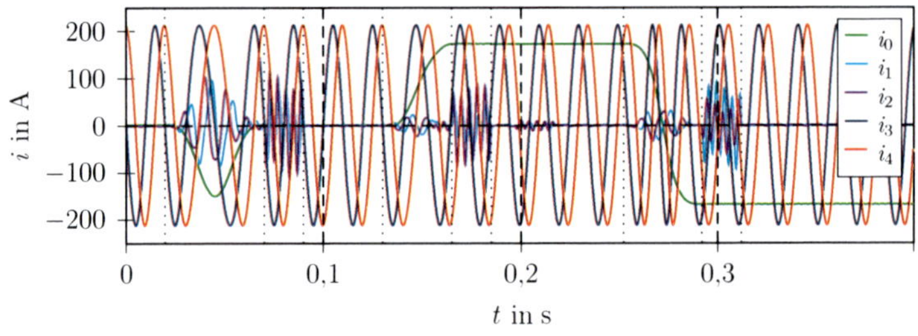

(b) Transformierte Zweigströme $\mathbf{i} = (i_0, i_1, i_2, i_3, i_4, i_5)^{\mathrm{T}} = \mathbf{T}_{\mathrm{N}}\mathbf{i}_{\mathbf{z}}$ während des Überführungsvorgangs. Die sechste Stromkomponente ist wegen $i_5 = 0$ nicht dargestellt.

Abb. 5.10.: Zeitverlauf der Komponenten von $\boldsymbol{\eta}$ und $\mathbf{i}$ bei einem Zeitverlauf von $\mathbf{y}$ nach Abb. 5.8 und zeitdiskreter Beeinflussung von $\boldsymbol{\eta}$. Die charakteristischen Überführungszeitpunkte sind durch punktierte vertikale Linien markiert.

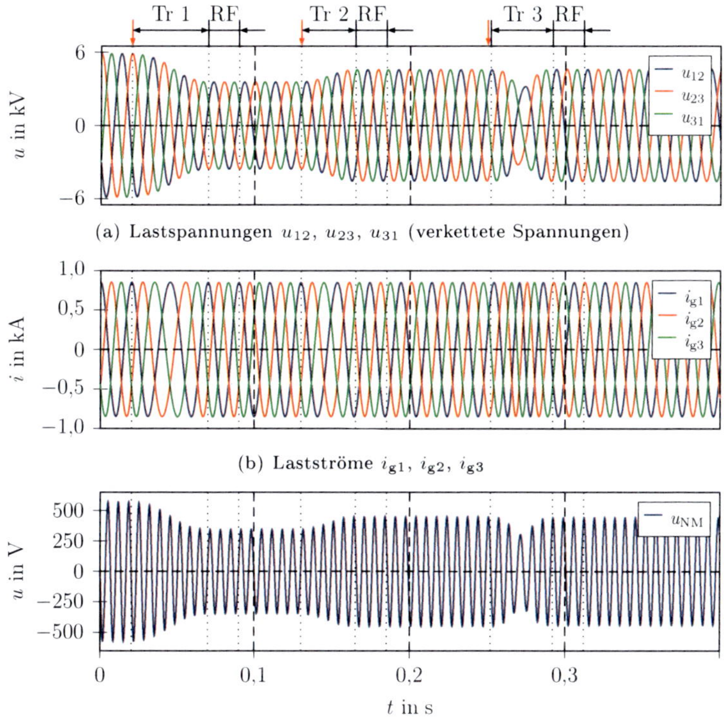

(a) Lastspannungen u_{12}, u_{23}, u_{31} (verkettete Spannungen)

(b) Lastströme i_{g1}, i_{g2}, i_{g3}

(c) Sternpunktverlagerungsspannung u_{NM}

Abb. 5.11.: Zeitverlauf der Klemmenspannungen der Last, Lastströme und der Sternpunktverlagerungsspannung u_{NM} bei Zeitverläufen von $\mathbf{y}$ nach Abb. 5.8 und $\boldsymbol{\eta}$ nach Abb. 5.10(a). Die charakteristischen Überführungszeitpunkte sind durch punktierte vertikale Linien markiert.

5.2.2.2. Arbeitsregimewechsel zwischen kreisstromfreien Betrieb und $y_{1d} = y_{2d} = 0$

Mit dem Verfahren nach Abschnitt 5.2.1 können nicht nur Arbeitsregimewechsel der Last, sondern auch Wechsel in der Betriebsart des Stromrichters im Voraus berechnet werden. Dies wird nun anhand eines Überführungsvorgangs verdeutlicht. Bei diesem werden typische Zeitverläufe der Kondensatorspannungen, Zweigströme und Schaltfunktionen für den stationären kreisstromfreien Betrieb mit den korrespondierenden Größen bei Betrieb mit $y_1 = y_2 = 0$ gegenübergestellt. Die Parameter des Simulationsmodells sowie der Regelung entsprechen denen aus Abschnitt 5.2.2.1.

Abgesehen von $|i_{z,\mathrm{Min}}| = i_{z,\mathrm{Max}} = 800$ A stimmen die bei der Planung zu berücksichtigenden Grenzen für (4.0.5) mit denen aus Tabelle 5.1 überein. Die Grenzen für die zulässigen Zweigströme wurden angehoben, da die Amplituden der Zweigströme beim stationären Betrieb mit $y_1 = y_2 = 0$ bei gleichem Arbeitsregime der Last deutlich über denen des stationären kreisstromfreien Betriebs liegen. Dies ist z. B. aus Abb. 4.7 ersichtlich. Die Trajektorien in den stationären Arbeitsregimes entsprechen (4.3.11) und (4.3.12) mit Integrationskonstanten nach (4.3.15) bzw. (4.3.21) und (4.3.22) mit Integrationskonstanten nach (4.3.24). Zur Festlegung der Integrationskonstanten wird die mittlere Kondensatorenergie zu $\bar{w}_{\mathrm{Cz}} = \frac{1}{2}CU_{\mathrm{u}}^2 - \tilde{w}_{\mathrm{Min}}(\mathrm{AR})$ gewählt.

Für die beiden in Abschnitt 4.3 behandelten Sonderfälle stationärer Arbeitsregimes treten nach Abb. 4.9(e) und Abb. 4.9(f) Extremwerte der Energieschwankung ΔW jeweils bei $\varphi_{\mathrm{L}} = \pm\frac{\pi}{2}$ und $\varphi_{\mathrm{L}} = 0$, bzw. $\varphi_{\mathrm{L}} = \pi$ auf. An diesen Position treten nach Abb. 4.7 auch die Betragsmaxima der Zweigströme beim kreisstromfreien Betrieb auf. Näherungsweise gilt dies auch für den Spezialfall $y_1 = y_2 = 0$. Aus diesem Grund werden Arbeitsregimes der Last bei $\varphi_{\mathrm{Ld}} = \frac{\pi}{2}$ und $\varphi_{\mathrm{Ld}} = 0$ untersucht. Da die (Kondensator-)Energieschwankung ΔW und die Betragsmaxima der Zweigströme proportional zur Amplitude des Laststromes sind, wird diese in der Simulation konstant gehalten.

Bei konstanter Amplitude $|\underline{i}_{34\mathrm{d}}| = \frac{1}{4}\hat{I}_{\mathrm{L,N}}$ wird der Lastwinkel φ_{Ld} durch Ändern des Phasenwinkels der Lastströme φ_{iLd} von $\varphi_{\mathrm{Ld}} = \frac{\pi}{2}$ auf $\varphi_{\mathrm{Ld}} = 0$ variiert. Der Zeitverlauf der Komponenten von $\mathbf{y}$ sowie der Solltrajektorien $\mathbf{y}_{\mathrm{d}}$ ist in Abb. 5.12 zu sehen. Zudem sind in Abb. 5.12(d) die Amplitude $|\underline{i}_{34\mathrm{d}}|$ und der Phasenwinkel des Laststromes $\varphi_{\mathrm{iLd}} = \arg\left(\underline{i}_{34\mathrm{d}} \exp(-\mathrm{j}\,\omega_0 t)\right)$ sowie der Lastwinkel φ_{Ld} enthalten. Letzterer wird nach (4.1.10) berechnet.

Um die Übersichtlichkeit der Darstellung zu erhöhen, sind in Abb. 5.12 und den meisten nachfolgenden Graphiken die Betriebsarten des Stromrichters in stationären Arbeitsregimes durch römische Ziffern markiert. Die Ziffer „I“ kennzeichnet Solltrajektorien für den stationären kreisstromfreien Betrieb, die Ziffer „II“ Solltrajektorien für den stationären Betrieb mit $y_{1\mathrm{dI}} = y_{2\mathrm{dI}} = 0$.

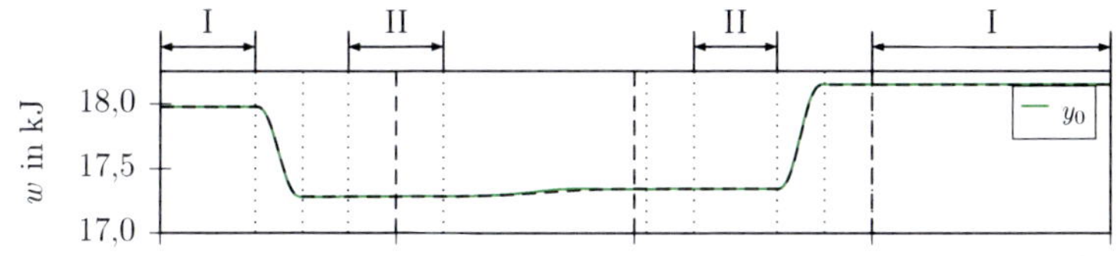

(a) Komponente $y_0 = z_0$

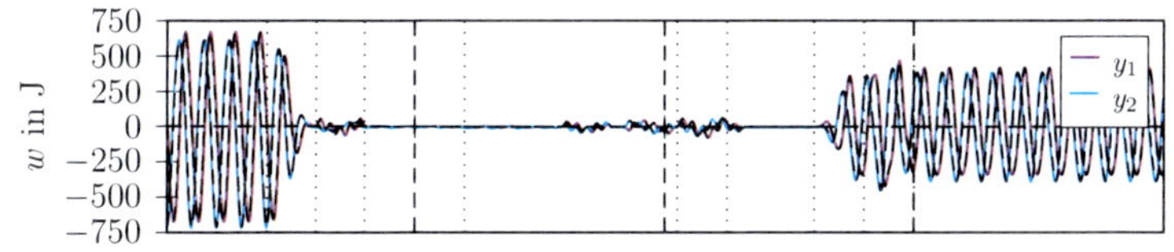

(b) Komponenten $y_1 = z_1$, $y_2 = z_2$

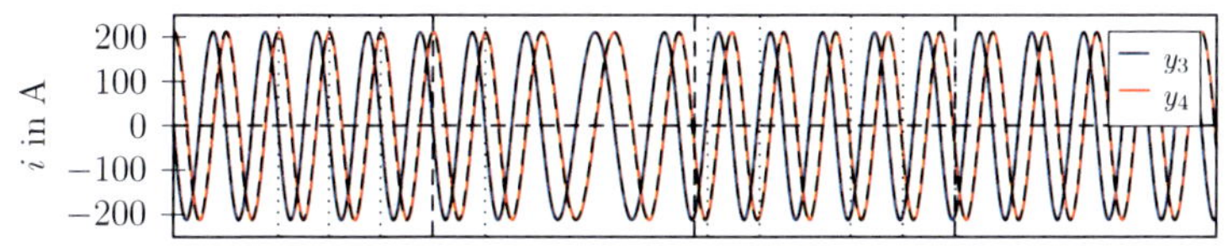

(c) Komponente $y_3 = i_3$, $y_4 = i_4$

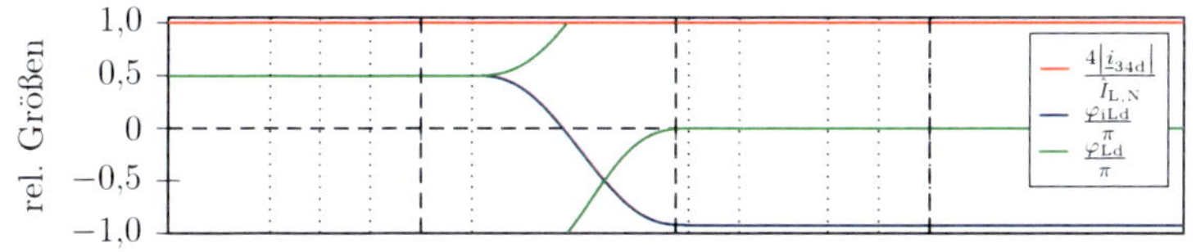

(d) Sollwerte von Amplitude $|\underline{i}_{34}|$ und Phasenlage $\varphi_{\mathrm{iL}} = \arg(\underline{i}_{34} \exp(-\mathrm{j}\,\omega_0 t))$ der transformierten Lastströme $\underline{i}_{34} = i_3 + \mathrm{j}\, i_4$ sowie des Lastwinkels φ_{L}

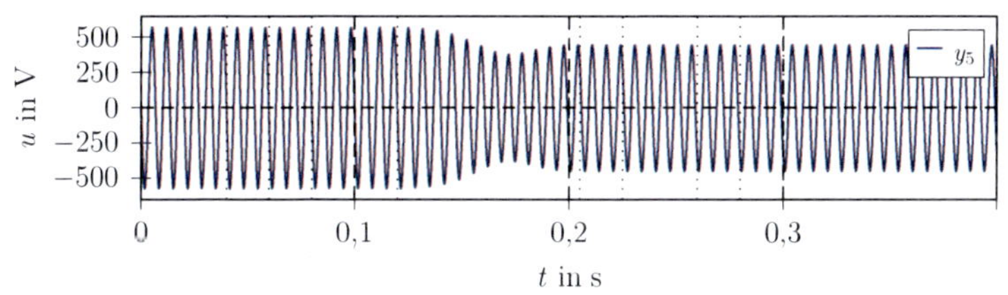

(e) Komponente $y_5 = u_{\mathrm{X}}$

Abb. 5.12.: Stromrichter minimaler SM-Kapazität, ausgelegt für den stationären kreisstromfreien Betrieb: Dargestellt sind AR-Wechsel der Last sowie der Betrieb in den stationären ARs „kreisstromfreier Betrieb" und „$y_1 = y_2 = 0$". Beeinflussung von $\boldsymbol{\eta}$ durch zeitdiskrete Planung der Komponenten $y_{1\mathrm{dS}}$, $y_{2\mathrm{dS}}$. Trajektorien y_i, $i \in \{0, 1, \ldots, 5\}$ durchgezogene Linien; Solltrajektorien gestrichelte Linien; char. Überführungszeitpunkte punktierte vertikale Linien.

Fehlende römische Ziffern markieren Überführungen zwischen stationären Arbeitsregimes. Relevante Zeitpunkte der Transitionen – Beginn, Ende der Transition sowie Beginn der Rückführung ($\mathbf{y}_{\mathrm{dI,RF}} \neq 0$) – sind durch vertikale punktierte Linien gekennzeichnet. Zum Zeitpunkt $t = 159{,}4$ ms kommt es zu einer Beeinflussung von $\boldsymbol{\eta}$. Da die Spannungen $\overset{\circ}{u}_{\mathrm{g}\alpha}$, $\overset{\circ}{u}_{\mathrm{g}\beta}$ im Beeinflussungszeitraum wegen der Überführung der Ausgangskomponenten y_3, y_4 nicht ihren stationären Verläufen entsprechen, schließen sich an diese erste Beeinflussung zwei weitere an. Davon fällt eine teilweise mit dem „Rückführungsintervall“ $t \in [205, 225]$ ms zusammen.

Der Zeitverlauf der Komponenten von $\boldsymbol{\eta}$ sowie der transformierten Zweigströme $\mathbf{i}$ sind in Abb. 5.13 zu sehen. Anhand des Zeitverlaufs der Kreisströme i_1 und i_2 sowie des Stromes i_0 können die beiden unterschiedlichen Betriebsarten des Stromrichters sowie die beiden Lastfälle klar voneinander abgegrenzt werden. Gut zu erkennen ist auch, dass der Strom i_0 in den stationären Arbeitsregimes näherungsweise konstant ist.

Der Zeitverlauf der Kondensatorspannungen, Zweigströme und Schaltfunktionen ist in Abb. 5.14 gegeben. In dieser Darstellung ist der Einfluss der stationären Arbeitsregimes – kreisstromfreier Betrieb, bzw. Betrieb mit $y_1 = y_2 = 0$ – auf die Form der Zweigströme und Kondensatorspannungen gut zu erkennen. Insbesondere bei $\varphi_{\mathrm{Ld}} = \frac{\pi}{2}$ unterscheiden sich die korrespondierenden Zeitverläufe deutlich.

Aus Gründen der Vollständigkeit ist der Zeitverlauf der Lastgrößen in Abb. 5.15 dargestellt. Die verschiedenen stationären Arbeitsregimes der Last sind in dieser Graphik durch den zugehörigen Lastwinkel φ_{Ld} gekennzeichnet. Da der Zeitverlauf der Lastgrößen von der Betriebsart des Stromrichters unabhängig ist, sind in dieser Darstellung die Zeitintervalle für den stationären kreisstromfreien Betrieb und den stationären Betrieb mit $y_{1\mathrm{dI}} = y_{2\mathrm{dI}} = 0$ nicht durch römische Ziffern markiert.

Die beiden Simulationsbeispiele zeigen anschaulich, dass Überführungen bei geeigneter Planung mit hoher Dynamik realisiert werden können, ohne dass vorgegebene Grenzen überschritten werden. Wegen dieser Eigenschaft ist nach Ansicht des Verfassers ein Planen von Überführungen insbesondere für Antriebsanwendungen attraktiv.

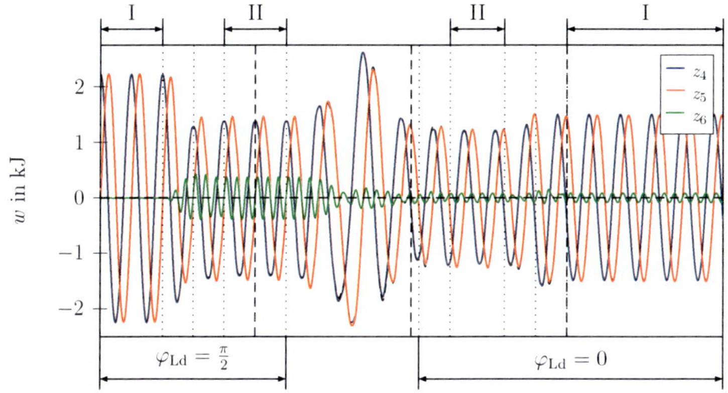

(a) Zeitverlauf von $\boldsymbol{\eta} = (\eta_1, \eta_2, \eta_3)^T = (z_3, z_4, z_5)^T$ – durchgezogene Linien – und der geplanten „idealen Solltrajektorien“ $\boldsymbol{\eta}_{dI} = (\eta_{1dI}, \eta_{2dI}, \eta_{3dI})^T$ – gestrichelte Linien

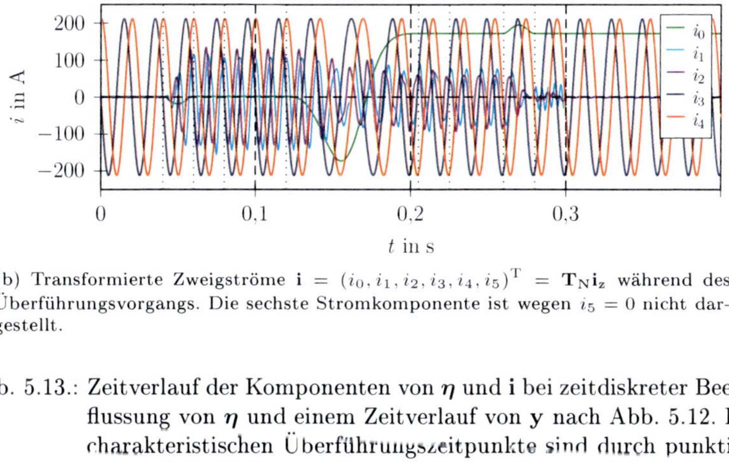

(b) Transformierte Zweigströme $\mathbf{i} = (i_0, i_1, i_2, i_3, i_4, i_5)^T = \mathbf{T}_N \mathbf{i}_z$ während des Überführungsvorgangs. Die sechste Stromkomponente ist wegen $i_5 = 0$ nicht dargestellt.

Abb. 5.13.: Zeitverlauf der Komponenten von $\boldsymbol{\eta}$ und $\mathbf{i}$ bei zeitdiskreter Beeinflussung von $\boldsymbol{\eta}$ und einem Zeitverlauf von $\mathbf{y}$ nach Abb. 5.12. Die charakteristischen Überführungszeitpunkte sind durch punktierte vertikale Linien markiert. Zeitintervalle mit Solltrajektorien für den stationären kreisstromfreien Betrieb sind durch die Ziffer „I“, für den Betrieb mit $y_{1dI} = y_{2dI} = 0$ durch die Ziffer „II“ gekennzeichnet.

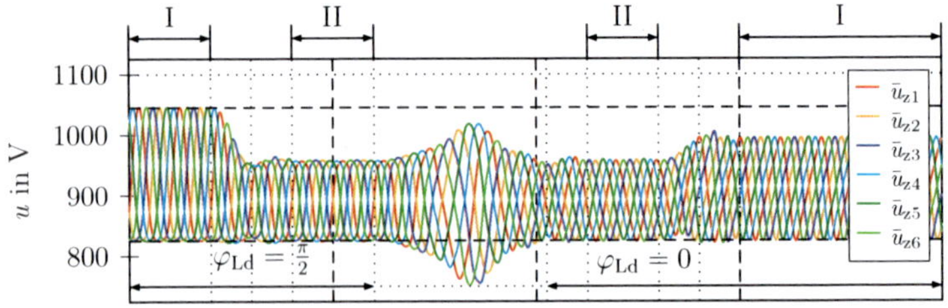

(a) Kondensatorspannungen $\bar{u}_{zi} = \frac{1}{n} u_{zi}$, $i \in \{1, 2, \ldots, 6\}$; Auslegungsgrenzen der Kondensatorspannungen: Horizontale gestrichelte Linien

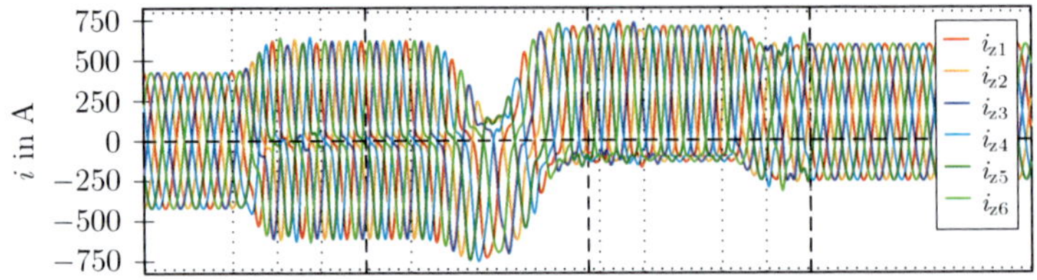

(b) Zweigströme i_{zi}, $i \in \{1, 2, \ldots, 6\}$

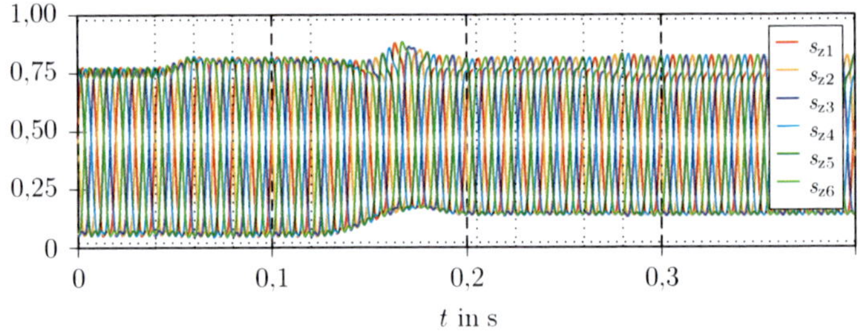

(c) Schaltfunktionen s_{zi}, $i \in \{1, 2, \ldots, 6\}$

Abb. 5.14.: Zeitverlauf der Kondensatorspannungen $\frac{1}{n} u_{zi}$, Zweigströme i_{zi} und Schaltfunktionen s_{zi}, $i \in \{1, 2, \ldots, 6\}$ bei Arbeitsregimewechseln nach Abb. 5.12. Die charakteristischen Überführungszeitpunkte sind durch punktierte vertikale Linien markiert. Die Grenzen, welche bei der Vorausplanung der Transition berücksichtigt werden, sind mittels horizontalen punktierten Linien dargestellt. Zeitintervalle mit Solltrajektorien für den stationären kreisstromfreien Betrieb sind durch die Ziffer „I", für den Betrieb mit $y_{1dI} = y_{2dI} = 0$ durch die Ziffer „II" gekennzeichnet.

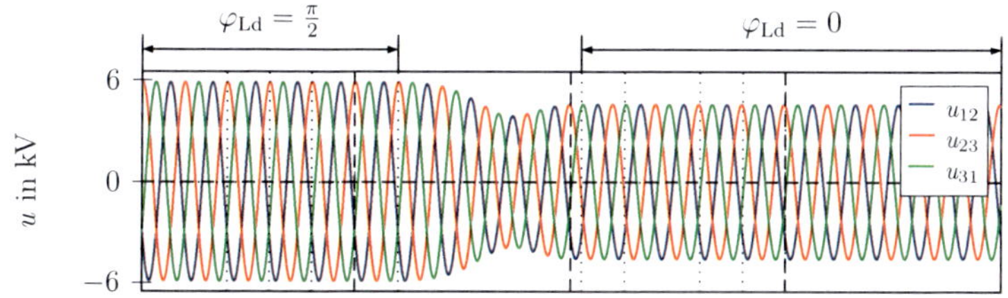

(a) Lastspannungen u_{12}, u_{23}, u_{31} (verkettete Spannungen)

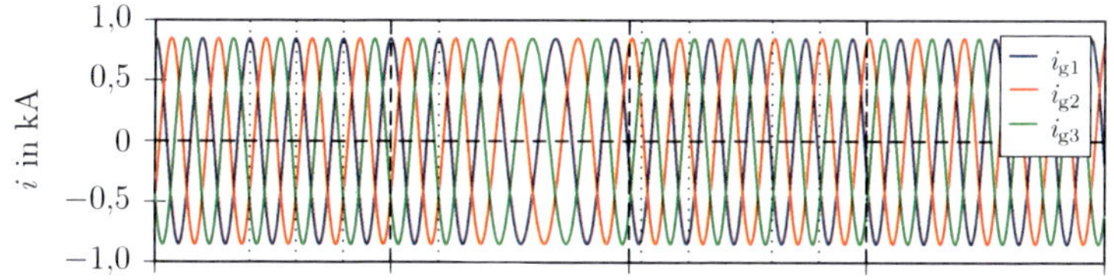

(b) Lastströme $i_{\mathbf{g1}}$, $i_{\mathbf{g2}}$, $i_{\mathbf{g3}}$

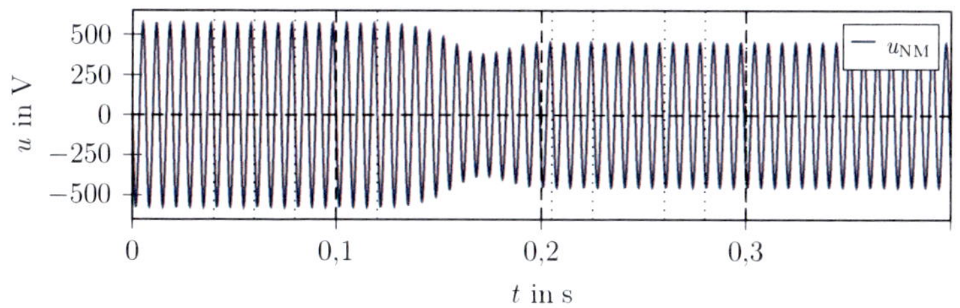

(c) Sternpunktverlagerungsspannung u_{NM}

Abb. 5.15.: Zeitverlauf der Klemmenspannungen der Last, Lastströme und der Sternpunktverlagerungsspannung u_{NM} bei Zeitverläufen von $\boldsymbol{y}$ nach Abb. 5.8 und $\boldsymbol{\eta}$ nach Abb. 5.10(a). Die charakteristischen Überführungszeitpunkte sind durch punktierte vertikale Linien markiert.

6. Zusammenfassung und Ausblick

6.1. Zusammenfassung

Mehrpunktstromrichter können an ihren Klemmen Wechselspannungen mit geringem Oberschwingungsgehalt erzeugen. Neben den „klassischen" Schaltungen, wie *Neutral-Point-Clamped-*, *Active-Neutral-Point-Clamped-*, *Flying-Capacitor-* und *Series Connected H-Bridge* Stromrichtern, steht mit dem modularen Mehrpunktstromrichter eine weitere Schaltung zur Gleichspannungs-/ Wechselspannungswandlung zur Verfügung. Die wesentlichen Bestandteile eines M2Cs zur Umwandlung einer Gleichspannung in eine dreiphasige Wechselspannung wurden in Kapitel 1 behandelt.

Obwohl die Topologie des modularen Mehrpunktstromrichters erst seit ca. zehn Jahren bekannt ist, gibt es zu dieser Schaltung bereits eine Vielzahl relevanter Veröffentlichungen. Ein Überblick über Literaturstellen zu den Themenkomplexen „Modellbildung", „Leistungsteil und Schutz" sowie Regelungs- und Steuerungsverfahren wurde in Kapitel 2 gegeben. Da die Submodulkondensatoren bei M2Cs nicht über eine externe Beschaltung geladen bzw. entladen werden, muss durch die Ansteuerung sichergestellt werden, dass die Kondensatorspannungen innerhalb zulässiger Grenzen bleiben. Aus diesem Grund kommt der Regelung und Steuerung bei M2Cs eine besondere Bedeutung zu.

Themenschwerpunkt dieser Arbeit ist ein neuartiges modellbasiertes Regelungsverfahren für M2Cs. Vorbetrachtungen dazu wie Modellierung, Koordinatentransformationen und Diskussion interessanter Ausgangskandidaten wurden in Kapitel 3 behandelt. Bei der Herleitung des in der Arbeit weiter verwendeten gemittelten Modells wurden die $n \in \mathbb{N} \setminus \{0\}$ Submodule eines Zweiges durch ein resultierendes Modul ersetzt, um Simulationen mit geringem Rechenaufwand zu ermöglichen und die theoretischen Betrachtungen zu vereinfachen. Sowohl durch eine lineare als auch durch eine darauf aufbauende nichtlineare Koordinatentransformation konnten die Systemgleichungen übersichtlich dargestellt werden. Während die lineare Koordinatentransformation aus Kapitel 3 in abgewandelter Form auch schon in anderen Veröffentlichungen verwendet wurde, sind dem Autor keine Veröffentlichungen anderer Autoren mit der hier betrachteten nichtlinearen Koordinatentransformation bekannt. Auf Basis dieser Koordinatentransformationen wurden im Abschnitt 3.3 verschiedene Ausgangskandidaten diskutiert. Diese unterscheiden sich in den verwendeten physikalischen Größen und der Ordnung der internen Dynamik. Einer dieser Kandidaten wurde als besonders geeignet bewertet, da bei diesem die interne Dynamik lediglich dritter Ordnung ist und mit diesem auch relevante Größen der Last – die (transformierten) Lastströme i_3 und i_4 und die Gleichtaktspannung u_X – unmittelbar beeinflusst werden können. Neben den drei genannten Komponenten besteht der favorisierte Ausgang $\mathbf{y} = (z_0, z_1, z_2, i_3, i_4, u_X)^T$ weiter aus Anteilen, welche die in den Phasen des Stromrichters und der Drossel im Gleichspannungszwischenkreis gespeicherten Energien beschreiben.

Allgemeine Betrachtungen zu dem genannten Ausgangskandidaten erfolgten in Abschnitt 4. Ein Ergebnis dieser Untersuchungen ist, dass das System bezüglich dieses Ausgangs eingangs-ausgangslinearisierbar ist. Letzteres kann z. B. durch dynamische Zustandsrückführung erreicht werden. Einen großen Teil im Abschnitt 4 nahmen allgemeine Betrachtungen zur Wahl geeigneter Solltrajektorien für den stationären Betrieb ein. In Folge der vorhandenen internen Dynamik muss bei deren Wahl nicht nur die Realisierbarkeit durch das System beachtet werden. Weiter ist sicherzustellen, dass die der internen Dynamik zugeordneten Größen beschränkt sind. Für den stationären Betrieb von M2Cs konnten sowohl für den Betrieb der Last bei Grundschwingungsfrequenzen $f_0 > 0$ als auch bei $f_0 \approx 0$ einfache Kriterien abgeleitet werden, welche die Auswahl geeigneter Trajektorien erleichtern. Auf Basis dieser Betrachtungen wurden für die beiden praxisrelevanten Sonderfälle „stationärer kreisstromfreier Betrieb" und „stationärer Betrieb mit Ausgangskomponenten $y_1 = y_2 = 0$" analytische Lösungen der Trajektorien für $f_0 > 0$ hergeleitet. Diese Sonderfälle wurden einander anhand charakteristischer Kenngrößen, welche den Kondensatoraufwand und den Halbleiteraufwand maßgeblich bestimmen, gegenübergestellt. Aus dem Vergleich folgte, dass die Strombelastung der Zweigdrosseln beim kreisstromfreien Betrieb geringer ist, wohingegen der Kondensatoraufwand im Spezialfall $y_1 = y_2 = 0$ gegenüber dem kreisstromfreien Betrieb reduziert ist. Neben den genannten Trajektorien in stationären Arbeitsregimes wurden im Kapitel 4 auch Trajektorien zur Realisierung von Überführungen zwischen stationären Arbeitsregimes behandelt.

Bei dem in der Arbeit untersuchten Ausgang $\mathbf{y} = (z_0, z_1, z_2, i_3, i_4, u_X)^T$ hängt die interne Dynamik $\dot{\boldsymbol{\eta}}$ von $\mathbf{y}$ – nicht aber von $\boldsymbol{\eta}$ ab. Damit kann $\boldsymbol{\eta}$ nicht asymptotisch stabil sein. Aus diesem Grund muss $\boldsymbol{\eta}$ bei Abweichungen von der Solltrajektorie $\boldsymbol{\eta}_d$ durch Planung der Solltrajektorie des Ausgangs $\mathbf{y}_d$ „geeignet" beeinflusst werden. In Kapitel 5.1 wurde eine Methode zur Beeinflussung von $\boldsymbol{\eta}$ vorgestellt. Bei dieser werden Abweichungen von der Solltrajektorie $\boldsymbol{\eta}_d$ durch zeitdiskrete Planung von $\mathbf{y}_d$ innerhalb eines endlichen Zeitintervalls auf (theoretisch) Null reduziert. Mit dem gezeigten Verfahren kann – so zumindest in der Theorie – weiter eine Beeinflussung von $\boldsymbol{\eta}$ erfolgen, ohne dass diese an den Anschlussklemmen des Stromrichters messbar ist. Unter praktischen Gesichtspunkten ist diese Eigenschaft wünschenswert, da

Stromrichter an ihren Klemmen häufig ein bestimmtes Verhalten aufweisen sollen. Exemplarisch seien Anforderungen an das Drehmoment der Last oder aber der Wunsch an einen zeitlich konstanten Strom im Gleichspannungszwischenkreis genannt. Als nachteilig an dem Verfahren kann der relativ hohe Rechenaufwand bewertet werden; auch sollte das Modell das Verhalten des realen Systems hinreichend genau nachbilden.

Eine Methode zur Planung von Überführungen wurde in Abschnitt 5.2 vorgestellt. Mit dieser können die physikalischen Grenzen eines Stromrichters bei Überführungen ausgenutzt werden, ohne dass es zu Stellgrößenverletzungen oder einem Überschreiten von zulässigen Grenzwerten für Kondensatorspannungen und Zweigströme kommt. Dieser Punkt ist insbesondere für den Bau von kostenoptimierten Stromrichtern mit geringen Auslegungsreserven relevant. Dem Autor sind keine Veröffentlichungen zu M2Cs bekannt, bei denen Transitionen zwischen stationären Arbeitsregimes im Voraus geplant werden.

Im Rahmen dieser Arbeit wurden die Grundlagen für ein weiteres Verfahren zum Betrieb von M2Cs abgeleitet. Ein Stabilitätsnachweis konnte jedoch nicht erbracht werden. Da dieses Verfahren einfach implementiert werden kann und ein solches Verfahren bisher nicht veröffentlicht wurde, ist es im Anhang, Kapitel C ausführlich skizziert. Darüber hinaus wurde simulativ festgestellt, dass η mit diesem Verfahren auch bei großen Modellabweichungen in der Nähe der gewünschten („idealen“) Trajektorien η_{dI} verbleibt.

6.2. Ausblick

Eine wissenschaftliche Arbeit kann selten ein ganzes Themenfeld abschließend behandeln. Da dies auch auf die hier vorliegende Arbeit zutrifft, werden an dieser Stelle Ideen und mögliche Ausgangspunkte für weiterführende Arbeiten skizziert.

Im Abschnitt 3.3 sind verschiedene praxisrelevante Ausgangskandidaten aufgeführt. Bei all diesen Kandidaten besitzt das System eine interne Dynamik, was aus praktischer und theoretischer Sicht nachteilig ist. Es ist daher abschließend zu klären, ob Ausgangskandidaten existieren, bei denen das System keine interne Dynamik besitzt. Eventuell kann auch ein flacher Ausgang gefunden werden. Dies wäre insofern vorteilhaft als bei differentiell flachen Systemen alle Systemgrößen durch die Komponenten des Ausgangs und dessen Ableitungen ausgedrückt werden können. Zudem sind die Ausgangskomponenten differentiell unabhängig [80, 82].

Die Ergebnisse in dieser Arbeit sind theoretischer Natur und durch Simulationen überprüft. Ob der Algorithmus zur Beeinflussung von η durch zeitdiskrete Planung für eine Umsetzung in realen Systemen geeignet ist, kann letztlich nur mittels Implementierung an realen Systemen verifiziert werden. Dies war im Rahmen der Arbeit nicht möglich. Ein Teststand mit M2C-Stromrichtern ist an der TU Dresden zur Zeit im Aufbau[1].

Im Rahmen dieser Arbeit wurden Grundlagen für ein weiteres Verfahren zum Betrieb von M2Cs abgeleitet. Dieses ist im Anhang, Kapitel C skizziert. Jedoch konnte für diesen „ingenieurtechnischen Ansatz" kein Stabilitätsnachweis erbracht werden. Weiterführende Arbeiten können das Verfahren auf ein solideres theoretisches Fundament stellen; insbesondere sollten abschließende Stabilitätsbetrachtungen erfolgen.

Mit dem in der Arbeit verwendeten Lastmodell – bestehend aus der Reihenschaltung einer Drossel, eines Widerstandes und einer Spannungsquelle je Strang – kann der stationäre Betrieb eines M2Cs an einer elektrischen Maschine nachgebildet werden. Soll das Systemverhalten eines Antriebes nicht nur in stationären Arbeitsregimes und bei langsamen („quasistationären") Arbeitsregimewechseln, sondern auch bei instationären Arbeitsregimes untersucht werden, so muss das bisherige Lastmodell durch ein geeignetes Modell der elektrischen Maschine ersetzt werden. Auch sind die Differentialgleichungen um die Bewegungsgleichungen des Antriebes zu ergänzen. Dies führt zu einem nichtlinearen Modell des Gesamtsystems höherer Ordnung als (3.2.6). Werden für die Ständergleichungen einer dreiphasigen Asynchronmaschine bzw. einer Synchronmaschine geeignete Abkürzungen gewählt, so kann auf viele Betrachtungen in dieser Arbeit zurückgegriffen werden – so z. B. auf die nichtlineare Koordinatentransformation und das Verfahren zur Beeinflussung von $\boldsymbol{\eta}$. Dies folgt aus Vorbetrachtungen des Autors.

Für den Betrieb eines M2Cs als aktiver Netzstromrichter mit Spannungszwischenkreis können die Ergebnisse dieser Arbeit zum Ausgang $\mathbf{y} = (z_0, z_1, z_2, i_3, i_4, u_\mathrm{X})^\mathrm{T}$ mit geringen Änderungen übertragen werden, sofern ein Zwischenkreiskondensator mit „hinreichend großer" Kapazität in der Schaltung vorhanden ist. Dessen Ladezustand – und damit die Zwischenkreisspannung – kann durch Ändern des Sollwerts der Wirkleistung aus dem Netz, also durch Ändern der Sollwerte $i_{3\mathrm{d}}$ und $i_{4\mathrm{d}}$, beeinflusst werden. Für den Fall, dass kein Zwischenkreiskondensator vorhanden ist, ist die Verwendung des Ausgangskandidaten $\mathbf{y} = (u_\mathrm{d}, z_1, z_2, i_3, i_4, u_\mathrm{X})^\mathrm{T}$ naheliegend. Bei diesem ist die interne Dynamik $\dot{\boldsymbol{\eta}} = (\dot{z}_0, \dot{z}_3, \dot{z}_4, \dot{z}_5)^\mathrm{T}$ vierter Ordnung.

[1] Das im Abschnitt C beschriebene Verfahren sowie eine Weiterentwicklung dieses Verfahrens wurden nach dem Einreichen der Arbeit experimentell verifiziert.

Literaturverzeichnis

[1] AKAGI, H.: Classification, Terminology, and Application of the Modular Multilevel Cascade Converter (MMCC). In: *Power Electronics, IEEE Transactions on* 26 (2011), Nov., Nr. 11, S. 3119–3130. – ISSN 0885-8993

[2] AKAGI, H. ; INOUE, S. ; YOSHII, T.: Control and Performance of a Transformerless Cascade PWM STATCOM With Star Configuration. In: *Industry Applications, IEEE Transactions on* 43 (2007), Juli – Aug., Nr. 4, S. 1041–1049. – ISSN 0093-9994

[3] ALLEBROD, S. ; HAMERSKI, R. ; MARQUARDT, R.: New Transformerless, Scalable Modular Multilevel Converters for HVDC-Transmission. In: *Power Electronics Specialists Conference, 2008. PESC 2008. IEEE*, Juni 2008, S. 174–179. – ISSN 0275-9306

[4] ALLEBROD, S. ; SCHMITT, D. ; MARQUARDT, R.: Control structure for Modular Multilevel Converters. In: *Conference Proceedings PCIM Europe 2009*. Nürnberg, Mai 2009

[5] AMATO, F. ; CELENTANO, G. ; GAROFALO, F.: New Sufficient Conditions for the Stability of Slowly Varying Linear Systems. In: *Automatic Control, IEEE Transactions on* 38 (1993), Sept., Nr. 9, S. 1409–1411. – ISSN 0018-9286

[6] ÄNGQUIST, L. ; ANTONOPOULOS, A. ; SIEMASZKO, D. ; ILVES, K. ; VASILADIOTIS, M. ; NEE, H.-P.: Inner Control of Modular Multilevel Converters - An Approach using Open-loop Estimation of Stored Energy. In: *Power Electronics Conference (IPEC), 2010 International*, Juni 2010, S. 1579–1585

[7] ÄNGQUIST, L. ; ANTONOPOULOS, A. ; SIEMASZKO, D. ; ILVES, K. ; VASILADIOTIS, M. ; NEE, H-P: Open-Loop Control of Modular Multilevel Converters Using Estimation of Stored Energy. In: *Industry Applications, IEEE Transactions on* 47 (2011), Nov., Nr. 6, S. 2516–2524. – ISSN 0093-9994

[8] ANTONOPOULOS, A. ; ÄNGQUIST, L. ; NEE, H.-P.: On Dynamics and Voltage Control of the Modular Multilevel Converter. In: *Power Electronics and Applications, 2009. EPE '09. 13th European Conference on*, Sept. 2009

[9] ANTONOPOULOS, A. ; ÄNGQUIST, L. ; NORRGA, S. ; ILVES, K. ; NEE, H-P: Modular Multilevel Converter AC Motor Drives with Constant Torque from Zero to Nominal Speed. In: *Energy Conversion Congress and Exposition (ECCE), 2012 IEEE*, 2012, S. 739–746

[10] BÄRNKLAU, H. ; GENSIOR, A. ; BERNET, S.: Derivation of an equivalent submodule per arm for Modular Multilevel Converters. In: *Power Electronics and Motion Control Conference (EPE/PEMC), 2012 15th International*, 2012

[11] BÄRNKLAU, H. ; GENSIOR, A. ; BERNET, S.: Submodule Capacitor Dimensioning for Modular Multilevel Converters. In: *Energy Conversion Congress and Exposition (ECCE), 2012 IEEE*, Sept. 2012, S. 4172–4179

[12] BÄRNKLAU, H. ; GENSIOR, A. ; RUDOLPH, J.: A Model-Based Control Scheme for Modular Multilevel Converters. In: *Industrial Electronics, IEEE Transactions on* 60 (2013), Dez., Nr. 12, S. 5359–5375. – ISSN 0278-0046

[13] BARUSCHKA, L. ; MERTENS, A.: A New 3-Phase Direct Modular Multilevel Converter. In: *Power Electronics and Applications (EPE 2011), Proceedings of the 2011-14th European Conference on*, 30. Aug. – 1. Sept. 2011

[14] BELLMAN, R. ; BENTSMAN, J. ; MEERKOV, S.: Stability of Fast Periodic Systems. In: *Automatic Control, IEEE Transactions on* 30 (1985), März, Nr. 3, S. 289–291. – ISSN 0018-9286

[15] BERGNA, G. ; GARCES, A. ; BERNE, E. ; EGROT, P. ; ARZANDÉ, A. ; VANNIER, J.-C. ; MOLINAS, M.: A Generalized Power Control Approach in ABC Frame for Modular Multilevel Converter HVDC Links Based on Mathematical Optimization. In: *Power Delivery, IEEE Transactions on* 29 (2014), Feb., Nr. 1, S. 386–394. – ISSN 0885-8977

[16] BERGNA, G. ; SUUL, J. A. ; GARCES, A. ; BERNE, E. ; EGROT, Ph. ; ARZANDE, A. ; VANNIER, J.-C. ; MOLINAS, M.: Improving the Dynamics of Lagrange-based MMC Controllers by means of Adaptive Filters for Single-Phase Voltage, Power and Energy Estimation. In: *Industrial Electronics Society, IECON 2013 - 39th Annual Conference of the IEEE*, 2013, S. 6239–6244. – ISSN 1553-572X

[17] BILLMANN, M. ; MALIPAARD, D. ; H., Gambach: Explosion proof housings for IGBT module based high power inverters in HVDC transmission application. In: *International Exhibition & Conference for Power*

Electronics, Intelligent Motion, Power Quality, PCIM Europe 2009. Nürnberg, Mai 2009. – ISSN 9783800731589

[18] BITTANTI, S. ; P., Colaneri: *Periodic Systems: Filtering and Control.* London : Springer-Verlag London, 2009 (Communications and Control Engineering). – ISBN 978-1-84800-910-3

[19] BROCKETT, R. W.: *Finite Dimensional Linear System.* New York, London, Sydney, Toronto : John Wiley and Sons, Inc., 1970. – ISBN 0-471-10585-6

[20] BUSCHENDORF, M. ; WEBER, J. ; BERNET, S.: Comparison of IGCT and IGBT for the use in the modular multilevel converter for HVDC applications. In: *Systems, Signals and Devices (SSD), 2012 9th International Multi-Conference on*, 2012

[21] DAS, A. ; NADEMI, H. ; NORUM, L.: A Method for Charging and Discharging Capacitors in Modular Multilevel Converter. In: *IECON 2011 - 37th Annual Conference on IEEE Industrial Electronics Society*, 2011, S. 1058–1062. – ISSN 1553-572X

[22] DAVIES, M. ; DOMMASCHK, M. ; DORN, J. ; LANG, J. ; RETZMANN, D. ; SOERANGR, D.: *HVDC PLUS — Basics and Principle of Operation.* www.energy.siemens.com/nl/pool/hq/power-transmission/HVDC/HVDC_Plus_Basics_and_Principle.pdf. Aug. 2008. – Fachbeitrag; abgerufen am 20.04.2012

[23] DEBNATH, S. ; QIN, J. ; BAHRANI, B. ; SAEEDIFARD, M. ; BARBOSA, P.: Operation, Control, and Applications of the Modular Multilevel Converter: A Review. In: *Power Electronics, IEEE Transactions on* 30 (2015), Jan., Nr. 1, S. 37–53. – ISSN 0885-8993

[24] DESOER, C.: Slowly Varying System $\dot{x} = A(t)x$. In: *Automatic Control, IEEE Transactions on* 14 (1969), Dez., Nr. 6, S. 780–781. – ISSN 0018-9286

[25] ENGEL, S. P. ; DE DONCKER, R. W.: Control of the Modular Multi-Level Converter for Minimized Cell Capacitance. In: *Power Electronics and Applications (EPE 2011), Proceedings of the 2011-14th European Conference on*, 30. Aug. – 1. Sept. 2011

[26] ERICKSON, R. W. ; AL-NASEEM, O. A.: A New Family of Matrix Converters. In: *Industrial Electronics Society, 2001. IECON '01. The 27th Annual Conference of the IEEE* Bd. 2, 2001, S. 1515–1520

[27] FEHR, H. ; GENSIOR, A. ; MÜLLER, M.: Analysis and Trajectory Tracking Control of a Modular Multilevel Converter. In: *Power Electronics, IEEE Transactions on* 30 (2015), Jan., Nr. 1, S. 398–407. – ISSN 0885-8993

[28] FRIEDRICH, K.: Modern HVDC PLUS application of VSC in Modular Multilevel Converter Topology. In: *Industrial Electronics (ISIE), 2010 IEEE International Symposium on*, Juli 2010, S. 3807–3810

[29] GLINKA, M. ; MARQUARDT, R.: A New AC/AC-Multilevel Converter Family Applied to a Single-Phase Converter. In: *Power Electronics and Drive Systems, 2003. PEDS 2003. The Fifth International Conference on* Bd. 1, Nov. 2003, S. 16–23

[30] GLINKA, M. ; MARQUARDT, R.: A New AC/AC Multilevel Converter Family. In: *Industrial Electronics, IEEE Transactions on* 52 (2005), Juni, Nr. 3, S. 662–669. – ISSN 0278-0046

[31] GRÉGOIRE, L.-A. ; BLANCHETTE, H. F. ; LI, W. ; A., Antonopoulos ; ÄNGQUIST, L. ; AL-HADDAD, K.: *Modular-Multilevel-Converter Dynamic Analysis and Remedial Strategy for Voltage Transients During Blocking.* www.opal-rt.com/sites/default/files/technical_papers/Modular Multilevel Converters Dynamic Analysis 2colones.pdf. Sept. 2013. – Fachbeitrag; abgerufen am 18.06.2014

[32] HAGIWARA, M. ; AKAGI, H.: PWM Control and Experiment of Modular Multilevel Converters. In: *Power Electronics Specialists Conference, 2008. PESC 2008. IEEE*, Juni 2008, S. 154–161. – ISSN 0275-9306

[33] HAGIWARA, M. ; HASEGAWA, I. ; AKAGI, H.: Startup and Low-Speed Operation of an Electric Motor Driven by a Modular Multilevel Cascade Inverter (MMCI). In: *Industry Applications, IEEE Transactions on* 49 (2013), Juli, Nr. 4, S. 1556–1565. – ISSN 0093-9994

[34] HAGIWARA, M. ; MAEDA, R. ; AKAGI, H.: Theoretical Analysis and Control of the Modular Multilevel Cascade Converter Based on Double-Star Chopper-Cells (MMCC-DSCC). In: *Power Electronics Conference (IPEC), 2010 International*, Juni 2010, S. 2029–2036

[35] HAGIWARA, M. ; NISHIMURA, K. ; AKAGI, H.: A Medium-Voltage Motor Drive With a Modular Multilevel PWM Inverter. In: *Power Electronics, IEEE Transactions on* 25 (2010), Juli, Nr. 7, S. 1786–1799. – ISSN 0885-8993

[36] HARNEFORS, L. ; ANTONOPOULOS, A. ; NORRGA, S. ; ÄNGQUIST, L. ; NEE, H.-P.: Dynamic Analysis of Modular Multilevel Converters. In: *Industrial Electronics, IEEE Transactions on* 60 (2013), Juli, Nr. 7, S. 2526–2537. – ISSN 0278-0046

[37] HARNEFORS, L. ; NORRGA, S. ; ANTONOPOULOS, A. ; NEE, H.-P.: Dynamic Modeling of Modular Multilevel Converters. In: *Power Electronics and Applications (EPE 2011), Proceedings of the 2011-14th European Conference on*, 30. Aug. – 1. Sept. 2011

[38] HÄFNER, J. ; JACOBSON, B.: Proactive Hybrid HVDC Breakers – A key innovation for reliable HVDC grids. In: *CIGRÉ Symposium, The Electric Power System of the Future – Integrating Supergrids and Microgrids*, Sept. 2011

[39] HUBER, J.E. ; KORN, A.J.: Optimized Pulse Pattern Modulation for Modular Multilevel Converter High-Speed Drive. In: *Power Electronics and Motion Control Conference (EPE/PEMC), 2012 15th International*, 2012

[40] ILVES, K. ; ANTONOPOULOS, A. ; NORRGA, S. ; NEE, H.-P.: A New Modulation Method for the Modular Multilevel Converter Allowing Fundamental Switching Frequency. In: *Power Electronics and ECCE Asia (ICPE ECCE), 2011 IEEE 8th International Conference on*, 30. Mai – 3. Juni 2011, S. 991–998. – ISSN 2150-6078

[41] ILVES, K. ; ANTONOPOULOS, A. ; NORRGA, S. ; NEE, H.-P.: Steady-State Analysis of Interaction Between Harmonic Components of Arm and Line Quantities of Modular Multilevel Converters. In: *Power Electronics, IEEE Transactions on* 27 (2012), Jan., Nr. 1, S. 57–68. – ISSN 0885-8993

[42] ILVES, K. ; NORRGA, S. ; HARNEFORS, L. ; NEE, H.-P.: On Energy Storage Requirements in Modular Multilevel Converters. In: *Power Electronics, IEEE Transactions on* 29 (2014), Jan., Nr. 1, S. 77–88. – ISSN 0885-8993

[43] ISIDORI, A.: *Nonlinear Control Systems*. 3. London : Springer-Verlag, 1995 (Communications and Control Engineering). – ISBN 3-540-19916-0

[44] KENZELMANN, S. ; RUFER, A. ; VASILADIOTIS, M. ; DUJIC, D. ; CANALES, F. ; NOVAES, Y. R. de: A Versatile DC-DC Converter for Energy Collection and Distribution using the Modular Multilevel Converter. In: *Power Electronics and Applications (EPE 2011), Proceedings of the 2011-14th European Conference on*, 30. Aug. – 1. Sept. 2011

[45] KNAAK, H.-J.: Modular Multilevel Converters and HVDC/FACTS: a success story. In: *Power Electronics and Applications (EPE 2011), Proceedings of the 2011-14th European Conference on*, 30. Aug. – 1. Sept. 2011

[46] KOLB, J. ; KAMMERER, F. ; BRAUN, M.: A novel control scheme for low frequency operation of the Modular Multilevel Converter. In: *Conference Proceedings PCIM Europe 2011*. Nürnberg, Mai 2011

[47] KOLB, J. ; KAMMERER, F. ; BRAUN, M.: Straight forward vector control of the Modular Multilevel Converter for feeding three-phase machines over their complete frequency range. In: *IECON 2011 - 37th Annual Conference on IEEE Industrial Electronics Society*, Nov. 2011, S. 1596–1601. – ISSN 1553-572X

[48] KOLB, Johannes: *Optimale Betriebsführung des Modularen Multilevel-Umrichters als Antriebsumrichter für Drehstrommaschinen*. Karlsruhe : KIT Scientific Publishing, 2014. – ISBN 978-3-7315-0183-1

[49] KONSTANTINOU, G. S. ; AGELIDIS, V. G.: Performance Evaluation of Half-Bridge Cascaded Multilevel Converters Operated with Multicarrier Sinusoidal PWM Techniques. In: *Industrial Electronics and Applications, 2009. ICIEA 2009. 4th IEEE Conference on*, Mai 2009, S. 3399–3404

[50] KONSTANTINOU, G. S. ; CIOBOTARU, M. ; AGELIDIS, V. G.: Analysis of Multi-carrier PWM Methods for Back-to-back HVDC Systems based on Modular Multilevel Converters. In: *IECON 2011 - 37th Annual Conference on IEEE Industrial Electronics Society*, Nov. 2011, S. 4391–4396. – ISSN 1553-572X

[51] KONSTANTINOU, G. S. ; CIOBOTARU, M. ; AGELIDIS, V. G.: Operation of a Modular Multilevel Converter with Selective Harmonic Elimination PWM. In: *Power Electronics and ECCE Asia (ICPE ECCE), 2011 IEEE 8th International Conference on*, 30. Mai – 3. Juni 2011, S. 999–1004. – ISSN 2150-6078

[52] KONSTANTINOU, G.S. ; CIOBOTARU, M. ; AGELIDIS, V.G.: Effect of Redundant Sub-module Utilization on Modular Multilevel Converters. In: *Industrial Technology (ICIT), 2012 IEEE International Conference on*, 2012, S. 815–820

[53] KORN, A. J. ; WINKELNKEMPER, M. ; STEIMER, P.: Low Output Frequency Operation of the Modular Multi-Level Converter. In: *Energy*

Conversion Congress and Exposition (ECCE), 2010 IEEE, Sept. 2010, S. 3993–3997

[54] Lesnicar, A. ; Marquardt, R. (Hrsg.): *Forschungsberichte Leistungselektronik und Steuerungen.* Bd. 1: *Neuartiger, Modularer Mehrpunktumrichter M2C für Netzkupplungsanwendungen.* Aachen : Shaker, 2008. – ISBN 978-3-8322-7660-7

[55] Lesnicar, A. ; Marquardt, R.: An Innovative Modular Multilevel Converter Topology Suitable for a Wide Power Range. In: *Power Tech Conference Proceedings, 2003 IEEE Bologna* Bd. 3, Juni 2003, S. 6 ff.

[56] Lesnicar, A. ; Marquardt, R.: A new modular voltage source inverter topology. In: *Power Electronics and Applications (EPE 2003), Proceedings of the 2003-10th European Conference on.* Toulouse, France, Sept. 2003

[57] Li, X. ; Song, Q. ; Liu, W. ; Rao, H. ; Xu, S. ; Li, L.: Protection of Nonpermanent Faults on DC Overhead Lines in MMC-Based HVDC Systems. In: *Power Delivery, IEEE Transactions on* 28 (2013), Jan., Nr. 1, S. 483–490. – ISSN 0885-8977

[58] Ludois, D. C. ; Reed, J. K. ; Venkataramanan, G.: Hierarchical Control of Bridge-of-Bridge Multilevel Power Converters. In: *Industrial Electronics, IEEE Transactions on* 57 (2010), Aug., Nr. 8, S. 2679–2690. – ISSN 0278-0046

[59] Marquardt, R.: *Stromrichterschaltungen mit verteilten Energiespeichern.* Juli 2002. – Offenlegungsschrift: DE 10103031 A1, 24.01.2001, IPC: H02M 5/42

[60] Marquardt, R.: *Stromversorgung mit einem Direktumrichter.* Nov. 2003. – Offenlegungsschrift: DE 10217889 A1, 22.04.2002, IPC: H02M 5/22

[61] Marquardt, R.: Modular Multilevel Converter: An universal concept for HVDC-Networks and extended DC-Bus-applications. In: *Power Electronics Conference (IPEC), 2010 International*, Juni 2010, S. 502–507

[62] Marquardt, R.: Modular Multilevel Converter Topologies with DC-Short Circuit Current Limitation. In: *Power Electronics and ECCE Asia (ICPE ECCE), 2011 IEEE 8th International Conference on*, 30. Mai – 3. Juni 2011, S. 1425–1431. – ISSN 2150-6078

[63] Marquardt, R. ; Lesnicar, A. ; Hildinger, J.: Modulares Stromrichterkonzept für Netzkupplungsanwendungen bei hohen Spannungen. In: *ETG-Fachtagung 2002*. Bad Nauheim, April 2002

[64] Münch, P. ; Görges, D. ; Izák, M. ; Liu, S.: Integrated Current Control, Energy Control and Energy Balancing of Modular Multilevel Converters. In: *IECON 2010 - 36th Annual Conference on IEEE Industrial Electronics Society*, Nov. 2010, S. 150–155. – ISSN 1553-572X

[65] Münch, P. ; Liu, S. ; Dommaschk, M.: Modeling and Current Control of Modular Multilevel Converters Considering Actuator and Sensor Delays. In: *Industrial Electronics, 2009. IECON '09. 35th Annual Conference of IEEE*, Nov. 2009, S. 1633–1638. – ISSN 1553-572X

[66] Münch, P. ; Liu, S. ; Ebner, G.: Multivariable Current Control of Modular Multilevel Converters with Disturbance Rejection and Harmonics Compensation. In: *Control Applications (CCA), 2010 IEEE International Conference on*, Sept. 2010, S. 196–201. – ISSN 1085-1992

[67] Modeer, T. ; Nee, H.-P. ; Norrga, S.: Loss comparison of different sub-module implementations for modular multilevel converters in HVDC applications. In: *Power Electronics and Applications (EPE 2011), Proceedings of the 2011-14th European Conference on*, 2011

[68] Moon, J.-W. ; Gwon, J.-S. ; Park, J.-W. ; Kang, D.-W. ; Kim, J.-M.: Model Predictive Control With a Reduced Number of Considered States in a Modular Multilevel Converter for HVDC System. In: *Power Delivery, IEEE Transactions on* 30 (2015), April, Nr. 2, S. 608–617. – ISSN 0885-8977

[69] Münch, P. ; Liu, S. (Hrsg.): *Forschungsberichte aus dem Lehrstuhl für Regelungssysteme, Technische Universität Kaiserslautern*. Bd. 3: *Konzeption und Entwurf integrierter Regelungen für Modulare Multilevel Umrichter*. Berlin : Logos Verlag Berlin GmbH, 2011. – ISBN 978-3-8325-2903-1

[70] Oates, C.: A Methodology for Developing "Chainlink" Converters. In: *Power Electronics and Applications, 2009. EPE '09. 13th European Conference on*, Sept. 2009

[71] Peftitsis, D. ; Tolstoy, G. ; Antonopoulos, A. ; Rabkowski, J. ; Lim, Jang-Kwon ; Bakowski, M. ; Ängquist, L. ; Nee, H-P: High-Power Modular Multilevel Converters With SiC JFETs. In: *Power Electronics, IEEE Transactions on* 27 (2012), Jan., Nr. 1, S. 28–36. – ISSN 0885-8993

[72] PEREZ, M. A. ; RODRIGUEZ, J. ; FUENTES, E. J. ; KAMMERER, F.: Predictive Control of AC-AC Modular Multilevel Converters. In: *Industrial Electronics, IEEE Transactions on* 59 (2012), Juli, Nr. 7, S. 2832–2839. – ISSN 0278-0046

[73] PEREZ, M.A ; BERNET, S. ; RODRIGUEZ, J. ; KOURO, S. ; LIZANA, R.: Circuit Topologies, Modeling, Control Schemes, and Applications of Modular Multilevel Converters. In: *Power Electronics, IEEE Transactions on* 30 (2015), Jan., Nr. 1, S. 4–17. – ISSN 0885-8993

[74] QIN, J. ; SAEEDIFARD, M.: Predictive Control of a Modular Multilevel Converter for a Back-to-Back HVDC System. In: *Power Delivery, IEEE Transactions on* 27 (2012), Juli, Nr. 3, S. 1538–1547. – ISSN 0885-8977

[75] QIN, J. ; SAEEDIFARD, M.: Predictive control of a three-phase DC-AC Modular Multilevel Converter. In: *Energy Conversion Congress and Exposition (ECCE), 2012 IEEE*, 2012, S. 3500–3505

[76] RAŠIĆ, A. ; KREBS, U. ; LEU, H. ; HEROLD, G.: Optimization of the Modular Multilevel Converters Performance using the Second Harmonic of the Module Current. In: *Power Electronics and Applications, 2009. EPE '09. 13th European Conference on*, Sept. 2009

[77] ROHNER, S.: *Untersuchung des Modularen Mehrpunktstromrichters M2C für Mittelspannungsanwendungen.* München : Verlag Dr. Hut, 2011. – ISBN 978-3-86853-933-2

[78] ROHNER, S. ; BERNET, S. ; HILLER, M. ; SOMMER, R.: Modulation, Losses, and Semiconductor Requirements of Modular Multilevel Converters. In: *Industrial Electronics, IEEE Transactions on* 57 (2010), Aug., Nr. 8, S. 2633–2642. – ISSN 0278-0046

[79] ROHNER, S. ; WEBER, J. ; BERNET, S.: Continuous Model of Modular Multilevel Converter with Experimental Verification. In: *Energy Conversion Congress and Exposition (ECCE), 2011 IEEE*, Sept. 2011, S. 4021–4028

[80] ROTHFUSS, R. ; RUDOLPH, J. ; ZEITZ, M.: Flachheit: Ein neuer Zugang zur Steuerung und Regelung nichtlinearer Systeme. In: *at - Automatisierungstechnik* 45 (1997), Nr. 11, S. 517–525. – ISSN 0178-2312

[81] ROTHFUSS, R ; RUDOLPH, J ; ZEITZ, M: Flatness Based Control of a Nonlinear Chemical Reactor Model. In: *Automatica* 32 (1996), Nr. 10, S. 1433–1439

[82] RUDOLPH, J.: *Beiträge zur flachheitsbasierten Folgeregelung linearer und nichtlinearer Systeme endlicher und unendlicher Dimension.* Aachen : Shaker, 2003. – ISBN 3-8322-1765-7

[83] SAAD, H. ; DENNETIERE, S. ; MAHSEREDJIAN, J. ; DELARUE, P. ; GUILLAUD, X. ; PERALTA, J. ; NGUEFEU, S.: Modular Multilevel Converter Models for Electromagnetic Transients. In: *Power Delivery, IEEE Transactions on* 29 (2014), Juni, Nr. 3, S. 1481–1489. – ISSN 0885-8977

[84] SAAD, H. ; PERALTA, J. ; DENNETIERE, S. ; MAHSEREDJIAN, J. ; JATSKEVICH, J. ; MARTINEZ, J. A. ; DAVOUDI, A. ; SAEEDIFARD, M. ; SOOD, V. ; WANG, X. ; CANO, J. ; MEHRIZI-SANI, A.: Dynamic Averaged and Simplified Models for MMC-Based HVDC Transmission Systems. In: *Power Delivery, IEEE Transactions on* 28 (2013), Juli, Nr. 3, S. 1723–1730. – ISSN 0885-8977

[85] SAEEDIFARD, M. ; IRAVANI, R.: Dynamic Performance of a Modular Multilevel Back-to-Back HVDC System. In: *Power Delivery, IEEE Transactions on* 25 (2010), Okt., Nr. 4, S. 2903–2912. – ISSN 0885-8977

[86] SIEMASZKO, D. ; ANTONOPOULOS, A. ; ILVES, K. ; VASILADIOTIS, M. ; ÄNGQUIST, L. ; NEE, H.-P.: Evaluation of Control and Modulation Methods for Modular Multilevel Converters. In: *Power Electronics Conference (IPEC), 2010 International*, Juni 2010, S. 746–753

[87] SIEMENS AG: *Konzept für modulare Mittelspannungsumrichter erschließt neue Einsatzfelder.* www.siemens.com/press/pool/de/presse mitteilungen/2012/industry/drive-technologies/IDT2012034010d.pdf. März 2012. – Pressemitteilung; abgerufen am 20.04.2012

[88] SOLO, V.: On the Stability of Slowly Time-Varying Linear Systems. In: *Mathematics of Control, Signals, and Systems (MCSS)* 7 (1994), S. 331–350. – 10.1007/BF01211523. – ISSN 0932-4194

[89] TU, Q. ; XU, Z. ; HUANG, H. ; ZHANG, J.: Parameter Design Principle of the Arm Inductor in Modular Multilevel Converter based HVDC. In: *Power System Technology (POWERCON), 2010 International Conference on*, Okt. 2010

[90] WINKELNKEMPER, M. ; KORN, A. ; STEIMER, P.: A Modular Direct Converter for Transformerless Rail Interties. In: *Industrial Electronics (ISIE), 2010 IEEE International Symposium on*, Juli 2010, S. 562–567

[91] WU, Bin: *High-Power Converters and AC Drives.* Hoboken, New Jersey : John Wiley & Sons, Inc., 2006 (IEEE Press, Wiley Interscience). – ISBN 978-0-471-73171-9

[92] WU, M. Y.: A Note on Stability of Linear Time-Varying Systems. In: *Automatic Control, IEEE Transactions on* 19 (1974), April, Nr. 2, S. 162. – ISSN 0018-9286

[93] WU, Min-Yen: Some New Results in Linear Time-Varying Systems. In: *Automatic Control, IEEE Transactions on* 20 (1975), Feb., Nr. 1, S. 159– 161. – ISSN 0018-9286

[94] ZHU, J. ; RAY, S. ; VEMULA, S. K.: Further Studies on Frozen-Time Eigenvalues in the Stability Analysis for Periodic Linear Systems. In: *System Theory, 1992. Proceedings. SSST/CSA 92. The 24th Southeastern Symposium on and The 3rd Annual Symposium on Communications, Signal Processing Expert Systems, and ASIC VLSI Design*, März 1992, S. 355–360. – ISSN 0094-2898

A. Nachtrag zur Interpretation der nichtlinearen Koordinatentransformation

Im Abschnitt 3.2.2, Anmerkung 1 (Seite 28) werden Bestandteile des Integrals (3.2.20) physikalisch interpretiert. Dort wird argumentiert, dass die ersten drei Vektorkomponenten des Ausdrucks $\mathbf{T}_{\mathrm{N}}\left(\mathbf{w}_{\mathrm{Lz}}-\mathbf{w}_{\mathrm{Lzk}}\right)$ aus (3.2.20) mit $\mathbf{w}_{\mathrm{Lz}}$ nach (3.2.21a) und $\mathbf{w}_{\mathrm{Lzk}}$ nach (3.2.21b) ein Maß für die in den Zweigdrosseln des M2Cs gespeicherten Energien darstellen. Die ausstehende Begründung für diese Aussage ist Gegenstand dieses Abschnitts.

A.1. Vorbetrachtungen

Die in einem Magnetfeld gespeicherte Energie kann durch Integration der Energiedichte berechnet werden

$$w_{\mathrm{m}}=\frac{1}{2}\iiint \vec{H}\vec{B}\,\mathrm{d}V. \tag{A.1.1}$$

Ändert sich in einer ruhenden Spule mit Windungszahl w der diese Spule durchsetzende magnetische Fluss Φ, so wird in dieser Spule eine Spannung induziert

$$u_{\mathrm{ind}}=w\frac{\mathrm{d}\Phi}{\mathrm{d}t}. \tag{A.1.2}$$

Um die weiteren Berechnungen zu vereinfachen, wird nachfolgend ein Magnetkreis mit linearen, abschnittsweise homogenen Feldern vorausgesetzt. In diesem Fall vereinfacht sich (A.1.1) zu

$$w_{\mathrm{m}}=\frac{1}{2}\sum_{i=1}^{l} H_i B_i l_i A_i=\frac{1}{2}\sum_{i=1}^{l}\theta_i\Phi_i, \tag{A.1.3}$$

mit $\theta_i=H_i l_i$, $\Phi_i=B_i A_i$, wobei $l\in\mathbb{N}\setminus\{0\}$ die Anzahl der Gebiete mit abschnittsweise homogenen Feldern ist. Die Flächen A_i stehen senkrecht zur zugeordneten Flussdichte B_i; die Länge l_i beschreibt die Länge des Gebietes i. Weitere wichtige Größen zur Berechnung eines Magnetkreises mit abschnittsweise linearen homogenen Feldern sind der sog. magnetische Widerstand des Bereichs i

$$R_{\mathrm{m}i}=\frac{\theta_i}{\Phi_i} \tag{A.1.4}$$

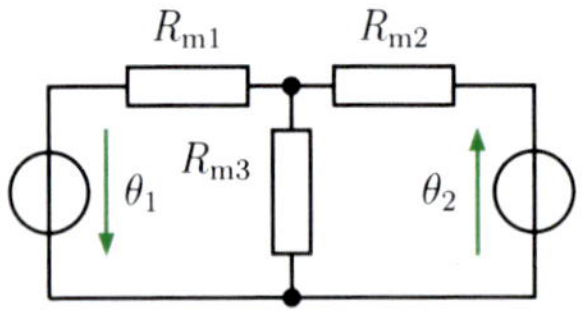

(a) Realisierung mit EE- / EI-Kern

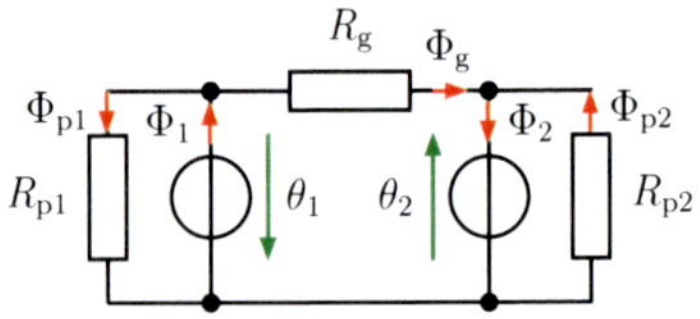

(b) Realisierung mit UU- / UI-Kern

Abb. A.1.: Magnetisches Ersatzschaltbild für zwei magnetisch gekoppelte Drosseln

und die Durchflutung

$$\theta = wi. \tag{A.1.5}$$

A.2. Ersatzgrößen magnetisch gekoppelter Drosseln

Ein stark vereinfachtes magnetisches Ersatzschaltbild zweier magnetisch gekoppelter Drosseln ist in Abbildung A.1(a) zu sehen. Dieses Ersatzschaltbild folgt z. B. aus einem Aufbau, bei dem die beiden Spulen auf den Aussenschenkeln eines EE-Kerns bzw. eines EI-Kerns angeordnet sind. Werden zwei Spulen auf den Schenkeln eines UU-Kerns oder eines UI-Kerns angeordnet, so ist ein magnetisches Ersatzschaltbild nach Abb. A.1(b) naheliegend. Die Durchflutungen θ_k, $k \in \{1, 2\}$ in Abb. A.1 berechnen sich aus den (vorzeichenbehafteten) Windungszahlen der Drosseln w_k und dem Spulenstrom i_k nach

$$\theta_k = w_k i_k, \qquad k \in \{1, 2\}. \tag{A.2.1}$$

Bei einem Zählpfeilsystem nach Abbildung A.1(a) ist die Orientierung der magnetischen Kopplung der Spulen durch $\operatorname{sgn}(w_1 w_2)$ bestimmt; dabei bedeutet

$$\operatorname{sgn}(w_1 w_2) = \begin{cases} 1, & \text{„positive" Kopplung,} \\ -1, & \text{„negative" Kopplung.} \end{cases} \tag{A.2.2}$$

Um die nachfolgenden Betrachtungen zu vereinfachen, wird das Ersatzschaltbild aus Abbildung A.1(b) weiter betrachtet. Die Ausführungen gelten sinngemäß auch für das Ersatzschaltbild nach Abbildung A.1(a), da die beiden mittels Stern-Dreieck-Transformation ineinander umgewandelt werden können. Aus Gründen der besseren Übersicht werden an dieser Stelle drei

Maschengleichungen des Magnetkreises aus Abb. A.1(b)

$$\theta_k = R_{\mathrm{p}k}\Phi_k, \qquad k \in \{1,2\} \tag{A.2.3a}$$

$$\theta_1 + \theta_2 = R_\mathrm{g}\Phi_\mathrm{g} \tag{A.2.3b}$$

und zwei Knotengleichungen

$$\Phi_k = \Phi_{\mathrm{p}k} + \Phi_\mathrm{g} = \frac{\theta_k}{R_{\mathrm{p}k}} + \frac{\theta_1 + \theta_2}{R_\mathrm{g}} \tag{A.2.4}$$

angegeben.

Mit (A.2.1), (A.2.3), (A.2.4) und den sinngemäß verwendeten Gleichungen (A.1.3), (A.1.2) können die in den Spulen induzierten Spannungen

$$u_\mathrm{Ind1} = w_1\dot{\Phi}_1 = \left(\frac{1}{R_\mathrm{p1}} + \frac{1}{R_\mathrm{g}}\right) w_1^2 \dot{i}_1 + \frac{w_1 w_2}{R_\mathrm{g}}\dot{i}_2 \tag{A.2.5a}$$

$$u_\mathrm{Ind2} = w_2\dot{\Phi}_2 = \left(\frac{1}{R_\mathrm{p2}} + \frac{1}{R_\mathrm{g}}\right) w_2^2 \dot{i}_2 + \frac{w_1 w_2}{R_\mathrm{g}}\dot{i}_1 \tag{A.2.5b}$$

und die im Magnetkreis gespeicherte Energie

$$\begin{aligned} w_\mathrm{m} &= \frac{1}{2}\left(\theta_1\Phi_\mathrm{p1} + \theta_2\Phi_\mathrm{p2} + (\theta_1+\theta_2)\,\Phi_\mathrm{g}\right) \\ &= \frac{1}{2}\left(\left(1 + \frac{R_\mathrm{p1}}{R_\mathrm{g}}\right)\frac{w_1^2}{R_\mathrm{p1}} i_1^2 + \left(1 + \frac{R_\mathrm{p2}}{R_\mathrm{g}}\right)\frac{w_2^2}{R_\mathrm{p2}} i_2^2 + 2\frac{w_1 w_2}{R_\mathrm{g}} i_1 i_2\right) \end{aligned} \tag{A.2.6}$$

berechnet werden. Bei einem symmetrischen Aufbau der Drosseln gilt

$$|w_1| = |w_2| = w \tag{A.2.7a}$$

$$R_\mathrm{p1} = R_\mathrm{p2} = R_\mathrm{p}. \tag{A.2.7b}$$

In diesem Sonderfall vereinfacht sich (A.2.5) mit (A.2.7) zu

$$u_\mathrm{Ind1} = \left(\frac{1}{R_\mathrm{p}} + \frac{1}{R_\mathrm{g}}\right) w^2 \dot{i}_1 + \operatorname{sgn}(w_1 w_2)\,\frac{w^2}{R_\mathrm{g}}\dot{i}_2 \tag{A.2.8a}$$

$$u_\mathrm{Ind2} = \left(\frac{1}{R_\mathrm{p}} + \frac{1}{R_\mathrm{g}}\right) w^2 \dot{i}_2 + \operatorname{sgn}(w_1 w_2)\,\frac{w^2}{R_\mathrm{g}}\dot{i}_1. \tag{A.2.8b}$$

Die bisherigen Betrachtungen beziehen sich auf gekoppelte Drosseln mit Strömen i_1 und i_2. Abhängig von der Stromrichterphase des M2Cs entsprechen den Strömen (i_1, i_2) die Zweigströme $\left(i_{\mathrm{z}k}, i_{\mathrm{z}(k+1)}\right)$, $k \in \{1,3,5\}$. Der Vergleich der korrespondierenden Größen in (3.1.2) und (A.2.8) führt auf

$$L_\mathrm{z} = \left(\frac{1}{R_\mathrm{p}} + \frac{1}{R_\mathrm{g}}\right) w^2 = \left(\frac{R_\mathrm{p} R_\mathrm{g}}{R_\mathrm{p} + R_\mathrm{g}}\right) w^2 \tag{A.2.9a}$$

$$k_{12} = \operatorname{sgn}(w_1 w_2)\,\frac{1}{R_\mathrm{g}}\,\frac{R_\mathrm{p} + R_\mathrm{g}}{R_\mathrm{p} R_\mathrm{g}}. \tag{A.2.9b}$$

Einsetzen von (A.2.7), (A.2.9) in (A.2.6) liefert

$$\begin{aligned} w_\mathrm{m}(i_1, i_2) &= \frac{1}{2}\left(\left(\frac{1}{R_\mathrm{p}} + \frac{1}{R_\mathrm{g}}\right) w^2 i_1^2 + \left(\frac{1}{R_\mathrm{p}} + \frac{1}{R_\mathrm{g}}\right) w^2 i_2^2 \right. \\ &\qquad \left. +2\,\mathrm{sgn}\,(w_1 w_2)\,\frac{w^2}{R_\mathrm{g}} i_1 i_2\right) \\ &= \frac{1}{2}\left(L_\mathrm{z} i_1^2 + L_\mathrm{z} i_2^2 + 2 L_\mathrm{z} k_{12} i_1 i_2\right) \\ &= \frac{1}{2}\left((1+k_{12}) L_\mathrm{z} i_1^2 + (1+k_{12}) L_\mathrm{z} i_2^2 - k_{12} L_\mathrm{z} (i_1 - i_2)^2\right). \end{aligned} \quad \text{(A.2.10)}$$

Werden die Ströme des Tupels (i_1, i_2) in (A.2.10) durch die jeweils korrespondierenden Ströme der Tupel (i_{z1}, i_{z2}), (i_{z3}, i_{z4}), (i_{z5}, i_{z6}) ersetzt, so folgt aus dem Vergleich der Energien $w_\mathrm{m}(i_{z1}, i_{z2})$, $w_\mathrm{m}(i_{z3}, i_{z4})$, $w_\mathrm{m}(i_{z5}, i_{z6})$ mit den ersten drei Komponenten des Vektors $\mathbf{T}_\mathrm{N}\,(\mathbf{w}_\mathrm{Lz} - \mathbf{w}_\mathrm{Lzk})$ aus (3.2.20)

$$6\left(\mathbf{T}_\mathrm{N}\,(\mathbf{w}_\mathrm{Lz} - \mathbf{w}_\mathrm{Lzk})\right)_1 = w_\mathrm{m}(i_{z1}, i_{z2}) + w_\mathrm{m}(i_{z3}, i_{z4}) + w_\mathrm{m}(i_{z5}, i_{z6}) \quad \text{(A.2.11a)}$$

$$6\left(\mathbf{T}_\mathrm{N}(\mathbf{w}_\mathrm{Lz} - \mathbf{w}_\mathrm{Lzk})\right)_2 = \frac{\sqrt{3}}{2}\left(-w_\mathrm{m}(i_{z3}, i_{z4}) + w_\mathrm{m}(i_{z5}, i_{z6})\right) \quad \text{(A.2.11b)}$$

$$6\left(\mathbf{T}_\mathrm{N}\,(\mathbf{w}_\mathrm{Lz} - \mathbf{w}_\mathrm{Lzk})\right)_3 = w_\mathrm{m}(i_{z1}, i_{z2}) - \frac{1}{2} w_\mathrm{m}(i_{z3}, i_{z4}) - \frac{1}{2} w_\mathrm{m}(i_{z5}, i_{z6}). \quad \text{(A.2.11c)}$$

Die genannten Vektorkomponenten von $\mathbf{T}_\mathrm{N}\,(\mathbf{w}_\mathrm{Lz} - \mathbf{w}_\mathrm{Lzk})$ können anhand der Indizes 1 bis 3 identifiziert werden. Sie stellen ein Maß für die in den Zweigdrosseln des M2Cs gespeicherten Energien dar.

B. Nachtrag zu Abschnitt 4.3.2: Größe $\mathbf{x} = \mathbf{z} - \mathbf{T}_{\mathrm{N}}\mathbf{w}_{\mathrm{z}}$

Einsetzen von (3.2.1), (3.2.2), (4.3.22), $i_5 = 0$, (3.2.21a) und (3.2.21c) in (3.2.35) liefert die Größe

$$\mathbf{x} = \mathbf{T}_{\mathrm{N}}\left(w_{\mathrm{Lz}} + w_{\mathrm{Ldz}}\right) = \mathbf{z} - \mathbf{T}_{\mathrm{N}}\mathbf{w}_{\mathrm{Cz}}. \tag{B.0.1}$$

Aus Platzgründen wird $\mathbf{x} = (x_0, x_1, x_2, x_3, x_4, x_5)^{\mathrm{T}}$ komponentenweise angegeben

$$\begin{aligned} x_0 = \frac{\hat{I}_{\mathrm{L}}^2}{16} L_1 \Bigg(& \left(1 + 4\left(\hat{u}^{\circ}_{\mathrm{g}\alpha}\right)^2\right) + 4\left(\hat{u}^{\circ}_{\mathrm{g}\alpha}\right)^2 \frac{L_{\mathrm{dc}}}{L_1}(1 + \cos(2(\varphi_{\mathrm{iL}} - \varphi^{\circ}_{\mathrm{g}\alpha}))) \\ & - 8\hat{u}^{\circ}_{\mathrm{g}\alpha}\hat{u}_{\mathrm{X}} \sin(3\omega_0 t + 2\varphi_{\mathrm{iL}} + \varphi^{\circ}_{\mathrm{g}\alpha}) \sin(\omega_{\mathrm{X}} t + \varphi_{\mathrm{X}}) \\ & + 2\hat{u}_{\mathrm{X}}^2(1 - \cos(2(\omega_{\mathrm{X}} t + \varphi_{\mathrm{X}}))) \Bigg) \end{aligned} \tag{B.0.2a}$$

$$\begin{aligned} \underline{x}_{12} = \mathrm{j}\, \frac{\hat{I}_{\mathrm{L}}^2}{32} L_1 \Big(& -\left(1 + 8\left(\hat{u}^{\circ}_{\mathrm{g}\alpha}\right)^2 + 2\hat{u}_{\mathrm{X}}^2\right) \exp\left(-2\,\mathrm{j}(\omega_0 t + \varphi_{\mathrm{iL}})\right) \\ & + 4\left(\hat{u}^{\circ}_{\mathrm{g}\alpha}\right)^2 \left(\exp\left(2\,\mathrm{j}(2\omega_0 t + \varphi_{\mathrm{iL}} + \varphi^{\circ}_{\mathrm{g}\alpha})\right) - 2\exp\left(-2\,\mathrm{j}(\omega_0 t + \varphi^{\circ}_{\mathrm{g}\alpha})\right)\right) \\ & + 4\hat{u}^{\circ}_{\mathrm{g}\alpha}\hat{u}_{\mathrm{X}} \left(2 + \exp\left(2\,\mathrm{j}(\varphi_{\mathrm{iL}} - \varphi^{\circ}_{\mathrm{g}\alpha})\right)\right) \left(\exp\left(\mathrm{j}((\omega_0 - \omega_{\mathrm{X}})\, t + \varphi^{\circ}_{\mathrm{g}\alpha}\right.\right. \\ & \left. -\varphi_{\mathrm{X}})\right) - \exp\left(\mathrm{j}((\omega_0 + \omega_{\mathrm{X}})t + \varphi^{\circ}_{\mathrm{g}\alpha} + \varphi_{\mathrm{X}})\right)\Big) + \hat{u}_{\mathrm{X}}^2(\exp\left(2\,\mathrm{j}((\omega_{\mathrm{X}} - \omega_0)t\right. \\ & \left. -\varphi_{\mathrm{iL}} + \varphi_{\mathrm{X}})\right) + \exp\left(-2\,\mathrm{j}((\omega_0 + \omega_{\mathrm{X}})t + \varphi_{\mathrm{iL}} + \varphi_{\mathrm{X}})\right)) \Big) \end{aligned} \tag{B.0.2b}$$

$$\begin{aligned} \underline{x}_{34} = \frac{\hat{I}_{\mathrm{L}}^2}{16} L_1 \big(& 2\hat{u}^{\circ}_{\mathrm{g}\alpha} \left(2 + \exp\left(2\,\mathrm{j}(\varphi_{\mathrm{iL}} - \varphi^{\circ}_{\mathrm{g}\alpha})\right)\right) \exp\left(\mathrm{j}(\omega_0 t + \varphi^{\circ}_{\mathrm{g}\alpha})\right) \\ & - \hat{u}_{\mathrm{X}}\left(\exp\left(\mathrm{j}(\omega_{\mathrm{X}} t + \varphi_{\mathrm{X}})\right) - \exp\left(-\,\mathrm{j}(\omega_{\mathrm{X}} t + \varphi_{\mathrm{X}})\right)\right) \\ & \exp\left(-\,\mathrm{j}\,2(\omega_0 t + \varphi_{\mathrm{iL}})\right)\big) \end{aligned} \tag{B.0.2c}$$

$$x_5 = -\frac{\hat{I}_{\mathrm{L}}^2}{4} L_1 \left(\hat{u}^{\circ}_{\mathrm{g}\alpha} \sin(3\omega_0 t + 2\varphi_{\mathrm{iL}} + \varphi^{\circ}_{\mathrm{g}\alpha}) - \hat{u}_{\mathrm{X}} \sin(\omega_{\mathrm{X}} t + \varphi_{\mathrm{X}})\right), \tag{B.0.2d}$$

mit $\underline{x}_{12} = x_1 + \mathrm{j}\, x_2$, $\underline{x}_{34} = x_3 + \mathrm{j}\, x_4$.

C. Alternatives Verfahren zur Beeinflussung von η: Beeinflussung von η durch kontinuierliche Berechnung von $\mathbf{y}_{\mathrm{d}}$

Bei dem in Abschnitt 5.1.2 gezeigten Verfahren zur Beeinflussung von $\boldsymbol{\eta}$ können Abweichungen $|\mathbf{e}_{\eta\mathrm{I}}| \neq 0$ durch zeitdiskrete Planung von $\mathbf{y}_{\mathrm{dS}}$ auf $\mathbf{e}_{\eta\mathrm{I}} = 0$ reduziert werden. Ein Nachteil der zeitdiskreten Planung sind die u. U. langen „Reaktionszeiten“ bei Abweichungen $|\mathbf{e}_{\eta\mathrm{I}}| \neq 0$. Ein aus „ingenieurtechnischer Sicht“ naheliegender Wunsch ist daher, $\boldsymbol{\eta}$ bzw. $\dot{\boldsymbol{\eta}}$ in Abhängigkeit des Fehlers $\mathbf{e}_{\eta\mathrm{I}}$ nach (5.1.7) kontinuierlich zu beeinflussen, wobei das Ziel der Beeinflussung $\mathbf{e}_{\eta\mathrm{I}} = 0$ bzw. $\boldsymbol{\eta} = \boldsymbol{\eta}_{\mathrm{dI}}$ ist. Wie noch gezeigt wird, reduziert sich dieser Wunsch bei $\dot{\boldsymbol{\eta}}_{\mathrm{d}} \approx \dot{\boldsymbol{\eta}}$ wegen (5.1.1), (5.1.2) auf eine kontinuierliche Beeinflussung der Komponenten $\dot{y}_{k\mathrm{dS}}$, $k \in \{0, 1, \ldots, 4\}$ und $y_{5\mathrm{dS}}$.

Um die nachfolgenden Betrachtungen zu vereinfachen, wird vorausgesetzt, dass die Komponenten $\dot{y}_{k\mathrm{dS}}$, $k \in \{0, 1, \ldots, 4\}$ und $y_{5\mathrm{dS}}$ realisiert werden können und $U_{\mathrm{d}} \gg 6L_{\mathrm{d}}\dot{i}_0$ gilt. Letzteres ist z. B. bei $L_{\mathrm{d}} = 0$ der Fall; dieser Sonderfall wird nun weiter betrachtet.

C.1. Algorithmus

Aus den Ausführungen in Abschnitt 4.2 folgt, dass die Größe $\dot{\boldsymbol{\eta}}$ für einen stationären Betrieb des Stromrichters mittelwertfrei sein muss. Für einen Zeitverlauf der Lastströme und -spannungen nach (4.2.7), (4.2.8) ist diese Bedingung für $\omega_0 \neq 0$, $L_{\mathrm{d}} = 0$ in (4.2.17) formuliert. Diese Forderung ist z. B. für (4.2.18) erfüllt. Bei Beeinflussung von $\boldsymbol{\eta}$ durch $\mathbf{y}_{\mathrm{dS}} \neq 0$ ist $\dot{\boldsymbol{\eta}}$ per Definition nicht mittelwertfrei. Motiviert durch (4.2.18) und dem Wunsch $y_{3\mathrm{dS}} = y_{4\mathrm{dS}} = 0$ wird für die Komponenten von $\mathbf{y}_{\mathrm{dS}} = (y_{0\mathrm{dS}}, y_{1\mathrm{dS}}, y_{2\mathrm{dS}}, y_{3\mathrm{dS}}, y_{4\mathrm{dS}}, y_{5\mathrm{dS}})^{\mathrm{T}}$ folgender Ansatz gewählt:

$$2y_{0\mathrm{dS}} = U_{\mathrm{d}} \left(-k_1 u^{\circ}_{\mathrm{g}\beta} - k_2 u^{\circ}_{\mathrm{g}\alpha} - k_{5\mathrm{x}} y_{5\mathrm{dI}}\right) \tag{C.1.1a}$$

$$2\dot{y}_{1\mathrm{dS}} = U_{\mathrm{d}} \left(k_3 u^{\circ}_{\mathrm{g}\alpha} + k_4 u^{\circ}_{\mathrm{g}\beta} + k_5 u^{\circ}_{\mathrm{g}\beta} - k_{3\mathrm{x}} y_{5\mathrm{dI}}\right) \tag{C.1.1b}$$

$$2\dot{y}_{2\mathrm{dS}} = U_{\mathrm{d}} \left(k_3 u^{\circ}_{\mathrm{g}\beta} + k_5 u^{\circ}_{\mathrm{g}\alpha} - k_4 u^{\circ}_{\mathrm{g}\alpha} - k_{4\mathrm{x}} y_{5\mathrm{dI}}\right) \tag{C.1.1c}$$

$$y_{3\mathrm{dS}} = 0 \tag{C.1.1d}$$

$$y_{4\mathrm{dS}} = 0 \tag{C.1.1e}$$

$$2y_{5\mathrm{dS}} = U_{\mathrm{d}} k_{50}. \tag{C.1.1f}$$

Einsetzen von (C.1.1) in (5.1.10) liefert

$$\begin{aligned}
\dot{\eta}_{1\mathrm{dS}} &= k_1 \left(u^{\circ}_{\mathrm{g}\beta}\right)^2 + k_2 u^{\circ}_{\mathrm{g}\alpha} u^{\circ}_{\mathrm{g}\beta} + k_3 \left(\left(u^{\circ}_{\mathrm{g}\alpha}\right)^2 + \left(u^{\circ}_{\mathrm{g}\beta}\right)^2\right) + 2k_5 u^{\circ}_{\mathrm{g}\alpha} u^{\circ}_{\mathrm{g}\beta} \\
&\quad + k_{3\mathrm{x}} y_{5\mathrm{dI}}^2 - y_{5\mathrm{dI}} \left(u^{\circ}_{\mathrm{g}\beta} \left(k_{4\mathrm{x}} - k_{5\mathrm{x}} + k_4 + k_5\right) + u^{\circ}_{\mathrm{g}\alpha} \left(k_{3\mathrm{x}} + k_3\right)\right) \\
&\quad - \frac{k_{50}}{2} \left(2\dot{y}_{1\mathrm{dI}} + y_{5\mathrm{dI}} \left(4i_3 - U_{\mathrm{d}} k_{3\mathrm{x}}\right) - 4 \left(u^{\circ}_{\mathrm{g}\alpha} i_3 + u^{\circ}_{\mathrm{g}\beta} i_4\right)\right. \\
&\quad \left. + U_{\mathrm{d}} \left(k_3 u^{\circ}_{\mathrm{g}\alpha} + (k_5 + k_4) u^{\circ}_{\mathrm{g}\beta} + i_3 k_{50}\right)\right) \qquad \text{(C.1.2a)} \\
\dot{\eta}_{2\mathrm{dS}} &= k_1 u^{\circ}_{\mathrm{g}\alpha} u^{\circ}_{\mathrm{g}\beta} + k_2 \left(u^{\circ}_{\mathrm{g}\alpha}\right)^2 + k_4 \left(\left(u^{\circ}_{\mathrm{g}\alpha}\right)^2 + \left(u^{\circ}_{\mathrm{g}\beta}\right)^2\right) - k_5 \left(\left(u^{\circ}_{\mathrm{g}\alpha}\right)^2\right. \\
&\quad \left. - \left(u^{\circ}_{\mathrm{g}\beta}\right)^2\right) + k_{4\mathrm{x}} y_{5\mathrm{dI}}^2 - y_{5\mathrm{dI}} \left(u^{\circ}_{\mathrm{g}\beta} (k_{3\mathrm{x}} + k_3) - u^{\circ}_{\mathrm{g}\alpha} (k_{4\mathrm{x}} + k_{5\mathrm{x}}\right. \\
&\quad \left. + k_4 - k_5)\right) - \frac{k_{50}}{2} \left(+4 (u^{\circ}_{\mathrm{g}\alpha} i_4 - u^{\circ}_{\mathrm{g}\beta} i_3) + 2\dot{y}_{2\mathrm{dI}} - y_{5\mathrm{dI}} \left(U_{\mathrm{d}} k_{4\mathrm{x}} - 4i_4\right)\right. \\
&\quad \left. + U_{\mathrm{d}} \left(k_3 u^{\circ}_{\mathrm{g}\beta} - u^{\circ}_{\mathrm{g}\alpha} (k_4 - k_5) + i_4 k_{50}\right)\right) \qquad \text{(C.1.2b)} \\
\dot{\eta}_{3\mathrm{dS}} &= -4k_3 u^{\circ}_{\mathrm{g}\alpha} u^{\circ}_{\mathrm{g}\beta} + 2k_4 \left(\left(u^{\circ}_{\mathrm{g}\alpha}\right)^2 - \left(u^{\circ}_{\mathrm{g}\beta}\right)^2\right) - 2k_5 \left(\left(u^{\circ}_{\mathrm{g}\alpha}\right)^2 + \left(u^{\circ}_{\mathrm{g}\beta}\right)^2\right) \\
&\quad - \frac{k_{50}}{2} \left(2\dot{y}_{0\mathrm{dI}} + 8 (u^{\circ}_{\mathrm{g}\beta} i_3 + u^{\circ}_{\mathrm{g}\alpha} i_4) - U_{\mathrm{d}} \left(k_{5\mathrm{x}} y_{5\mathrm{dI}} + k_1 u^{\circ}_{\mathrm{g}\beta} + k_2 u^{\circ}_{\mathrm{g}\alpha}\right)\right) \\
&\quad + k_{5\mathrm{x}} y_{5\mathrm{dI}}^2 + y_{5\mathrm{dI}} \left(k_1 u^{\circ}_{\mathrm{g}\beta} + k_2 u^{\circ}_{\mathrm{g}\alpha} + 2u^{\circ}_{\mathrm{g}\beta} k_{3\mathrm{x}} + 2k_{4\mathrm{x}} u^{\circ}_{\mathrm{g}\alpha}\right). \qquad \text{(C.1.2c)}
\end{aligned}$$

Um den Umfang der Darstellung zu begrenzen, wird von nun an $k_{50} = 0$ gesetzt. Damit vereinfacht sich (C.1.2) zu

$$\begin{aligned}
\dot{\eta}_{1\mathrm{dS}} &= k_1 \left(u^{\circ}_{\mathrm{g}\beta}\right)^2 + k_2 u^{\circ}_{\mathrm{g}\alpha} u^{\circ}_{\mathrm{g}\beta} + k_3 \left(\left(u^{\circ}_{\mathrm{g}\alpha}\right)^2 + \left(u^{\circ}_{\mathrm{g}\beta}\right)^2\right) + 2k_5 u^{\circ}_{\mathrm{g}\alpha} u^{\circ}_{\mathrm{g}\beta} \\
&\quad + k_{3\mathrm{x}} y_{5\mathrm{dI}}^2 - y_{5\mathrm{dI}} \left(u^{\circ}_{\mathrm{g}\beta} \left(k_{4\mathrm{x}} - k_{5\mathrm{x}} + k_4 + k_5\right) + u^{\circ}_{\mathrm{g}\alpha} \left(k_{3\mathrm{x}} + k_3\right)\right) \qquad \text{(C.1.3a)} \\
\dot{\eta}_{2\mathrm{dS}} &= k_1 u^{\circ}_{\mathrm{g}\alpha} u^{\circ}_{\mathrm{g}\beta} + k_2 \left(u^{\circ}_{\mathrm{g}\alpha}\right)^2 + k_4 \left(\left(u^{\circ}_{\mathrm{g}\alpha}\right)^2 + \left(u^{\circ}_{\mathrm{g}\beta}\right)^2\right) - k_5 \left(\left(u^{\circ}_{\mathrm{g}\alpha}\right)^2\right. \\
&\quad \left. - \left(u^{\circ}_{\mathrm{g}\beta}\right)^2\right) + k_{4\mathrm{x}} y_{5\mathrm{dI}}^2 - y_{5\mathrm{dI}} \left(u^{\circ}_{\mathrm{g}\beta} \left(k_{3\mathrm{x}} + k_3\right) - u^{\circ}_{\mathrm{g}\alpha} \left(k_{4\mathrm{x}} + k_{5\mathrm{x}}\right.\right. \\
&\quad \left.\left. + k_4 - k_5\right)\right) \qquad \text{(C.1.3b)} \\
\dot{\eta}_{3\mathrm{dS}} &= -4k_3 u^{\circ}_{\mathrm{g}\alpha} u^{\circ}_{\mathrm{g}\beta} + 2k_4 \left(\left(u^{\circ}_{\mathrm{g}\alpha}\right)^2 - \left(u^{\circ}_{\mathrm{g}\beta}\right)^2\right) - 2k_5 \left(\left(u^{\circ}_{\mathrm{g}\alpha}\right)^2 + \left(u^{\circ}_{\mathrm{g}\beta}\right)^2\right) \\
&\quad + k_{5\mathrm{x}} y_{5\mathrm{dI}}^2 + y_{5\mathrm{dI}} \left(k_1 u^{\circ}_{\mathrm{g}\beta} + k_2 u^{\circ}_{\mathrm{g}\alpha} + 2u^{\circ}_{\mathrm{g}\beta} k_{3\mathrm{x}} + 2k_{4\mathrm{x}} u^{\circ}_{\mathrm{g}\alpha}\right). \qquad \text{(C.1.3c)}
\end{aligned}$$

Die Struktur von (C.1.3) motiviert, die Koeffizienten k_i, $i \in \{0, 1, \ldots, 5\}$, $k_{j\mathrm{x}}$, $j \in \{3, 4, 5\}$ gemäß Tabelle C.1 zu wählen. Das Einsetzen dieser Koeffizienten und (5.1.2), (5.1.3), (5.1.7) in (C.1.3) führt auf ein lineares, i. A. zeitvariantes Differentialgleichungssystem, wobei die Zeitabhängigkeit aus der

Tabelle C.1.: Zusammenstellung der gewählten Ansätze für die Koeffizienten aus (C.1.1), mit $k_{j\mathrm{x}}$, $j \in \{3, 4, 5\}$

$k_1 = \gamma_{10} e_{1\eta\mathrm{I}}$	$k_3 = \gamma_1 e_{1\eta\mathrm{I}}$	$2k_5 = -\gamma_3 e_{3\eta\mathrm{I}}$	$k_{50} = 0$
$k_2 = \gamma_{20} e_{2\eta\mathrm{I}}$	$k_4 = \gamma_2 e_{2\eta\mathrm{I}}$	$k_{j\mathrm{x}} = \gamma_{(j-2)\mathrm{x}} e_{(j-2)\eta\mathrm{I}}$	

Zeitabhängigkeit der Terme $u^{\circ}_{\mathrm{g}\alpha}$, $u^{\circ}_{\mathrm{g}\beta}$, $y_{5\mathrm{dI}}$ folgt. Um die Übersichtlichkeit der Darstellung zu erhöhen, wird das Differentialgleichungssystem in Matrixnotation dargestellt

$$\begin{aligned} \dot{\boldsymbol{\eta}}_{\mathrm{dS}} + \dot{\mathbf{e}}_{\eta} &= \dot{\mathbf{e}}_{\eta\mathrm{I}} = \mathbf{A}(t)\mathbf{e}_{\eta\mathrm{I}} + \dot{\mathbf{e}}_{\eta} \\ &= \begin{pmatrix} a_{11} & a_{12} & a_{13} \\ a_{21} & a_{22} & a_{23} \\ a_{31} & a_{32} & a_{33} \end{pmatrix} \begin{pmatrix} e_{1\eta\mathrm{I}} \\ e_{2\eta\mathrm{I}} \\ e_{3\eta\mathrm{I}} \end{pmatrix} + \begin{pmatrix} \dot{e}_{1\eta} \\ \dot{e}_{2\eta} \\ \dot{e}_{3\eta} \end{pmatrix}, \end{aligned} \tag{C.1.4}$$

mit den Elementen

$$\begin{aligned} a_{11} &= \gamma_1 \left(\left(u^{\circ}_{\mathrm{g}\alpha}\right)^2 + \left(u^{\circ}_{\mathrm{g}\beta}\right)^2 \right) + \gamma_{10} \left(u^{\circ}_{\mathrm{g}\beta}\right)^2 + \gamma_{1\mathrm{x}} y^2_{5\mathrm{dI}} \\ &\quad - y_{5\mathrm{dI}} u^{\circ}_{\mathrm{g}\alpha} (\gamma_{1\mathrm{x}} + \gamma_1) \end{aligned} \tag{C.1.5a}$$

$$\begin{aligned} a_{22} &= \gamma_2 \left(\left(u^{\circ}_{\mathrm{g}\alpha}\right)^2 + \left(u^{\circ}_{\mathrm{g}\beta}\right)^2 \right) + \gamma_{20} \left(u^{\circ}_{\mathrm{g}\alpha}\right)^2 + \gamma_{2\mathrm{x}} y^2_{5\mathrm{dI}} \\ &\quad + y_{5\mathrm{dI}} u^{\circ}_{\mathrm{g}\alpha} (\gamma_{2\mathrm{x}} + \gamma_2) \end{aligned} \tag{C.1.5b}$$

$$a_{33} = \gamma_3 \left(\left(u^{\circ}_{\mathrm{g}\alpha}\right)^2 + \left(u^{\circ}_{\mathrm{g}\beta}\right)^2 \right) + \gamma_{3\mathrm{x}} y^2_{5\mathrm{dI}} \tag{C.1.5c}$$

$$a_{12} = \gamma_{20} u^{\circ}_{\mathrm{g}\alpha} u^{\circ}_{\mathrm{g}\beta} - u^{\circ}_{\mathrm{g}\beta} y_{5\mathrm{dI}} (\gamma_{2\mathrm{x}} + \gamma_2) \tag{C.1.5d}$$

$$a_{21} = \gamma_{10} u^{\circ}_{\mathrm{g}\alpha} u^{\circ}_{\mathrm{g}\beta} - u^{\circ}_{\mathrm{g}\beta} y_{5\mathrm{dI}} (\gamma_{1\mathrm{x}} + \gamma_1) \tag{C.1.5e}$$

$$a_{13} = -\gamma_3 u^{\circ}_{\mathrm{g}\alpha} u^{\circ}_{\mathrm{g}\beta} + \frac{1}{2} u^{\circ}_{\mathrm{g}\beta} y_{5\mathrm{dI}} (2\gamma_{3\mathrm{x}} + \gamma_3) \tag{C.1.5f}$$

$$a_{31} = -4\gamma_1 u^{\circ}_{\mathrm{g}\alpha} u^{\circ}_{\mathrm{g}\beta} + u^{\circ}_{\mathrm{g}\beta} y_{5\mathrm{dI}} (2\gamma_{1\mathrm{x}} + \gamma_{10}) \tag{C.1.5g}$$

$$a_{23} = \frac{\gamma_3}{2} \left(\left(u^{\circ}_{\mathrm{g}\alpha}\right)^2 - \left(u^{\circ}_{\mathrm{g}\beta}\right)^2 \right) + \frac{1}{2} y_{5\mathrm{dI}} u^{\circ}_{\mathrm{g}\alpha} (2\gamma_{3\mathrm{x}} + \gamma_3) \tag{C.1.5h}$$

$$a_{32} = 2\gamma_2 \left(\left(u^{\circ}_{\mathrm{g}\alpha}\right)^2 - \left(u^{\circ}_{\mathrm{g}\beta}\right)^2 \right) + y_{5\mathrm{dI}} u^{\circ}_{\mathrm{g}\alpha} (2\gamma_{2\mathrm{x}} + \gamma_{20}). \tag{C.1.5i}$$

An dieser Stelle wird angemerkt, dass die Matrix $\mathbf{A}(t)$ bei einem Zeitverlauf der Spannungen $u^{\circ}_{\mathrm{g}\alpha}$, $u^{\circ}_{\mathrm{g}\beta}$ nach (4.2.12) für den Sonderfall $y_{5\mathrm{dI}} = 0$, $\gamma_1 = \gamma_2 = \frac{1}{4}\gamma_3$, $\gamma_{10} = \gamma_{20}$ symmetrisch ist. Weiter wird darauf hingewiesen, dass die Summen $\left(u^{\circ}_{\mathrm{g}\alpha}\right)^2 + \left(u^{\circ}_{\mathrm{g}\beta}\right)^2$ bei einem Zeitverlauf der Lastströme und Gegenspannungen nach (4.2.7), (4.2.8) konstant sind – was aus (4.2.12) folgt.

C.1.1. Näherungsverfahren zur Berechnung von $\mathbf{y}_{\mathrm{dS}}$ in Echtzeit

Bisher wurde vorausgesetzt, dass die geforderten Verläufe $\dot{y}_{k\mathrm{dS}}$, $k \in \{0, 1, \ldots, 4\}$ und $y_{5\mathrm{dS}}$ realisiert werden können. Jedoch werden bei einer quasistatischen Zustandsrückführung nach Abschnitt 4.1 nicht die Größen $\dot{y}_k$, sondern $\mathbf{y}$ geregelt. Damit die geforderten Verläufe $\dot{y}_{k\mathrm{dS}}$ realisiert, bzw. näherungsweise realisiert werden können, ist nach (5.1.1) neben der Kenntnis von $\mathbf{y}_{\mathrm{dI}}$ auch die Kenntnis von $\mathbf{y}_{\mathrm{dS}}$ und den zugehörigen Ableitungen nötig.

Ableitungen von $\mathbf{y}_{\mathrm{dS}}(t)$ beliebiger Ordnung können beim Ansatz (C.1.1) bei Kenntnis des Fehlers $\mathbf{e}_{\eta\mathrm{I}}(t)$ durch Differentation von (C.1.1) und Einsetzen der Koeffizienten aus Tabelle C.1 sowie (C.1.4) exakt bestimmt werden. Der Zeitverlauf von $y_{5\mathrm{dS}}$ ist durch (C.1.1f) und Tabelle C.1 zu $y_{5\mathrm{dS}} = 0$, die Zeitverläufe von $y_{3\mathrm{dS}}$, $y_{4\mathrm{dS}}$ sind durch (5.1.9) festgelegt. Im Gegensatz zu ihren Ableitungen ist eine exakte Bestimmung der Komponenten $y_{l\mathrm{dS}}$, $l \in \{0, 1, 2\}$ in „Echtzeit“ nur durch numerische Integration möglich. Einer exakten Bestimmung von $y_{l\mathrm{dS}}$ als Stammfunktion von $\dot{y}_{l\mathrm{dS}}$ steht jedoch der Wunsch entgegen, dass $\mathbf{y}_{\mathrm{d}}$ lediglich zeitweilig von $\mathbf{y}_{\mathrm{d}} = \mathbf{y}_{\mathrm{dI}}$ abweichen, bzw. gering davon abweichen soll. Dieser Wunsch ist gleichbedeutend mit der Forderung dass $\mathbf{y}_{\mathrm{dS}}$ lediglich zeitweilig von Null verschieden sein soll. Bei dem gewählten Ansatz (C.1.1) ist dies i. A. jedoch nicht sichergestellt.

Ein praxisnahes Vorgehen zur Bestimmung von $\mathbf{y}_{\mathrm{dS}}$ – welches nicht mathematisch korrekt ist – ist, den Ansatz (C.1.1) mit Koeffizienten nach Tabelle C.1, über der Zeit zu integrieren und dabei $\mathbf{e}_{\eta\mathrm{I}}$ als konstant anzunehmen. Es wird also die Zeitabhängigkeit von $\mathbf{e}_{\eta\mathrm{I}}$ vernachlässigt. Dieses Vorgehen scheint bei „hinreichend langsamer“ Änderung von $\mathbf{e}_{\eta\mathrm{I}}$ zulässig, da $\mathbf{y}_{\mathrm{dS}}(t)$ und dessen Ableitungen kontinuierlich berechnet werden. Bei „hinreichend langsamer“ Veränderung von $\mathbf{e}_{\eta\mathrm{I}} = (e_{1\eta\mathrm{I}}, e_{2\eta\mathrm{I}}, e_{3\eta\mathrm{I}})^{\mathrm{T}}$ können daher

$$\begin{aligned}
2y_{0\mathrm{dS,a}}(t) &= U_{\mathrm{d}}\big(-\gamma_{10}e_{1\eta\mathrm{I}}(t)U^{\circ}_{\mathrm{g}\beta}(t) - \gamma_{20}e_{2\eta\mathrm{I}}(t)U^{\circ}_{\mathrm{g}\alpha}(t) \\
&\quad - \gamma_{3\mathrm{x}}e_{3\eta\mathrm{I}}(t)Y_{5\mathrm{dI}}(t)\big) && \text{(C.1.6a)}\\
2y_{1\mathrm{dS,a}}(t) &= U_{\mathrm{d}}\Big(\gamma_{1}e_{1\eta\mathrm{I}}(t)U^{\circ}_{\mathrm{g}\alpha}(t) + \gamma_{2}e_{2\eta\mathrm{I}}(t)U^{\circ}_{\mathrm{g}\beta}(t) - \frac{\gamma_3}{2}e_{3\eta\mathrm{I}}(t)U^{\circ}_{\mathrm{g}\beta}(t) \\
&\quad - \gamma_{1\mathrm{x}}e_{1\eta\mathrm{I}}(t)Y_{5\mathrm{dI}}(t)\Big) && \text{(C.1.6b)}\\
2y_{2\mathrm{dS,a}}(t) &= U_{\mathrm{d}}\Big(\gamma_{1}e_{1\eta\mathrm{I}}(t)U^{\circ}_{\mathrm{g}\beta}(t) - \frac{\gamma_3}{2}e_{3\eta\mathrm{I}}(t)U^{\circ}_{\mathrm{g}\alpha}(t) - \gamma_{2}e_{2\eta\mathrm{I}}(t)U^{\circ}_{\mathrm{g}\alpha}(t) \\
&\quad - \gamma_{2\mathrm{x}}e_{2\eta\mathrm{I}}(t)Y_{5\mathrm{dI}}(t)\Big) && \text{(C.1.6c)}\\
y_{3\mathrm{dS}}(t) &= 0 && \text{(C.1.6d)}\\
y_{4\mathrm{dS}}(t) &= 0 && \text{(C.1.6e)}\\
y_{5\mathrm{dS}}(t) &= 0 && \text{(C.1.6f)}
\end{aligned}$$

als Näherungslösungen der Trajektorien $\mathbf{y}_{\mathrm{dS}}(t)$ des Ansatzes (C.1.1) mit Koeffizienten nach Tabelle C.1 aufgefasst werden. Dabei bezeichnen die Größen $U^{\circ}_{\mathrm{g}\alpha}$, $U^{\circ}_{\mathrm{g}\beta}$, $Y_{5\mathrm{dI}}$ mittelwertfreie Stammfunktionen der (periodischen) Größen $u^{\circ}_{\mathrm{g}\alpha}$, $u^{\circ}_{\mathrm{g}\beta}$, $y_{5\mathrm{dI}}$; die Näherungslösungen sind durch den Index „a" gekennzeichnet.

C.1.2. Elementare Grundüberlegungen zur Stabilität

Zu einem Regelungsverfahren gehören auch Aussagen zur Stabilität. Im Rahmen dieser Arbeit konnte der erforderliche Stabilitätsnachweis jedoch nicht erbracht werden; es existieren lediglich elementare Grundüberlegungen. Diese werden nachfolgend angegeben; evtl. können sie in weiterführenden Arbeiten als Ausgangspunkt dienen.

Die nachfolgende Diskussion beschränkt sich auf Aussagen zur Stabilität der homogenen Differentialgleichung (C.1.4) ($\dot{\mathbf{e}}_{\eta} = 0$). Diese Vorbetrachtungen sind aber nicht ausreichend, da für einen Stabilitätsnachweis das gesamte System – also die Stabilität von $\mathbf{y}$ und $\boldsymbol{\eta}$ – betrachtet werden muss. Wegen der Methode zur Echtzeitberechnung von $\mathbf{y}_{\mathrm{dS}}$ nach Abschnitt C.1.1 hängt beispielsweise die „Störung" $\dot{\mathbf{e}}_{\eta}$ selbst bei guter Übereinstimmung des Modells mit dem Stromrichter von den Reglerparametern und den Koeffizienten γ_k, $\gamma_{k\mathrm{x}}$, γ_{10}, γ_{20}, mit $k \in \{1,2,3\}$ ab.

Infolge der Zeitabhängigkeit von $\mathbf{A}$ sind allgemeine Aussagen zur Stabilität von (C.1.4) nur schwer möglich. So können nach [92, 94] bei einem beliebigen zeitvarianten Differentialgleichungssystem der Art $\dot{\mathbf{x}} = \mathbf{A}(t)\mathbf{x}$ anhand der Eigenwerte von $\mathbf{A}(t)$ keine Aussagen zur Stabilität gemacht werden. Für die Sonderfälle „langsamer" Differentialgleichungen des Typs $\dot{\mathbf{x}} = \mathbf{A}(t)\mathbf{x}$, mit $\|\dot{\mathbf{A}}\| \sim \varepsilon \ll 1$ und „schneller" periodischer Differentialgleichungen der Typen $\dot{\mathbf{x}} = \left(\mathbf{A} + \alpha\mathbf{B}\left(\frac{t}{\varepsilon}\right)\right)\mathbf{x}$, $\dot{\mathbf{x}} = \left(\mathbf{A} + \frac{\alpha}{\varepsilon}\mathbf{B}\left(\frac{t}{\epsilon}\right)\right)\mathbf{x}$ mit Periode $T^{*} = T\varepsilon$ können für $0 < \epsilon \leq \epsilon_0$ einfache Stabilitätskriterien angegeben werden [5, 14, 19, 24, 88]. Dabei bezeichnet die Matrix $\mathbf{B}(t)$ eine zeitvariante, mittelwertfreie Matrix, wohingegen $\mathbf{A}$ zeitinvariant ist.

In einem stationären Arbeitsregime der Last sind die Spannungen $u^{\circ}_{\mathrm{g}\alpha}$, $u^{\circ}_{\mathrm{g}\beta}$ und $y_{5\mathrm{dI}}$ periodisch. In diesem Fall handelt es sich bei (C.1.4) um ein lineares Differentialgleichungssystem mit periodischen Koeffizienten; für die Matrix $\mathbf{A}(t)$ gilt $\mathbf{A}(t) = \mathbf{A}(t + T_{\mathrm{P}})$. Bisher konnten jedoch für das System (C.1.4) die Grenzen, ab denen dieses als „schnelles" periodisches, bzw. als „langsames" System betrachtet werden kann, nicht bestimmt, bzw. abgeschätzt werden.

Im Sonderfall „schneller" periodischer Differentialgleichungen der Form $\mathbf{x} = \left(\mathbf{A} + \alpha\mathbf{B}\left(\frac{t}{\varepsilon}\right)\right)\mathbf{x}$ kann nach [14], [19, S. 206] für $0 < \varepsilon \leq \varepsilon_0$ anhand der Eigenwerte $\lambda_k = \mathrm{eig}\left(\mathbf{A}\right)$ auf die Stabilität des Gesamtsystems geschlossen werden. Asymptotische Stabilität setzt somit $\mathrm{Re}\left\{\lambda_k\right\} < 0$ voraus. Demnach hängt die Stabilität des Systems (C.1.4) wegen $\mathbf{A}(t) = \mathbf{A}(t + T_{\mathrm{P}})$ von den Eigenwerten der konstanten Matrix $\bar{\mathbf{A}} = \frac{1}{T_{\mathrm{P}}} \int_{t-T_{\mathrm{P}}}^{t} \mathbf{A}(\tau)\,\mathrm{d}\tau$ ab – sofern (C.1.4) ein „schnelles“ periodisches Differentialgleichungssystem ist. Dieses wird nachfolgend vorausgesetzt, da die „Zeitkonstanten“ des Differentialgleichungssystems durch die Parameter $\gamma_k, \gamma_{k\mathrm{x}}, \gamma_{10}, \gamma_{20}$, mit $k \in \{1, 2, 3\}$ „hinreichend groß“ eingestellt werden können. Zudem ist eine hinreichend langsame Reduktion des Fehlers $\mathbf{e}_{\eta\mathrm{I}}$ Voraussetzung für die Methode zur Berechnung von $y_{0\mathrm{dS}}$, $y_{1\mathrm{dS}}$, $y_{2\mathrm{dS}}$ in Abschnitt C.1.1.

Bei einem Zeitverlauf der Spannungen $u^{\circ}_{\mathrm{g}\alpha}$ und $u^{\circ}_{\mathrm{g}\beta}$ nach (4.2.12) sowie $\langle y_{5\mathrm{dI}}, u^{\circ}_{\mathrm{g}\alpha}\rangle = \langle y_{5\mathrm{dI}}, u^{\circ}_{\mathrm{g}\beta}\rangle = 0$ ist $\bar{\mathbf{A}}$ eine Diagonalmatrix. Da bei Diagonalmatrizen die Eigenwerte mit den Elementen der Hauptdiagonalen übereinstimmen, ist die Forderung für asymptotische Stabilität – $\mathrm{Re}\{\lambda_k\} < 0$ – z. B. für $\gamma_k, \gamma_{k\mathrm{x}}, \gamma_{10}, \gamma_{20} < 0$, $k \in \{1, 2, 3\}$ erfüllt. Dies folgt aus (C.1.5a), (C.1.5b), (C.1.5c). Es sei ausdrücklich betont, dass diese Aussagen nur gelten, falls (C.1.4) eine „schnelles“ periodisches Differentialgleichungssystem ist. Dennoch werden diese Ergebnisse als Ausgangspunkt für die Wahl der Parameter $\gamma_k, \gamma_{k\mathrm{x}}, \gamma_{10}, \gamma_{20} < 0$, $k \in \{1, 2, 3\}$ des Simulationsbeispiels in Abschnitt C.2 verwendet, da auch andere bekannte Methoden wie z. B. nach [93] oder eine symbolische Berechnung der Lösung der Differentialgleichung nicht, oder nur in wenig relevanten Sonderfällen angewendet werden konnten. Zudem waren in den durchgeführten Simulationen keine Instabilitäten feststellbar.

C.2. Simulationsbeispiel

Aus Übersichtsgründen wird das Simulationsbeispiel aus Abschnitt 4.1 erneut aufgegriffen, wobei $\boldsymbol{\eta}$ nun durch kontinuierliche Berechnung von $\mathbf{y}_{\mathrm{dS}}$ beeinflusst wird.

C.2.1. Parameter

Die Parameter des Modells stimmen mit denen aus Abschnitt 4.1.3. überein. Abgesehen von den Reglerparametern für die Ausgangskomponenten y_1, y_2 entsprechen die Reglerparameter der quasi-statischen Zustandsrückführung denen aus Tabelle 4.1. Da die Zeitverläufe für $y_{1\mathrm{dS}}$, $y_{2\mathrm{dS}}$ nach (C.1.6) lediglich Näherungslösungen der zugehörigen Trajektorien darstellen, wird bei der Fehlerdifferentialgleichung (4.1.2a) für die Komponenten y_1 und y_2 die Zeitkonstante zu $\tau_1 = \tau_2 = 1$ ms gewählt und auf einen Integralanteil verzichtet ($k_{\mathrm{I}1} = k_{\mathrm{I}2} = 0$). Die Berechnung der Trajektorien $\boldsymbol{\eta}_{\mathrm{dI}}$ erfolgt wie in Abschnitt 5.1.3 beschrieben.

Die Zeitverläufe für $\mathbf{y}_{\mathrm{dS}}$ werden mit (C.1.6) und den Koeffizienten nach Tabelle C.1 berechnet. Die Zeitverläufe von $\dot{\mathbf{y}}_{\mathrm{dS}}$ und Ableitungen höherer Ordnung werden mit (C.1.1), (C.1.4) und Koeffizienten nach Tabelle C.1 bestimmt. Bei symmetrischer Last und symmetrischem Betrieb des Stromrichters wird der Zeitverlauf der Spannungen $u_{\mathrm{g}\alpha}^{\circ}$, $u_{\mathrm{g}\beta}^{\circ}$ durch (4.2.12) beschrieben. In diesem Sonderfall sind die Summen $\left(u_{\mathrm{g}\alpha}^{\circ}\right)^2 + \left(u_{\mathrm{g}\beta}^{\circ}\right)^2$ in (C.1.5) konstant $\left(u_{\mathrm{g}\alpha}^{\circ}\right)^2 + \left(u_{\mathrm{g}\beta}^{\circ}\right)^2 = \left(\hat{U}_{\mathrm{g}}^{\circ}\right)^2$. Diese Eigenschaft ist Motivation für die Wahl der Koeffizienten aus Tabelle C.1 zu

$$\gamma_1 = \gamma_2 = \gamma_3 = -\frac{1}{2}\omega_0 \left(\hat{U}_{\mathrm{g}}^{\circ}\right)^{-2}$$
$$\gamma_{10} = \gamma_{20} = \gamma_{1\mathrm{x}} = \gamma_{2\mathrm{x}} = \gamma_{3\mathrm{x}} = 0.$$

Um die Betragsmaxima der durch $\mathbf{y}_{\mathrm{dS}} \neq 0$ verursachten Kreisströme zu begrenzen, werden die Komponenten von $\mathbf{e}_{\eta\mathrm{I}}$ mit einer (linearen) Sättigungsfunktion $f_{\mathrm{Sat}}\colon \mathbb{R}^3 \to \mathbb{R}$,

$$f_{\mathrm{Sat}}(x, x_{\mathrm{Min}}, x_{\mathrm{Max}}) = \begin{cases} x_{\mathrm{Max}}, & x > x_{\mathrm{Max}} \\ x, & x \in [x_{\mathrm{Min}}, x_{\mathrm{Max}}] \\ x_{\mathrm{Min}}, & x > x_{\mathrm{Min}} \end{cases} \qquad (\mathrm{C.2.1})$$

auf ± 300 J beschränkt. Diese einfache Methode zur „Stellgrößenbeschränkung“ in der Simulation muss bei einer praktischen Realisierung ggf. erweitert werden.

C.2.2. Ergebnisse

Die Überführung der Ausgangskomponenten ist in Abb. C.1 zu sehen. Um die Übersichtlichkeit der Darstellung zu erhöhen, sind die Summanden der Solltrajektorien $y_{l\mathrm{d}} = y_{l\mathrm{dI}} + y_{l\mathrm{dS}}$, $l \in \{1, 2\}$ aus Abb. C.1(b) in Abb. C.1(c) dargestellt. Auch sind die Sollwerte der Amplitude $|\underline{i}_{34}|$ und Phasenlage $\varphi_{\mathrm{iL}} = \arg\left(\underline{i}_{34}\exp(-\mathrm{j}\,\omega_0 t)\right)$ der transformierten Lastströme sowie der geforderte Lastwinkel φ_{Ld} nach (4.1.10) in Abb. 5.2(e) angegeben. Da die gewünschte Beeinflussung von $\boldsymbol{\eta}$ allein durch die Komponenten $y_{1\mathrm{d}}$ und $y_{2\mathrm{d}}$ erfolgt, stimmen die Zeitverläufe der Komponenten $y_{0\mathrm{d}}$, $y_{3\mathrm{d}}$, $y_{4\mathrm{d}}$ und $y_{5\mathrm{d}}$ mit den korrespondierenden aus Abb. 4.2 überein. Dies ist bei einem Vergleich der Trajektorien aus Abb. C.1 mit denen aus Abb. 4.2 gut zu sehen. Im Gegensatz zu Abb. 5.2 weichen die Größen y_l, $l \in \{1, 2\}$ deutlich von den Solltrajektorien $y_{l\mathrm{d}}$ ab. Die Ursache dafür ist, dass $\mathbf{y}_{\mathrm{dS}}$ nach (C.1.6) keine Stammfunktion von (C.1.1) mit Koeffizienten nach Tabelle C.1 und (C.1.4) ist.

Der zu Abb. C.1 gehörige Zeitverlauf von $\boldsymbol{\eta}$ ist zusammen mit dem gewünschten Verlauf $\boldsymbol{\eta}_{\mathrm{dI}}$ in Abb. C.2(a) zu sehen. Die Unstetigkeiten in den Verläufen der Komponenten von $\boldsymbol{\eta}_{\mathrm{dI}}$ sind durch die Wahl der Integrationskonstanten bedingt. Um die Übersichtlichkeit der Darstellung zu erhöhen, ist der Zeitverlauf des Fehlers $\mathbf{e}_{\eta\mathrm{I}} = \boldsymbol{\eta} - \boldsymbol{\eta}_{\mathrm{dI}}$ in Abb. C.2(b) gezeigt. Aus

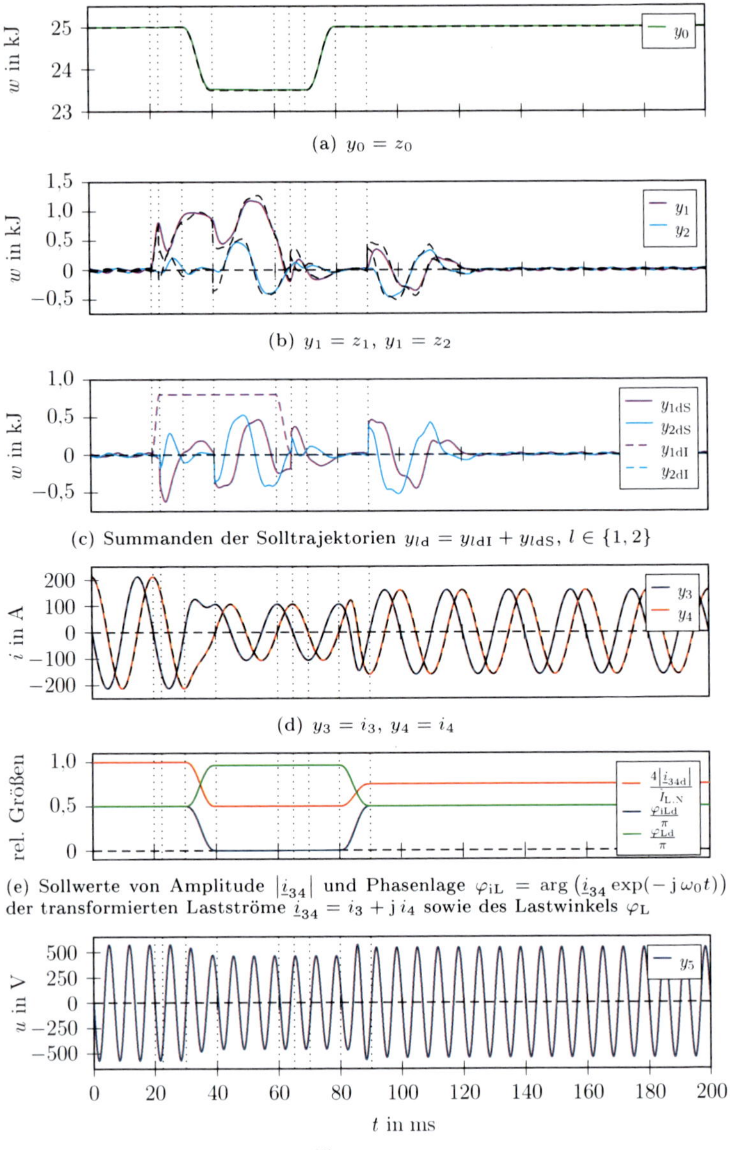

(a) $y_0 = z_0$

(b) $y_1 = z_1$, $y_1 = z_2$

(c) Summanden der Solltrajektorien $y_{l\mathrm{d}} = y_{l\mathrm{dI}} + y_{l\mathrm{dS}}$, $l \in \{1, 2\}$

(d) $y_3 = i_3$, $y_4 = i_4$

(e) Sollwerte von Amplitude $|\underline{i}_{34}|$ und Phasenlage $\varphi_{\mathrm{iL}} = \arg\left(\underline{i}_{34} \exp(-\mathrm{j}\,\omega_0 t)\right)$ der transformierten Lastströme $\underline{i}_{34} = i_3 + \mathrm{j}\, i_4$ sowie des Lastwinkels φ_{L}

(f) $y_5 = u_{\mathrm{X}}$

Abb. C.1.: Zeitverläufe der Ausgangskomponenten y_i, $i \in \{0, 1, \ldots, 5\}^{\mathrm{T}}$ bei Solltrajektorien $y_{i\mathrm{dI}}$ analog zu Abb. 4.2 und Beeinflussung von $\boldsymbol{\eta}$ durch kont. Berechnung von y_{d1S}, y_{d2S}. Trajektorien y_i durchgezogene Linien; Solltrajektorien $y_{i\mathrm{d}}$ gestrichelte Linien.

der Darstellung folgt, dass $\mathbf{e}_{\eta\mathrm{I}}$ nach dem Ende der „Beeinflussung" in der Nähe von $\mathbf{e}_{\eta\mathrm{I}} = 0$ verbleibt. Weiterhin ist aus dieser Darstellung ersichtlich, dass eine (gewünschte) Reduzierung des Betrags einer Komponente von $\mathbf{e}_{\eta\mathrm{I}} = (e_{1\eta\mathrm{I}}, e_{2\eta\mathrm{I}}, e_{3\eta\mathrm{I}})^{\mathrm{T}}$ Auswirkungen auf die anderen Komponenten haben kann. Exemplarisch wird auf $e_{3\eta\mathrm{I}}(t)$, $t \in [90, 130]$ ms verwiesen: Innerhalb des Intervalls $[90, 130]$ ms weicht $e_{3\eta\mathrm{I}}(t)$ an mehreren Zeitpunkten durch die „Reduzierung" von $|e_{1\eta\mathrm{I}}(t)|$, $|e_{2\eta\mathrm{I}}(t)|$ deutlich von seinem Wert am Intervallanfang ab.

Nach (3.3.18) sind alle Systemgrößen des M2Cs durch $\mathbf{y}$ und $\boldsymbol{\eta}$ charakterisiert. Aus praktischer Sicht ist jedoch eine Beurteilung des Resultats der Beeinflussung von $\boldsymbol{\eta}$ anhand der Submodulkondensatorspannungen, (Zweig-) Ströme und Schaltfunktionen naheliegender als anhand von $\mathbf{y}$ und $\boldsymbol{\eta}$. Aus diesem Grund ist deren Zeitverlauf in Abb. C.3 angegeben. Der Zeitverlauf ausgewählter Lastgrößen ist in Abb. C.4 zu sehen. Aus dieser Darstellung folgt, dass Änderungen in den Trajektorien von $y_{0\mathrm{d}}$, $y_{1\mathrm{d}}$, $y_{2\mathrm{d}}$ keine, bzw. nur vernachlässigbare Auswirkungen auf die Lastgrößen haben. Dies bedeutet insbesondere, dass eine Beeinflussung von $\boldsymbol{\eta}$ wie gewünscht keine Auswirkung auf die Lastgrößen hat.

C.3. Zusammenfassung

Das in diesem Abschnitt dargestellte Verfahren hat zwei wesentliche Nachteile. Zum einen stimmen die Komponenten $y_{0\mathrm{dS,a}}$, $y_{1\mathrm{dS,a}}$ und $y_{2\mathrm{dS,a}}$ nach (C.1.6) nicht mit den Stammfunktionen der zugehörigen Komponenten in (C.1.1) überein. Dies ist bei der Wahl der Reglerparameter bei einem quasistatischen Regler nach Abschnitt 4.1 zu beachten. Zum anderen sind Aussagen zur Stabilität des geregelten Gesamtsystems nicht einfach möglich. Der erforderliche Stabilitätsbeweis wurde im Rahmen dieser Arbeit nicht erbracht. Jedoch zeigen bisher durchgeführte Simulationen die Relevanz und Eignung des vorgestellten Verfahrens. Dies gilt auch in Fällen, in denen das Modell des M2Cs ((3.1.16), (3.1.17)) stark von der simulierten Schaltung abweicht.

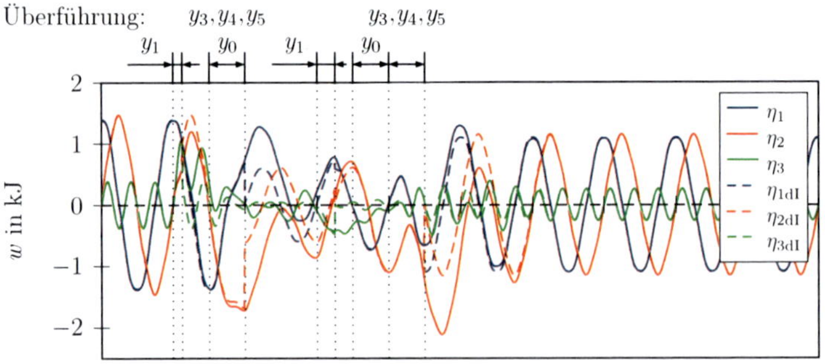

(a) Komponenten von $\boldsymbol{\eta} = (\eta_1, \eta_2, \eta_3)^{\mathrm{T}}$ und dem Anteil $\boldsymbol{\eta}_{\mathrm{dI}} = (\eta_{1\mathrm{dI}}, \eta_{2\mathrm{dI}}, \eta_{3\mathrm{dI}})^{\mathrm{T}}$ der Solltrajektorie $\boldsymbol{\eta}_{\mathrm{d}} = \boldsymbol{\eta}_{\mathrm{dI}} + \boldsymbol{\eta}_{\mathrm{dS}}$

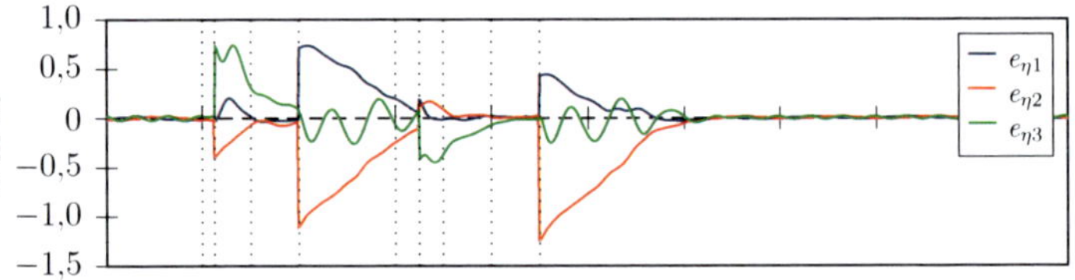

(b) Komponenten des Fehlers $\mathbf{e}_{\eta\mathrm{I}} = (e_{\eta 1}, e_{\eta 2}, e_{\eta 3})^{\mathrm{T}} = \boldsymbol{\eta} - \boldsymbol{\eta}_{\mathrm{dI}}$

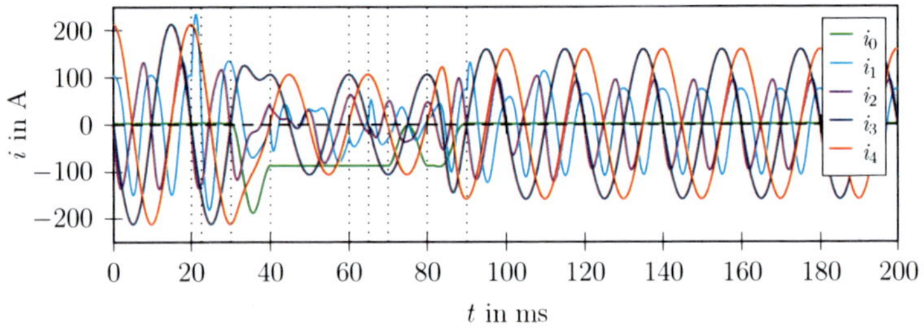

(c) Transformierte Zweigströme $\mathbf{i} = (i_0, i_1, i_2, i_3, i_4, i_5)^{\mathrm{T}} = \mathbf{T}_{\mathrm{N}}\mathbf{i}_{\mathrm{z}}$, mit $i_5 = 0$

Abb. C.2.: Zeitkontinuierliche Beeinflussung von $\boldsymbol{\eta}$: Komponenten von $\boldsymbol{\eta}$, des Fehlers $\mathbf{e}_{\eta\mathrm{I}} = \boldsymbol{\eta} - \boldsymbol{\eta}_{\mathrm{dI}}$ und des transformierten Zweigstromes $\mathbf{i} = \mathbf{T}_{\mathrm{N}}\mathbf{i}_{\mathrm{z}}$ bei $\mathbf{y}$ nach Abb. C.1.

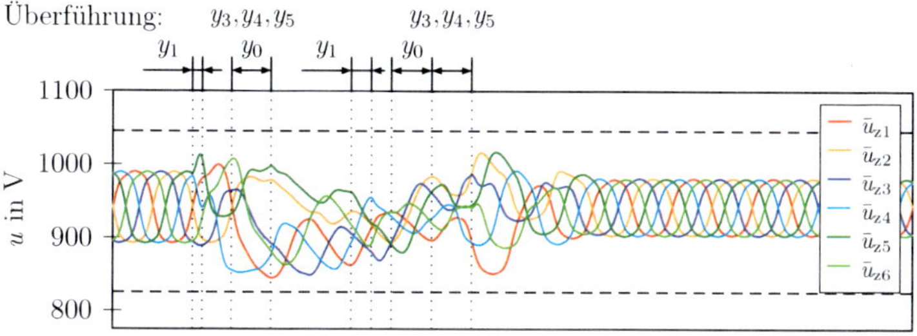

(a) Submodulspannungen $\bar{u}_{zi} = \frac{1}{n} u_{zi}$, $i \in \{1, 2, \ldots, 6\}$. Gestrichelte horizontale Linien: Auslegungsgrenzen der Kondensatorspannungen für den stationären kreisstromfreien Betrieb

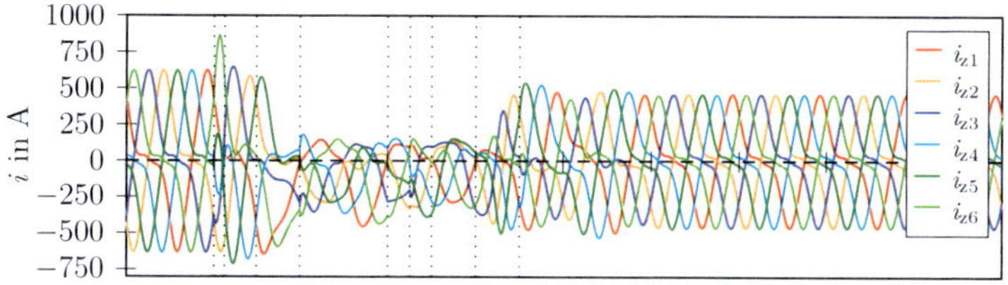

(b) Zweigströme i_{zi}, $i \in \{1, 2, \ldots, 6\}$

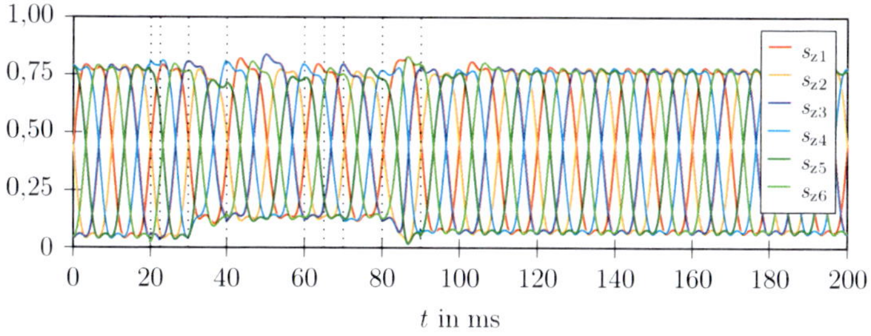

(c) Schaltfunktionen s_{zi}, $i \in \{1, 2, \ldots, 6\}$

Abb. C.3.: Zeitkontinuierliche Beeinflussung von $\boldsymbol{\eta}$. Ausgewählte Größen des M2Cs in „Zweigkoordinaten“ bei $\mathbf{y}$ nach Abb. C.1 und $\boldsymbol{\eta}$ nach Abb. C.2(a).

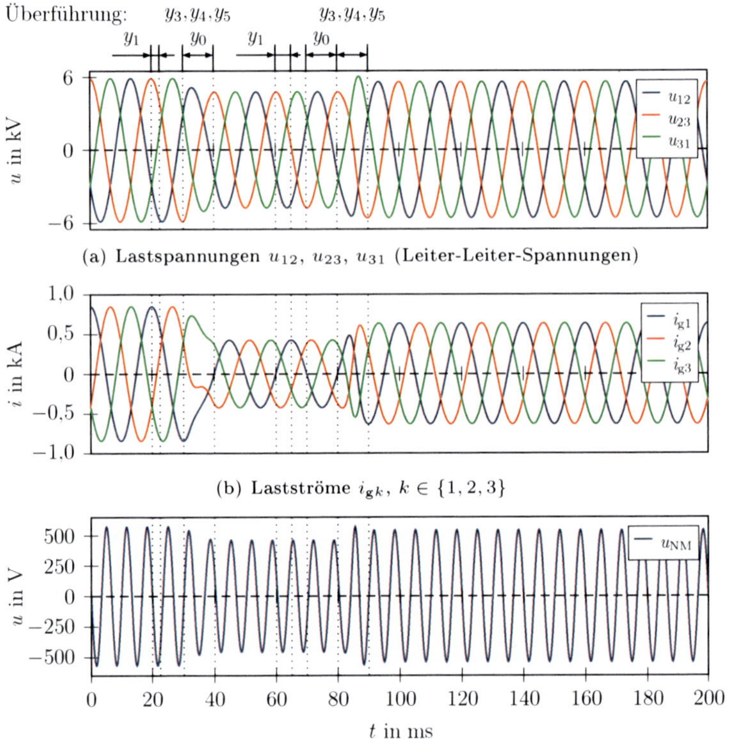

(a) Lastspannungen u_{12}, u_{23}, u_{31} (Leiter-Leiter-Spannungen)

(b) Lastströme i_{gk}, $k \in \{1, 2, 3\}$

(c) Sternpunktverlagerungsspannung u_{NM}

Abb. C.4.: Zeitkontinuierliche Beeinflussung von $\boldsymbol{\eta}$: Lastgrößen bei $\mathbf{y}$ nach Abb. C.1 und $\boldsymbol{\eta}$ nach Abb. C.2(a).